电工入门与技能

实用手册

王红明　贺　鹏◎编著

中国铁道出版社有限公司
CHINA RAILWAY PUBLISHING HOUSE CO., LTD.

内 容 简 介

本书围绕电工实际工作需要，以电工行业的工作要求和规范为依据，融入作者多年实践工作经验，采用全彩图解的方式，全面系统地讲解了电工的操作技能。

本书结合实操讲解，对电工知识的讲解全面详细，内容由浅入深，通俗易懂。全书配备了微视频，通过扫描二维码可以观看教学视频，结合彩色图解，读者可以轻松掌握相关电工知识。

本书不仅适合初级电工学习与提升技能使用，也适合作为职业院校、培训学校的参考用书，供相关专业同学学习使用。

图书在版编目（CIP）数据

电工入门与技能实用手册 / 王红明，贺鹏编著 . —北京：中国铁道出版社有限公司 ,2019.4
ISBN 978-7-113-25573-2

Ⅰ . ①电… Ⅱ . ①王… ②贺… Ⅲ . ①电工技术 - 手册Ⅳ . ① TM-62

中国版本图书馆 CIP 数据核字（2019）第 036066 号

书　名：电工入门与技能实用手册	
作　者：王红明　贺　鹏　编著	

责任编辑：荆　波	读者热线：010-63560056
责任印制：赵星辰	封面设计：MXK DESIGN STUDIO

出版发行：中国铁道出版社有限公司（100054，北京市西城区右安门西街 8 号）
印　　刷：中国铁道出版社印刷厂
版　　次：2019 年 4 月第 1 版　　2019 年 4 月第 1 次印刷
开　　本：787 mm×1 092 mm　1/16　印张：21.25　字数：550 千
书　　号：ISBN 978-7-113-25573-2
定　　价：79.00 元

前言

一、为什么写这本书

电工是一个技术考究的行业，电工领域是目前世界上涉及面最广的，几乎任何行业都离不开电，电工的需求量很高，因此只要你掌握了电工的操作技能，就可以轻松找到一份关于电工的工作。

那么如何让初学者能够在短时间内掌握电工从业的知识和技能呢？其实也不难，只要"多看、多学、多问、多练"。通过学习来掌握电工的基本技能，而学习就需要一本好的电工学习资料，不但有丰富的电工知识、还有大量的电工实操用于增加读者的经验。这也是作者写作本书的目的。

本书围绕电工实际工作需要，以电工行业的工作要求和规范为依据，采用全彩图解的方式，全面系统地讲解了电工的操作技能。本书是专为电工用户而编写的，为电工学习人员提供师傅带徒弟式的教程，使其快速成长为专业的电工。

二、全书学习地图

本书开篇首先介绍电工的基本知识和电工常用工具和仪表的使用方法，然后讲解了电工识图方法、电子元器件的检测实战、低压电气元件检测实战、导线的加工和连接实战，接着讲解了交流电动机和直流电动机维修实战、电动机控制电路分析讲解、高/低压供配电线路检修调试实战、照明控制线路检修调试实战、电工安全与触电急救方法、变频器及PLC应用等。

本书全部结合实操和图解来讲，方便初学者快速掌握电工的操作方法。

三、本书特色

• 技术实用，内容丰富

本书讲解了电工的各种基本技能，同时总结了电子元器件、低压电气元件、导线的加工连接、电动机维修、供配电路检修、照明电路检修、变频器及PLC等重要的实操技能，内容非常丰富实用。

- 大量实训，增加经验

本书结合了大量的电工环境，配备了大量的实践操作图，总结了丰富的实践经验，读者学过这些实训内容，可以轻松掌握电工操作技能。

- 实操图解，轻松掌握

本书讲解过程使用了直观图解的同步教学方式，上手更容易，学习更轻松。读者可以一目了然地看清电工操作过程，快速掌握所学知识。

四、读者定位

本书适合电工初学者学习与提升技能使用，也可作为中高级电工人员的参考用书；除此之外，还可作为职业院校、培训学校参考用书，供相关专业同学学习使用。

五、即扫即看二维码视频

专门为本书定制的25段电工知识与技能讲解视频，以二维码的形式嵌入书中相应章节，读者可实现即扫即看。

六、本书作者团队

本书由王红明、贺鹏编著，参加本书编写的人员还有韩海英、付新起、韩佶洋、多国华、多国明、李传波、杨辉、连俊英、孙丽萍、张军、刘继任、齐叶红、刘冲、多孟琦、王伟伟、田宏强、王红丽、高红军、马广明等。

由于作者水平有限，书中难免有疏漏和不足之处，恳请业界同仁及读者朋友提出宝贵意见。

七、感谢

一本书的出版，从选题到出版，要经历很多环节，在此感谢中国铁道出版社有限公司以及负责本书的荆波编辑和其他没有见面的编辑，不辞辛苦，为本书出版所做的大量工作。

编　者
2019年1月

目录

第 1 章
带你进入电路的世界

　　一般来说，凡是从事与电相关设备的安装、检修、运行、试验的工作人员都叫电工。学习电工首先要理解电，掌握电路、磁场、电阻的连接方式及相关定律和公式等电工基本知识。接下来本章将带你进入电路的世界。

1.1 接触电路

1.1.1 什么是电路与电路图

电路和电路图基本知识如图1–1所示。

（1）通常将由电源、开关、金属导线和用电器（如灯泡）组成的导电回路称为电路。在电路输入端加上电源使输入端产生电势差，电路连通时即可工作。

（2）电路导通时叫作通路，断开时叫作断路或开路。只有通路，电路中才有电流通过。电路是电力系统、控制系统、通信系统、计算机硬件等电系统的主要组成部分，起着电能和电信号的产生、传输、转换、控制、处理和存储等作用。

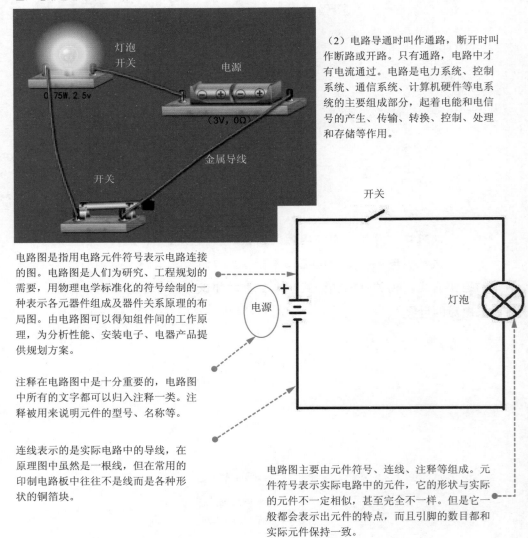

电路图是指用电路元件符号表示电路连接的图。电路图是人们为研究、工程规划的需要，用物理电学标准化的符号绘制的一种表示各元器件组成及器件关系原理的布局图。由电路图可以得知组件间的工作原理，为分析性能、安装电子、电器产品提供规划方案。

注释在电路图中是十分重要的，电路图中所有的文字都可以归入注释一类。注释被用来说明元件的型号、名称等。

连线表示的是实际电路中的导线，在原理图中虽然是一根线，但在常用的印制电路板中往往不是线而是各种形状的铜箔块。

电路图主要由元件符号、连线、注释等组成。元件符号表示实际电路中的元件，它的形状与实际的元件不一定相似，甚至完全不一样。但是它一般都会表示出元件的特点，而且引脚的数目都和实际元件保持一致。

图1–1 电路和电路图的基本知识

1.1.2　什么是电流与电阻

电流与电阻的基本知识如图1-2所示。

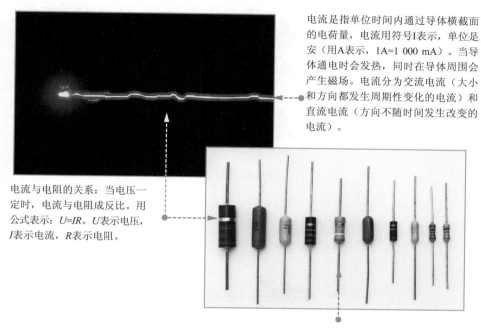

电流是指单位时间内通过导体横截面的电荷量，电流用符号I表示，单位是安（用A表示，1A=1 000 mA）。当导体通电时会发热，同时在导体周围会产生磁场。电流分为交流电流（大小和方向都发生周期性变化的电流）和直流电流（方向不随时间发生改变的电流）。

电流与电阻的关系：当电压一定时，电流与电阻成反比。用公式表示：$U=IR$。U表示电压，I表示电流，R表示电阻。

导体对电流的阻碍作用即为导体的电阻。电阻通常用"R"表示，单位是欧姆（用"Ω"来表示）。导体的电阻越大，表示导体对电流的阻碍作用越大。电阻的主要物理特征是变电能为热能，也可以说它是一个耗能元件，电流经过它就产生热能。导体电阻的大小与导体的尺寸、材料、温度有关。

图1-2　电流与电阻的基本知识

1.1.3　电位、电压和电动势指什么

（1）电位是指该点与指定的零电位的电压大小差距。电位也称电势，单位为伏特（V），用符号U或ϕ表示，如图1-3所示。

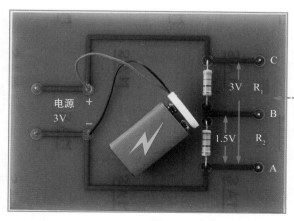

电路中电阻R_1和R_2阻值相同，若以A为参考点，则A点的电位为0V（即φ_A=0V），B点的电位为1.5V（即φ_B=1.5V），C点的电位为3V（即φ_C=3V）。

图1-3　电位的基本知识

电路中电阻R_1和R_2阻值相同，若以B为参考点，则B点的电位为0V（即φ_B=0V），A点的电位为-1.5V（即φ_A=-1.5V），C点的电位为1.5V（即φ_C=1.5V）

图1-3　电位的基本知识（续）

（2）电压是指电路中两点之间的电位的大小差距，所以电压也称为电位差（电势差），它是衡量单位电荷在静电场中由于电势不同所产生能量差的物理量。电压的单位是伏特（V），如图1-4所示。

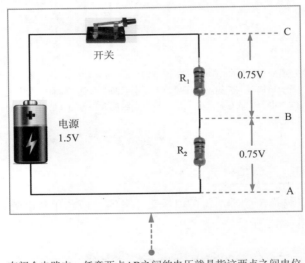

在闭合电路中，任意两点AB之间的电压就是指这两点之间电位的差值。公式为：$U_{AB}=\varphi_A-\varphi_B$。若以A点为参考点，$\varphi_A$=0V，$\varphi_B$=0.75V，$\varphi_C$=1.5V。则A与B之间的电压为0.75V，即加在电阻R_2两端的电压为0.75V。C点的电位为1.5V，则C与A之间的电压为1.5V。也就是加在电阻R_1和R_2两端的电压为1.5V。B与C之间的电压为1.5V-0.75V=0.75V，即加在电阻R_1两端的电压为0.75V。

图1-4　电压的基本知识

（3）电路中因其他形式的能量转换为电能所引起的电位差，叫作电动势，用字母E表示，单位是伏特（V）。电动势是反映电源把其他形式的能转换成电能的本领的物理量，如图1-5所示。

我们可以从水的重力势能来理解电动势。由于不同抽水机的抽水本领不同，致使单位质量的水所增加的重力势能就不同。同理，不同电源非静电力做功的本领不同，致使单位正电荷所增加的电势能不同。

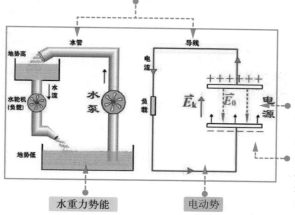

电动势的方向规定为从电源的负极经过电源内部指向电源的正极，即与电源两端电压的方向相反。

电动势等于电源加在外电路的电压（$U_{外}$）与电源的内电压（$U_{内}$）之和，即$E=U_{内}+U_{外}=IR+Ir$，R表示外电路总电阻，r表示电源的内电阻。

图1-5　电动势的基本知识

1.1.4　电路的三种状态

电路有三种状态，分别是通路、断路和短路，具体分析如图1-6所示。

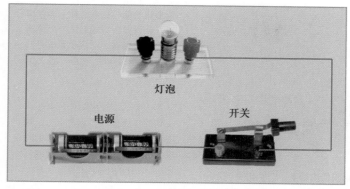

（1）如果将电路中开关闭合，就会接通灯泡与电源，电路中有电流流过，灯泡发光，这时电路处于通路状态。

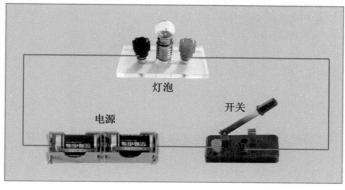

（2）如果将电路中开关打开，电路就处于断开状态，被称为断路或者开路。断路状态下，电源不输出电能，电路中没有电流流过，灯泡不发光。

图1-6　电路的三种状态

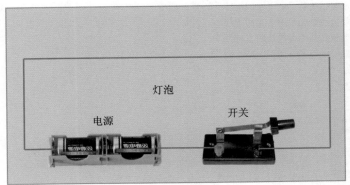

图1-6　电路的三种状态（续）

（3）如果电路中没有灯泡（负载），那么电路中的负载电阻为0。这时就相当于直接将电源的正极接到负极上。此时电路就处于短路状态。电路处于短路状态时，由于电源内阻很小，因此此电路中的电流就会很大，很容易导致线路过热烧坏或者直接烧坏电源。生活中这种情况极易引起火灾。

1.1.5　电器设备的电功和电功率

电功、电功率的基本知识如图1-7所示。

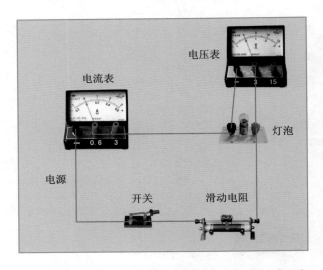

（1）电功是指电流将电能转换成其他形式能量的过程所做的功，其用符号W表示，单位为焦耳（J）。电流做功的过程实际上就是电能转换成其他能量的过程。电流做了多少功就有多少电能转化为其他形式的能。也就消耗了多少电能，获得多少形式的能。电流所做的功跟电压、电流和通电时间成正比。即$W=UIt=I^2Rt=UQ$（Q为电荷）。

（2）每个用电器都有一个正常工作的电压值叫作额定电压，用电器在额定电压下正常工作的功率叫作额定功率，用电器在实际电压下工作的功率叫作实际功率。

（3）电流在单位时间内做的功叫作电功率。它是用来表示消耗电能的快慢（即电流做功快慢）的物理量，用P表示，它的单位是瓦特（W）。图中灯泡功率的大小数值上等于它在1秒内所消耗的电能。如果在t时间内消耗的电能为W，那么灯泡的电功率就是：$P=W/t=UI=I^2R=U^2/R$。

图1-7　电功、电功率的基本知识

1.1.6　接地的重要性

将电力系统或电气装置的某一部分经接地线连接到接地极称为接地。如图1-8所示。

接地是为保证电工设备正常工作和人身安全而采取的一种用电安全措施。接地的作用主要是防止人身遭受电击、设备和线路遭受损坏、预防火灾和防止雷击、防止静电损害和保障电力系统正常运行。

连接到接地极的导线称为接地线。接地极与接地线合称为接地装置。正常情况接地线是没有电的。

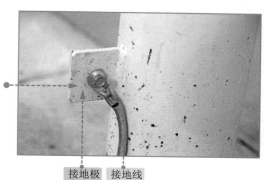

接地极　接地线

图1-8　接地的基本知识

1.2　直流电路计算方法

1.2.1　用欧姆定律计算

欧姆定律如图1-9所示。

欧姆定律：在同一电路中，通过某一导体的电流跟这段导体两端的电压成正比，跟这段导体的电阻成反比，这就是欧姆定律。标准式：$I=U/R$，也可变换为$U=IR$，$R=U/I$。

图1-9　欧姆定律及示例

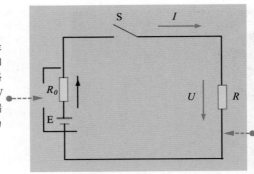

电源的电动势对一个固定电源来说是不变的，而电源的路端电压（电源加在外电路两端的电压）却是随外电路的负载而变化的。其数学表达式为：$U=E-IR_0$，$I=E/(R+R_0)$。式中U为路端电压，I为电流，R_0为电源的内电阻，R为负载电阻。

对于确定的电源来说，电动势E和内电阻R_0都是一定的，从上式可以看出，路端电压U跟电路中的电流有关。电流I增大时，IR_0（电源内压降）增大，路端电压U就减小；反之，电流I减小时，路端电压U就增大。

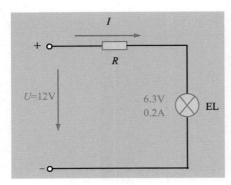

小示例：一个信号灯EL，其额定电压为6.3V，工作电流为0.2A，今欲接入12V的电源，用一个线绕电阻R降压，问降压电阻的阻值应为多大？

用欧姆定律计算：为保证信号灯EL得到所需的6.3V电压，降压电阻上应降落12V-6.3V=5.7V电压，由于降压电阻R的与信号灯EL串联，电流相同。根据欧姆定律，降压电阻R的阻值为：$R=U_R/I=5.7/0.2=28.5\Omega$。

图1-9　欧姆定律及示例（续）

1.2.2　串联电路的计算

如果电路中有两个或更多的电阻逐个顺次首尾相连接，并且这些电阻通过同一电流，那么，这种连接方式就称为电阻的串联。电阻串联电路如图1-10所示。

（即扫即看）

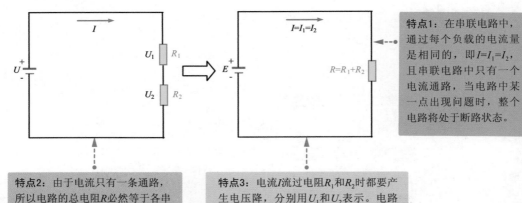

特点1：在串联电路中，通过每个负载的电流量是相同的，即$I=I_1=I_2$，且串联电路中只有一个电流通路，当电路中某一点出现问题时，整个电路将处于断路状态。

特点2：由于电流只有一条通路，所以电路的总电阻R必然等于各串联电阻之和，即$R=R_1+R_2$。

特点3：电流I流过电阻R_1和R_2时都要产生电压降，分别用U_1和U_2表示。电路的外加电压U等于各串联电阻上的电压降之和，即$U=U_1+U_2=IR_1+IR_2=IR$。

图1-10　电阻串联电路

1.2.3　并联电路的计算

　　如果电路中有两个或更多个电阻连接在两个公共的节点之间，则这样的连接方式就称为电阻的并联。电阻并联电路如图1-11所示。

（即扫即看）

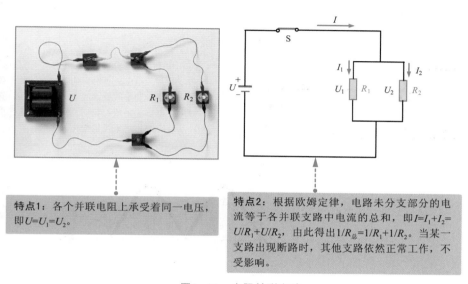

特点1：各个并联电阻上承受着同一电压，即$U=U_1=U_2$。

特点2：根据欧姆定律，电路未分支部分的电流等于各并联支路中电流的总和，即$I=I_1+I_2=U/R_1+U/R_2$，由此得出$1/R_总=1/R_1+1/R_2$。当某一支路出现断路时，其他支路依然正常工作，不受影响。

图1-11　电阻并联电路

1.2.4　混联电路的计算

　　电阻的混联电路如图1-12所示。

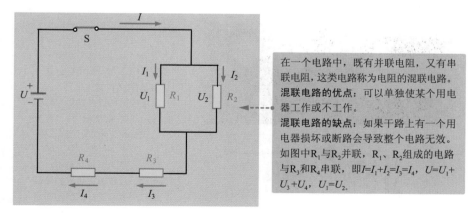

在一个电路中，既有并联电阻，又有串联电阻，这类电路称为电阻的混联电路。

混联电路的优点：可以单独使某个用电器工作或不工作。

混联电路的缺点：如果干路上有一个用电器损坏或断路会导致整个电路无效。如图中R_1与R_2并联，R_1、R_2组成的电路与R_3和R_4串联，即$I=I_1+I_2=I_3=I_4$，$U=U_1+U_3+U_4$，$U_1=U_2$。

图1-12　电阻的混联电路

1.3 电还分直流电与交流电

1.3.1 什么是直流电

直流电（Direct Current，简称DC），直流电压随着时间的推移，它的电压幅值和方向都不会改变，如图1-13所示。

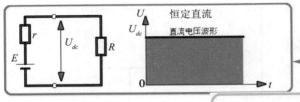

从图中可以看到，直流电压是稳定的，这从直流电压随着时间的推移它的大小和方向都未发生改变。注意：所谓大小，指的是电压的幅值。我们看到，直流电压的幅值大小始终未发生变化。

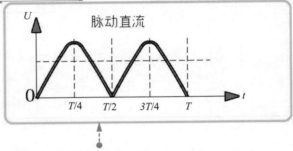

直流电可以分为脉动直流和恒定直流两种，脉动直流中直流电流的大小是跳动的；而恒定直流中的电流大小是恒定不变的。

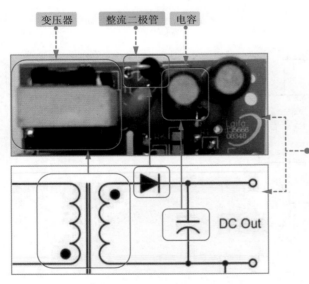

生活中很多电器都是采用直流供电方式，如手机。这就需要将220V交流电转换成直流电为这些设备供电。转换时，具体通过变压器、整流二极管和充电电容来完成转换。首先变压器先将220V交流电转换为低压交流电，然后再经过整流二极管整流后通过电容滤波变成稳定的直流电压。

图1-13 直流电

1.3.2　什么是单相交流电

交流电流（Alternating Current，缩写：AC）是指大小和电流方向随时间作周期性变化的电压或电流，如图1-14所示。

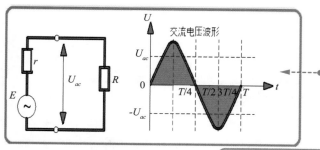

交流电通常波形为正弦曲线，在一个周期内的运行平均值为0。但实际上还有应用其他的波形，例如三角形波、正方形波。生活中使用的市电就是具有正弦波形的交流电。

单相交流电在电路中只具有单一交变的电压，该电压以一定的频率随时间变化。比如在单个线圈的发电机中（即只有一个线圈在磁场中转动）。

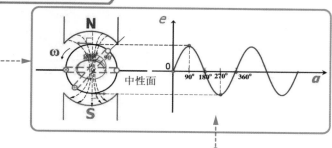

交流电不同于直流电，它的方向是会随着时间发生改变的，并且有周期性变化。

图1-14　单相交流电

1.3.3　什么是三相交流电

三相交流电如图1-15所示。

三相交流电是由三个频率相同、电势振幅相等、相位差互差120°角的交流电路组成的电源。目前，我国生产、配送的都是三相交流电。

三相电的每一项波形都是单项正弦，但各相角相差120°。三项电是可以在电机转子中产生方向固定的启动力矩的最少相数。

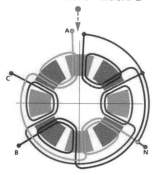

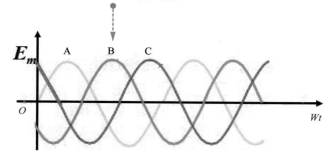

图1-15　三相交流电

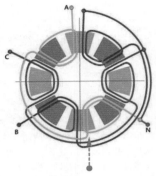

三相电的特点：

（1）三相电都是火线，任意两根线间的电压是380V；

（2）每根线与零线间的电压是220V；

（3）中性线一般是用来在三相负荷不平衡时来导通不平衡电流

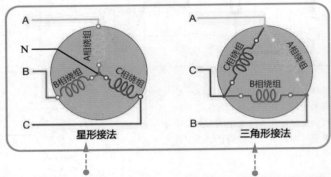

三相交流电的接法有两种，分别为星形接法和三角形接法。星形接法是把三相电源三个绕组的末端连接在一起，成为一公共点，从始端A、B、C引出三条端线的接法。星形接法用来为家庭和办公中使用的日常单相设备供电。

三角形接法是将各相电源或负载依次首尾相连，并将每个相连的点引出，作为三相电的三条相线。三角形接法没有中性点，也不可引出中性线，因此只有三相三线制。添加地线后，成为三相四线制。三角形接法最常用的情况是为功率较高的三相工业负载供电。

图1-15　三相交流电（续）

第 2 章

常用电工工具和仪表使用操作实战

在维修、架设电气线路时，电工经常要用到一些电工测量基本工具。这些工具在安装、维修时是必不可少的。正确掌握、应用、保养好这些工具和测量工具，对电工操作应用很有益处。

2.1 常用电工加工工具使用操作实战

2.1.1 四种电工钳的使用操作实战

常用的电工钳有钢丝钳、剥线钳、斜口钳和尖嘴钳等，下面详细讲解。

1. 钢丝钳使用方法

钢丝钳可用来紧固螺钉、弯铰导线、剪切导线和侧铡导线，如图2-1所示。

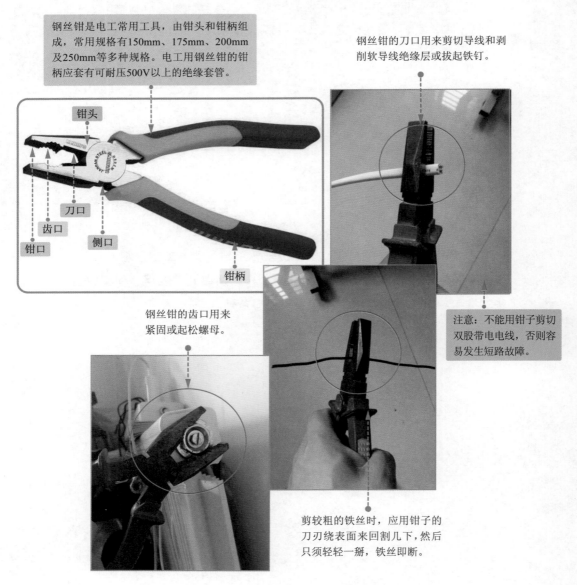

钢丝钳是电工常用工具，由钳头和钳柄组成，常用规格有150mm、175mm、200mm及250mm等多种规格。电工用钢丝钳的钳柄应套有可耐压500V以上的绝缘套管。

钢丝钳的刀口用来剪切导线和剥削软导线绝缘层或拔起铁钉。

钳头
刀口
齿口
侧口
钳口
钳柄

钢丝钳的齿口用来紧固或起松螺母。

注意：不能用钳子剪切双股带电电线，否则容易发生短路故障。

剪较粗的铁丝时，应用钳子的刀刃绕表面来回割几下，然后只须轻轻一掰，铁丝即断。

图2-1　钢丝钳使用方法

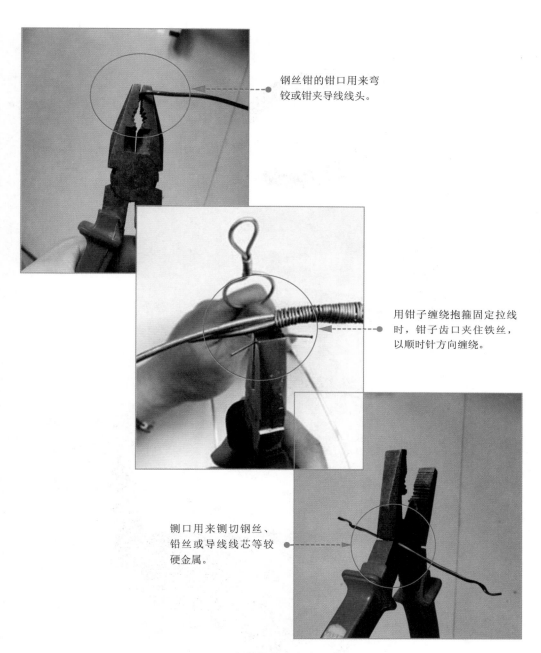

钢丝钳的钳口用来弯铰或钳夹导线线头。

用钳子缠绕抱箍固定拉线时，钳子齿口夹住铁丝，以顺时针方向缠绕。

铡口用来铡切钢丝、铅丝或导线线芯等较硬金属。

图2-1　钢丝钳使用方法（续）

　　钢丝钳使用注意事项：（1）钢丝钳的绝缘护套耐压一般为500V，使用时检查手柄的绝缘性能是否良好。绝缘如果损坏，进行带电作业时会发生触电事故；（2）带电操作时，手离金属部分的距离应不小于2cm，以确保人身安全；（3）剪切带电导线时，严禁用刀口同时剪切相线和中性线，或同时剪切两根相线，以免发生短路事故；（4）钳轴要经常加油，防止生锈。

　　2．尖嘴钳使用方法

　　尖嘴钳使用方法如图2-2所示。

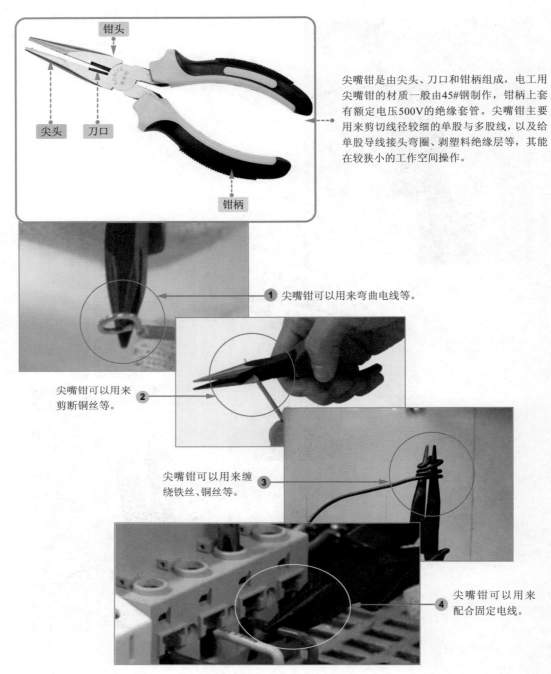

尖嘴钳是由尖头、刀口和钳柄组成，电工用尖嘴钳的材质一般由45#钢制作，钳柄上套有额定电压500V的绝缘套管。尖嘴钳主要用来剪切线径较细的单股与多股线，以及给单股导线接头弯圈、剥塑料绝缘层等，其能在较狭小的工作空间操作。

钳头

尖头 刀口

钳柄

① 尖嘴钳可以用来弯曲电线等。

尖嘴钳可以用来剪断铜丝等。 ②

尖嘴钳可以用来缠绕铁丝、铜丝等。 ③

④ 尖嘴钳可以用来配合固定电线。

图2-2 尖嘴钳使用方法

尖嘴钳使用注意事项：（1）绝缘手柄损坏时，不可用来剪切带电电线。（2）为保证安全，手离金属部分的距离应不小于2cm。（3）钳头比较尖细，且经过热处理，所以钳夹物体不可过大，用力不要过猛，以防损坏钳头。（4）注意防潮，钳轴要经常加油，以防止生锈。

3. 剥线钳使用方法

剥线钳用来供电工剥除电线头部的表面绝缘层，主要用来剥除截面积为6mm²以下电线的塑料或橡胶绝缘层。剥线钳可以使得电线被切断的绝缘皮与电线分开，还可以防止触电。剥线钳可以分为压接式剥线钳和自动剥线钳两种。剥线钳使用方法如图2-3所示。

压线口　各尺寸剥线口　钳头　钳柄　剥线刀片　安全扣　省力弹簧

压接式剥线钳

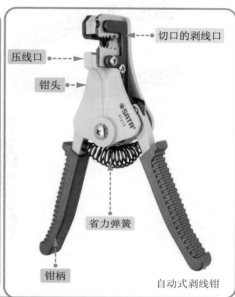

切口的剥线口　压线口　钳头　省力弹簧　钳柄

自动式剥线钳

剥线钳使用方法：（1）首先根据导线直径，选用剥线钳刀片的孔径。（2）根据缆线的粗细型号，选择相应的剥线刀口；（3）将准备好的电缆放在剥线工具的刀刃中间，选择好要剥线的长度；（4）握住剥线工具手柄，将电缆夹住，缓缓用力使电缆外表皮慢慢剥落；（5）松开工具手柄，取出电缆线，这时电缆金属整齐露在外面，其余绝缘塑料完好无损。

图2-3 剥线钳使用方法

使用剥线钳注意事项：（1）选择的切口直径必须大于线芯直径，即电线必须放在大于其线芯直径的切口上切剥，不能用小切口剥大直径导线，以免切伤芯线。（2）剥线钳不能当钢丝钳使用，以免损坏切口。（3）带电操作时，首先要检查柄部绝缘是否良好，以防止触电。

4. 斜口钳使用方法

斜口钳使用方法如图2-4所示。

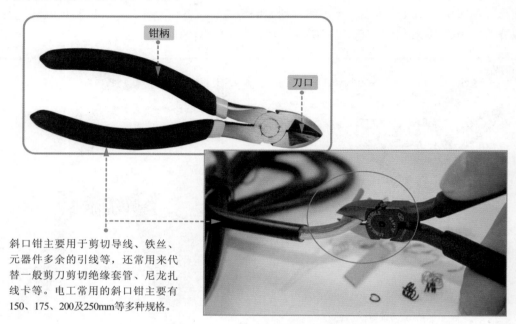

斜口钳主要用于剪切导线、铁丝、元器件多余的引线等，还常用来代替一般剪刀剪切绝缘套管、尼龙扎线卡等。电工常用的斜口钳主要有150、175、200及250mm等多种规格。

图2-4　斜口钳

2.1.2　常见的四种螺丝刀使用方法

螺丝刀是常用的电工工具，也称为改锥，是用来紧固和拆卸螺钉的工具。常用的螺丝刀主要有一字型螺丝刀和十字型螺丝刀。如图2-5所示。

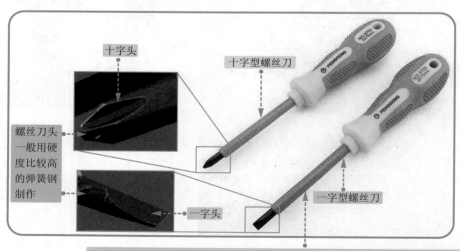

在使用螺丝刀时，需要选择与螺丝大小相匹配的螺丝刀头，太大或太小都不行，容易损坏螺丝和螺丝刀。另外，电工用螺丝刀的把柄要选用耐压500V以上的绝缘体把柄。

图2-5　螺丝刀

除了上图中常用的螺丝刀之外，还有万能螺丝刀和电动螺丝刀，如图2-6所示。

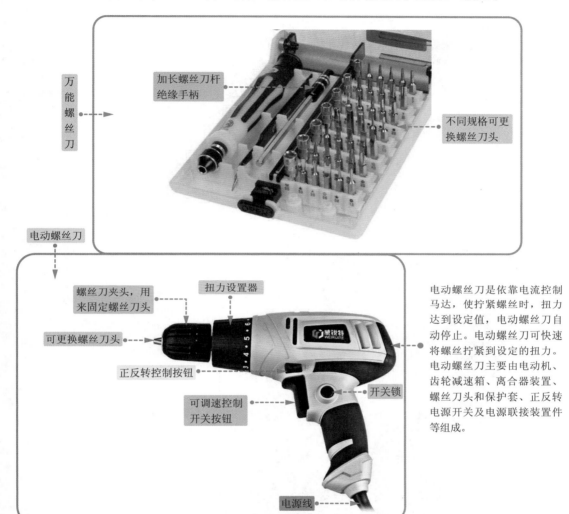

万能螺丝刀

加长螺丝刀杆
绝缘手柄

不同规格可更换螺丝刀头

电动螺丝刀

螺丝刀夹头，用来固定螺丝刀头

扭力设置器

可更换螺丝刀头

正反转控制按钮

开关锁

可调速控制开关按钮

电源线

电动螺丝刀是依靠电流控制马达，使拧紧螺丝时，扭力达到设定值，电动螺丝刀自动停止。电动螺丝刀可快速将螺丝拧紧到设定的扭力。电动螺丝刀主要由电动机、齿轮减速箱、离合器装置、螺丝刀头和保护套、正反转电源开关及电源联接装置件等组成。

图2-6　万能螺丝刀和电动螺丝刀

电动螺丝刀使用注意事项：（1）在插上电源以前，应使电动螺丝刀开关定位在关闭状态，注意电源电压是否适合该机使用，当电动螺丝刀不使用或断电时应将插头拔开；（2）使用时，不要把扭力调整设定过大；（3）在更换螺丝刀头时，一定要将电源插头拔离电源插座，且关闭螺丝刀电源；（4）使用过程中，不要丢或摔撞击电动螺丝刀。

2.1.3　两种扳手使用操作实战

扳手是用来拧螺栓、螺钉、螺母和其他螺纹紧持螺栓或螺母的开口或套孔固件的手工工具，主要分为活扳手和固定扳手两种。如图2-7所示为活扳手使用方法。

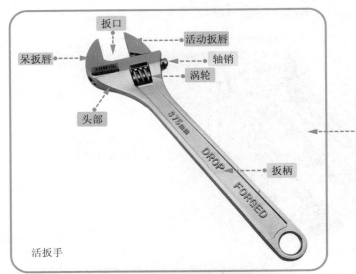

活扳手是指开口宽度可在一定范围内调节，能用来紧固和起松不同规格的螺母和螺栓的一种工具。活动扳手由头部和扳柄构成，头部由活动扳唇、呆扳唇、扳口、涡轮和轴销构成。旋转涡轮可调节扳口的大小。

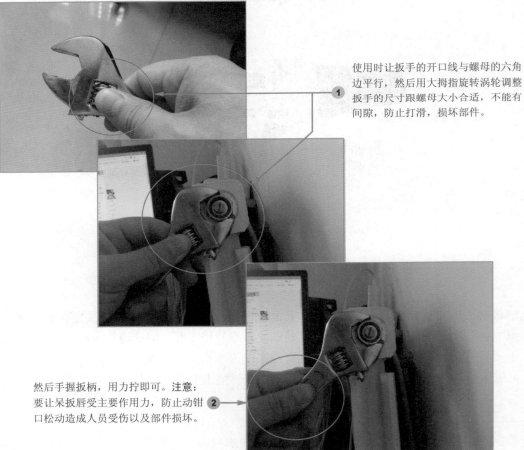

① 使用时让扳手的开口线与螺母的六角边平行，然后用大拇指旋转涡轮调整扳手的尺寸跟螺母大小合适，不能有间隙，防止打滑，损坏部件。

然后手握扳柄，用力拧即可。注意：要让呆扳唇受主要作用力，防止动钳 ② 口松动造成人员受伤以及部件损坏。

图2-7　活扳手使用方法

固定扳手又分为呆扳手和梅花扳手两种，如图2-8所示。

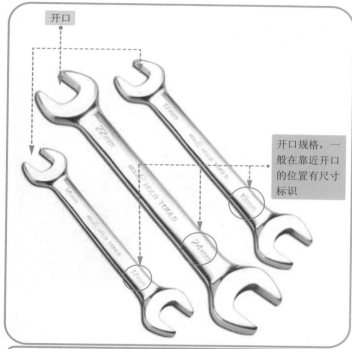

（1）呆扳手又称开口扳手，其一端或两端有固定尺寸的开口，用于拧转一定尺寸的螺母或螺栓。呆扳手两端开口规格不一样，用于拧不同的螺栓。

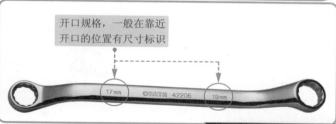

（2）梅花扳手是指两端具有带六角孔或十二角孔的工作端，适用于工作空间狭小，不能使用普通扳手的场合。

在使用梅花扳手时，左手推住梅花扳手与螺栓连接处，保持梅花扳手与螺栓完全配合，防止滑脱，右手握住梅花扳手另一端并加力。梅花扳手可将螺栓、螺母的头部全部围住，因此不会损坏螺栓角，可以施加大力矩。

图2-8 呆扳手和梅花扳手使用方法

2.1.4 电工刀使用操作实战

电工刀是用于剥削导线和切割物体的工具，一般由刀柄和刀片组成。如图2-9所示。

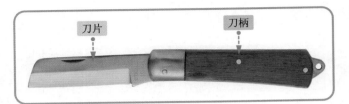

刀片　　　　　　　　刀柄

用电工刀剥削电线绝缘层时，可把刀略微翘起一些，用刀刃的圆角抵住线芯。切忌把刀刃垂直对着导线切割绝缘层，因为这样容易割伤电线线芯。

图2-9　电工刀

2.1.5　电烙铁的焊接姿势与操作实战

1．电烙铁

电烙铁是通过熔解锡进行焊接的一种修理时必备的工具，主要用来焊接元器件间的引脚。常用的电烙铁分为内热式、外热式、恒温式和吸锡式等几种，如图2-10所示为常用的电烙铁。

（即扫即看）

外热式电烙铁由烙铁头、烙铁芯、外壳、木柄、电源引线、插头等组成。

（1）外热式电烙铁的烙铁头一般由紫铜材料制成，它的作用是存储和传导热量。使用时烙铁头的温度必须要高于被焊接物的熔点。烙铁的温度取决于烙铁头的体积、形状和长短。另外为了适应不同的焊接要求，有不同规格的烙铁头，常见的有锥形、凿形、圆斜面形等。

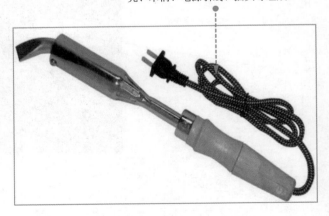

图2-10　电烙铁

（2）内热式电烙铁因其烙铁芯安装在烙铁头里面而得名。内热式电烙铁由手柄、连接杆、弹簧夹、烙铁芯、烙铁头组成。内热式电烙铁发热快，热利用率高（一般可达350℃）且耗电小、体积小，因而得到了更加广泛的应用。

（3）恒温电烙铁头内，一般装有电磁铁式的温度控制器，通过控制通电时间而实现温度控制。

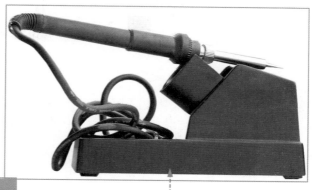

当给恒温电路图通电时，电烙铁的温度上升，当到达预定温度时，其内部的强磁体传感器开始工作，使磁芯断开停止通电。当温度低于预定温度时，强磁体传感器控制电路接通控制开关，开始供电使电烙铁的温度上升。如此往复便得到了温度基本恒定的恒温电烙铁。

（4）吸锡电烙铁是一种将活塞式吸锡器与电烙铁融为一体的拆焊工具。其具有使用方便、灵活、适用范围广等优点，不足之处在于其每次只能对一个焊点进行拆焊。

图2-10 电烙铁（续）

2．焊接操作正确姿势

手工焊接技术是一项基本功，就是在大规模生产的情况下，维护和维修也必须使用手工焊接。因此，必须通过学习和实践操作练习才能熟练掌握。如图2-11所示为电烙铁的几种常用握法。

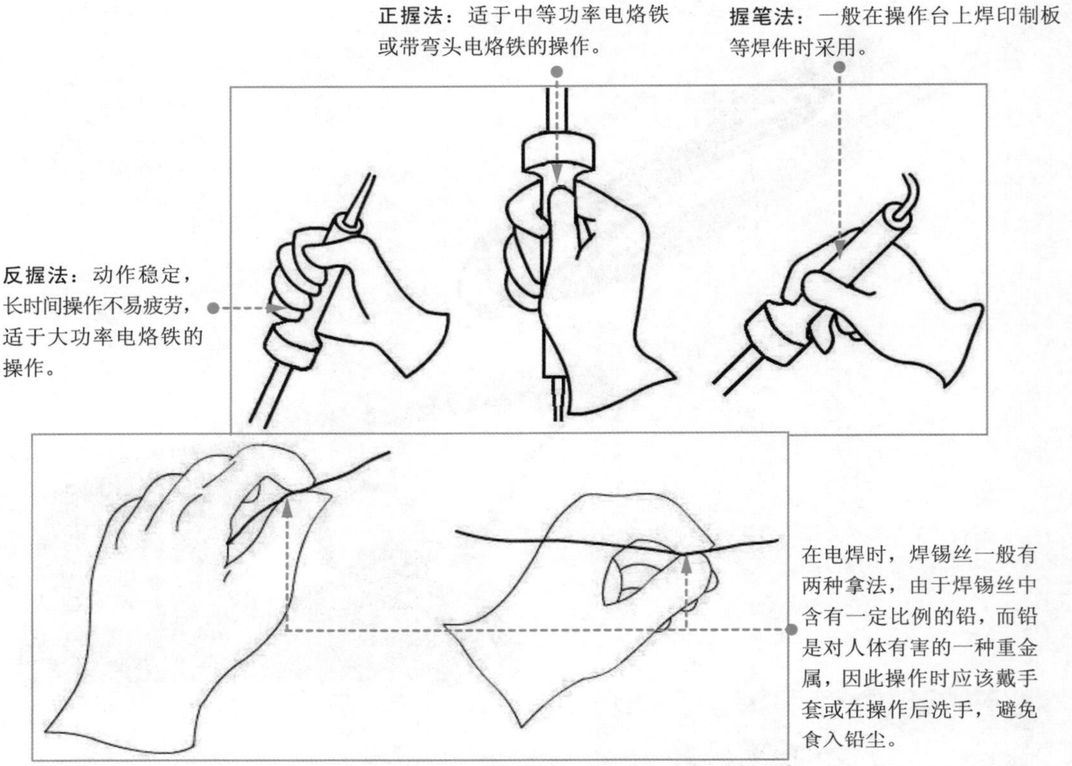

正握法：适于中等功率电烙铁或带弯头电烙铁的操作。

握笔法：一般在操作台上焊印制板等焊件时采用。

反握法：动作稳定，长时间操作不易疲劳，适于大功率电烙铁的操作。

在电焊时，焊锡丝一般有两种拿法，由于焊锡丝中含有一定比例的铅，而铅是对人体有害的一种重金属，因此操作时应该戴手套或在操作后洗手，避免食入铅尘。

图2-11　电烙铁和焊锡丝的握法

另外，为减少焊剂加热时挥发出的化学物质对人的危害，减少有害气体的吸入量，一般情况下，电烙铁距离鼻子的距离应该不少于20cm，通常以30cm为宜。

3. 电烙铁使用方法

一般新买来的电烙铁在使用前都要将铁头上均匀地镀上一层锡，这样便于焊接并且防止烙铁头表面氧化。

电烙铁的使用方法如图2-12所示。

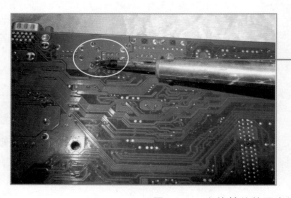

首先将电烙铁通电预热，然后将烙铁接触焊接点，并要保持烙铁加热焊件各部分均匀受热。

图2-12　电烙铁的使用方法

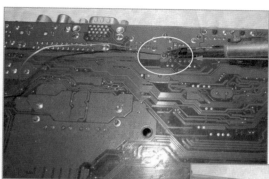

② 当焊件加热到能熔化焊料的温度后将焊丝置于焊点,焊料开始熔化并润湿焊点。

在使用前一定要认真检查确认电源插头、电源线无破损,并检查烙铁头是否松动。如果有出现上述情况请排除后再使用。

当熔化一定量的焊锡后将焊锡丝移开。当焊锡完全润湿焊点后移开烙铁,注意移开烙铁的方向应该是大致45°的方向。 ③

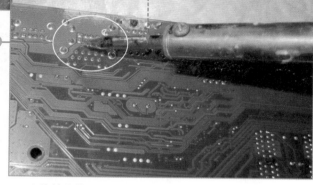

图2-12　电烙铁的使用方法(续)

2.1.6　焊料与助焊剂有何用处

电烙铁使用时的辅助材料和工具主要包括焊锡、助焊剂等。如图2-13所示。

焊锡:熔点较低的焊料。主要由锡基合金做成。

助焊剂:松香是最常用的助焊剂,助焊剂的使用,可以帮助清除金属表面的氧化物,这样利于焊接,又可保护烙铁头。

图2-13　电烙铁的辅助材料

2.1.7　墙壁开槽机操作实战

墙壁开槽机是一种用于墙壁开槽的专用设备。开槽机可以根据施工需求在开槽墙面上开凿出不同角度、不同深度的线槽。如图2-14所示。

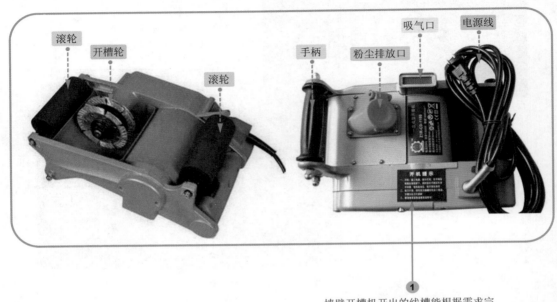

① 墙壁开槽机开出的线槽能根据需求完成，美观实用而且不会损害墙体。

将墙壁开槽机按压在墙壁，依靠滚轮平滑移动。 **②**

开槽的角度和深度可以调整。 **③**

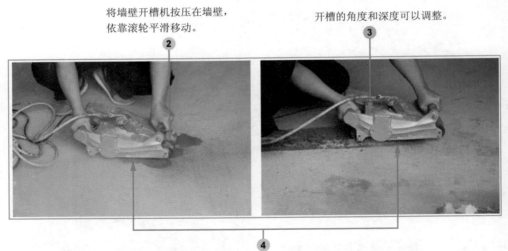

④ 使用墙壁开槽机开凿线槽时，将粉尘排放口与粉尘排放管路连接好，用双手握住开槽机两侧的手柄，先开机空转运行。在确定运行良好后，调整放置位置，将墙壁开槽机按压在墙面上开始执行开槽工作，同时依靠开槽机滚轮平滑移动墙壁开槽机。这样，随着墙壁开槽机底部开槽轮的高速旋转，即可实现对墙体的切割。

图2-14　墙壁开槽机

2.1.8　电钻和电锤使用操作实战

冲击钻是家装过程中常用的工具之一。如图2-15所示。

（即扫即看）

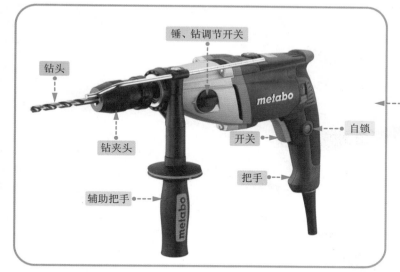

锤、钻调节开关

钻头

钻夹头

辅助把手

开关

自锁

把手

冲击钻依靠旋转和冲击来工作，主要适用于对混凝土地板、墙壁、砖块，石料，木板和多层材料上进行冲击打孔。

图2-15　冲击钻

冲击钻工作时在钻头夹头处有调节旋钮，可调普通手电钻和冲击钻两种方式。冲击钻使用方法如图2-16所示。

使用冲击钻时，先找好钻孔的位置，并做好记号。然后右手抓住钻的把手，左手抓住钻的辅助把手，准备钻孔。

钻孔时应使钻头缓慢接触工件，不得用力过猛或出现歪斜操作，折断钻头，烧坏电机。

两手将冲击钻端平，使钻头和墙面保持90°。按下开关，不要用力太大向前推动，否则不会产生冲击力。

图2-16　冲击钻

2.1.9　两种切管器使用操作实战

在电工操作中，管路加工工具是用于对管路进行加工处理的工具。如图2-17所示为管路切管器。

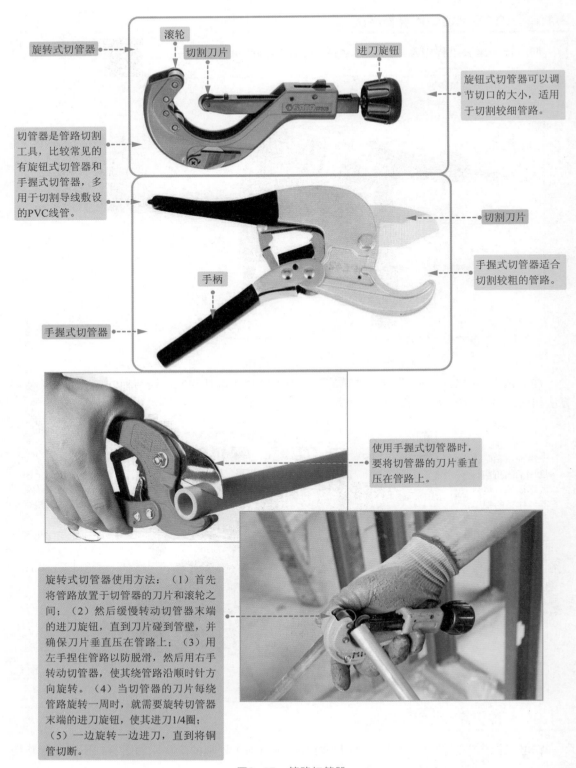

旋转式切管器

滚轮

切割刀片

进刀旋钮

旋钮式切管器可以调节切口的大小，适用于切割较细管路。

切管器是管路切割工具，比较常见的有旋钮式切管器和手握式切管器，多用于切割导线敷设的PVC线管。

切割刀片

手握式切管器适合切割较粗的管路。

手柄

手握式切管器

使用手握式切管器时，要将切管器的刀片垂直压在管路上。

旋转式切管器使用方法：（1）首先将管路放置于切管器的刀片和滚轮之间；（2）然后缓慢转动切管器末端的进刀旋钮，直到刀片碰到管壁，并确保刀片垂直压在管路上；（3）用左手捏住管路以防脱滑，然后用右手转动切管器，使其绕管路沿顺时针方向旋转。（4）当切管器的刀片每绕管路旋转一周时，就需要旋转切管器末端的进刀旋钮，使其进刀1/4圈；（5）一边旋转一边进刀，直到将铜管切断。

图2-17　管路切管器

2.1.10 弯管器使用方法

弯管器是将管路弯曲加工的工具，主要用来弯曲PVC管与钢管等。弯管器如图2-18所示。

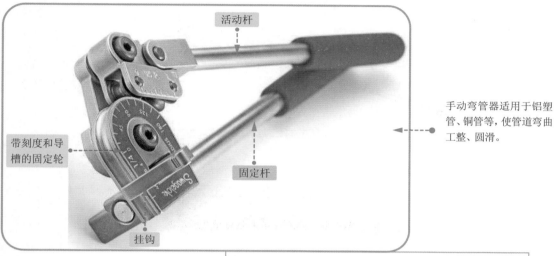

活动杆

手动弯管器适用于铝塑
管、铜管等，使管道弯曲
工整、圆滑。

带刻度和导
槽的固定轮

固定杆

挂钩

弯管器使用方法：
（1）握住弯管器成型手柄或将
弯管器固定在台钳上。
（2）松开挂钩，抬起滑块手柄。
（3）将管道放置在成型盘槽中并
用挂钩将其固定在成型盘中。
（4）放下滑块手柄直至挂钩上的
"0"刻度线对准成型盘上的0°
位置。
（5）绕着成型盘旋转滑块手柄
直至滑块上的"0"刻度线对准成
型盘上所需的度数。

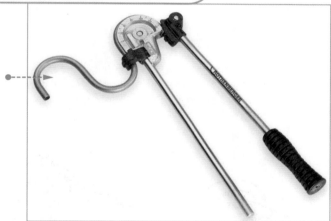

图2-18 弯管器

2.2 常用电工检测工具与仪表使用操作实战

2.2.1 两种验电笔使用操作实战

验电笔是检验低压电气设备是否带电，判断照明电路中的火线和零线的常用工具。验电笔
也叫试电笔或测电笔，简称"电笔"，按照接触方式分为：接触式验电笔和感应式验电笔。如
图2-19所示。

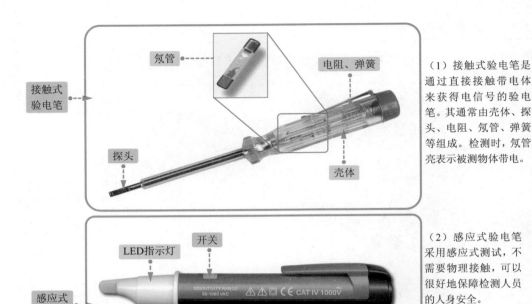

接触式验电笔 — 氖管 — 电阻、弹簧 — 探头 — 壳体

（1）接触式验电笔是通过直接接触带电体来获得电信号的验电笔。其通常由壳体、探头、电阻、氖管、弹簧等组成。检测时，氖管亮表示被测物体带电。

感应式验电笔 — LED指示灯 — 开关 — SENSITIVITY RANGE 90-1000 VAC ⚠⚠ CE CAT IV 1000V

（2）感应式验电笔采用感应式测试，不需要物理接触，可以很好地保障检测人员的人身安全。

图2-19　验电笔

验电笔的使用方法如图2-20所示。

使用试验电笔时，一定要用手触及验电笔尾端的金属部分。否则，因带电体、验电笔、人体和大地没有形成回路，验电笔中的氖泡不会发光。

使用验电笔时，绝对不能用手触碰验电笔前端的金属探头，否则会造成人身触电事故。

① ②

使用验电笔之前，首先要检查验电笔的适用电压是否高于欲测试的带电体的电压。③

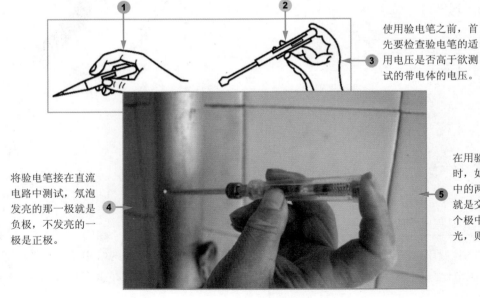

将验电笔接在直流电路中测试，氖泡发亮的那一极就是负极，不发亮的一极是正极。④

在用验电笔进行测试时，如果验电笔氖泡中的两个极都发光，就是交流电；如果两个极中只有一个极发光，则是直流电。⑤

图2-20　验电笔的使用方法

在对地绝缘的直流系统中，可站在地上用
验电笔接触直流系统中的正极或负极，如
果验电笔氖泡不亮，则没有接地现象。如
果氖泡发亮，则说明有接地现象，其发亮
如在笔尖端，则说明为正极接地。如发亮
在手指端，则为负极接地。

6

7

如果使用感应式验电笔进行测
试，则将验电笔靠近测电的部
件，按下开关键，即可开始测
试，并且指示灯会亮。

图2-20 验电笔的使用方法（续）

2.2.2 数字万用表和指针万用表测量实战

万用表是一种多功能、多量程的测量仪表，万用表有很多种，目前常用
的有指针万用表和数字万用表两种，如图2-21所示。

（即扫即看）

万用表可测量直流电流、直流电压、交流电流、交流电压、
电阻和音频电平等，是电工和电子维修中必备的测试工具。

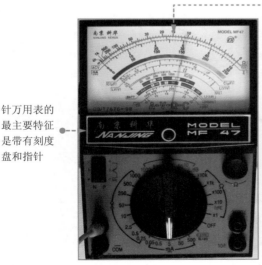

针万用表的
最主要特征
是带有刻度
盘和指针

数字万用表
的最主要特
征是有一块
液晶显示屏

图2-21 万用表

1. 数字万用表的结构

数字万用表具有显示清晰，读取方便，灵敏度高、准确度高，过载能力强，便于携带，使用方便等优点。数字万用表主要由液晶显示屏、挡位选择钮、各种插孔等组成。如图2-22所示。

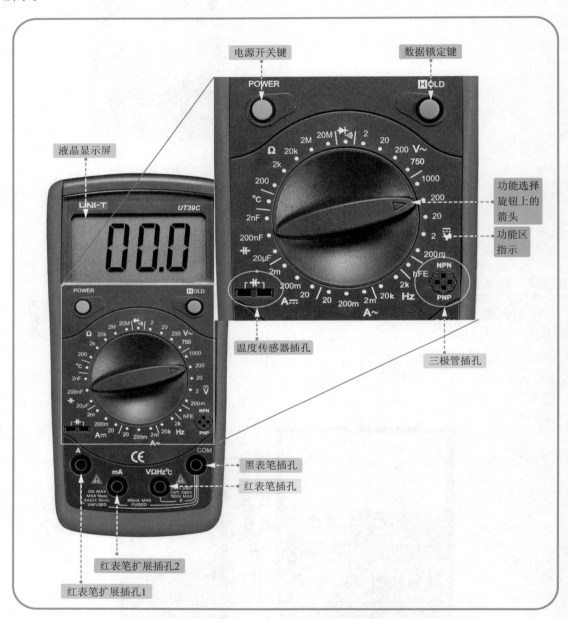

图2-22　数字万用表的结构

2. 指针万用表的结构

如图2-23所示为指针万用表表体，其主要由功能旋钮、欧姆调零旋钮、表笔插孔及三极管

插孔等组成。其中，功能旋钮可以将万用表的挡位在电阻（Ω）、交流电压（V）、直流电压
（V）、直流电流挡和三极管挡之间进行转换；表笔插孔分别用来插红、黑表笔；欧姆调零旋
钮用来给欧姆挡置零。三极管插孔用来检测三极管的极性和放大系数。

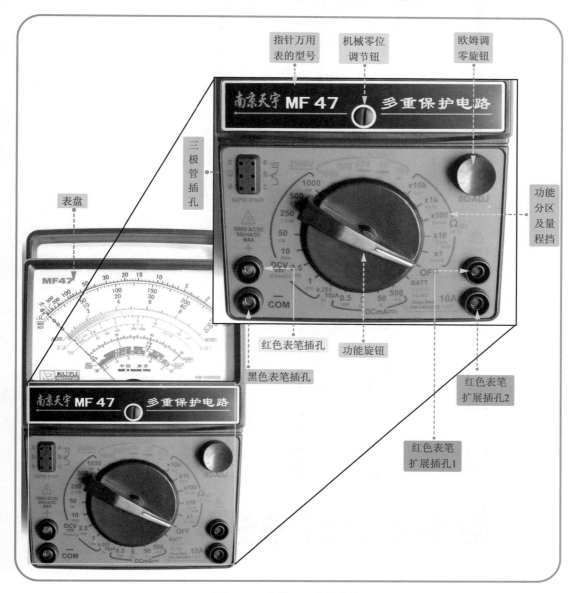

图2-23 指针万用表的表体

如图2-24所示为指针万用表表盘，表盘由表头指针和刻度等组成。

3. 指针万用表量程的选择方法

使用指针万用表测量时，第一步要选择对合适的量程，这样才能保证测量准确。

指针万用表量程的选择方法如图2-25所示。

第一条刻度为电阻值刻度，读数从右向左读。

第二条刻度为交、直流电压电流刻度，读数从左向右读。

机械调零旋钮，当万用表水平放置时，若指针不在交直流挡标尺的零刻度位，可以通过机械调零旋钮使指针回到零刻度。

图2-24　指针万用表表盘

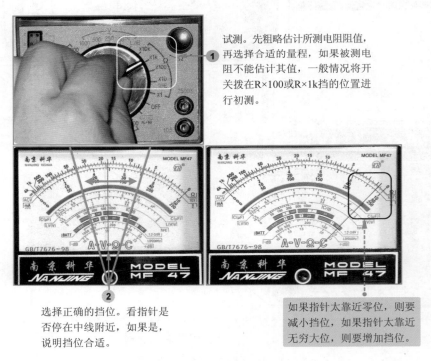

试测。先粗略估计所测电阻阻值，再选择合适的量程，如果被测电阻不能估计其值，一般情况将开关拨在R×100或R×1k挡的位置进行初测。

选择正确的挡位。看指针是否停在中线附近，如果是，说明挡位合适。

如果指针太靠近零位，则要减小挡位，如果指针太靠近无穷大位，则要增加挡位。

图2-25　指针万用表量程的选择方法

4. 指针万用表的欧姆调零

量程选准以后在正式测量之前必须调零，如图2-26所示。

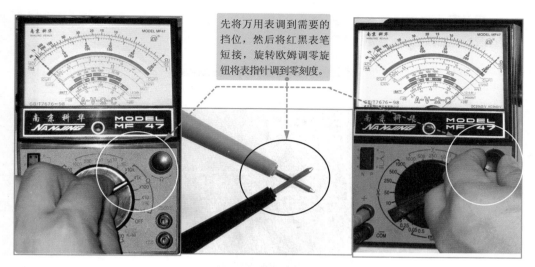

图2-26　指针万用表的欧姆调零

注意如果重新换挡，在测量之前也必须调零一次。

5. 用指针式万用表测电阻实战

用指针式万用表测电阻的方法如图2-27所示。

注：任何时候使用指针式万用表的第1步都是调零，前面已讲，不再赘述。

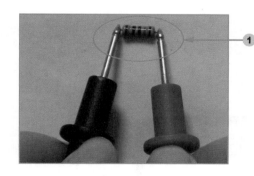

① 测量时应将两表笔分别接触待测电阻的两极（要求接触稳定踏实），观察指针偏转情况。如果指针太靠左，那么需要换一个稍大的量程。如果指针太靠右，那么需要换一个较小的量程。直到指针落在表盘的中部（因表盘中部区域测量更精准）。

② 读取表针读数，然后将表针读数乘以所选量程倍数，如选用"R×1k"挡测量，指针指示17，则被测电阻值为$17×1k＝17k\Omega$。

图2-27　用指针式万用表测电阻的方法

6. 用指针万用表测量直流电流实战

用指针万用表测量直流电流的方法如图2-28所示。

根据指针稳定时的位置及所选量程，正确读数。读出待测电流值的大小。万用表的量程为5mA，指针走了3个格，因此本次测得的电流值为3mA。

断开被测电路，将万用表串接于被测电路中，不要将极性接反，保证电流从红表笔流入，黑表笔流出。

把转换开关拨到直流电流挡，估计待测电流值，选择合适量程。如果不确定待测电流值的范围需选择最大量程，待粗测量待测电流的范围后改用合适的量程。

图2-28　万用表测出的电流值

7. 用指针万用表测量直流电压实战

测量电路的直流电压时，选择万用表的直流电压挡，并选择合适的量程。当被测电压数值范围不清楚时，可先选用较高的量程挡，不合适时再逐步选用低量程挡，使指针停在满刻度的2/3处附近为宜。

指针万用表测量直流电压方法如图2-29所示。

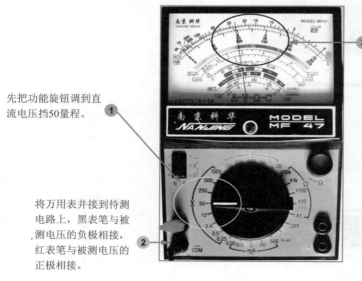

读数，根据选择的量程及指针指向的刻度读数。由图可知该次所选用的量程为0~50V，共50个刻度，因此这次的读数为19V。

先把功能旋钮调到直流电压挡50量程。

将万用表并接到待测电路上，黑表笔与被测电压的负极相接，红表笔与被测电压的正极相接。

图2-29　指针万用表测量直流电压

8. 用数字万用表测量直流电压实战

用数字万用表测量直流电压的方法如图2-30所示。

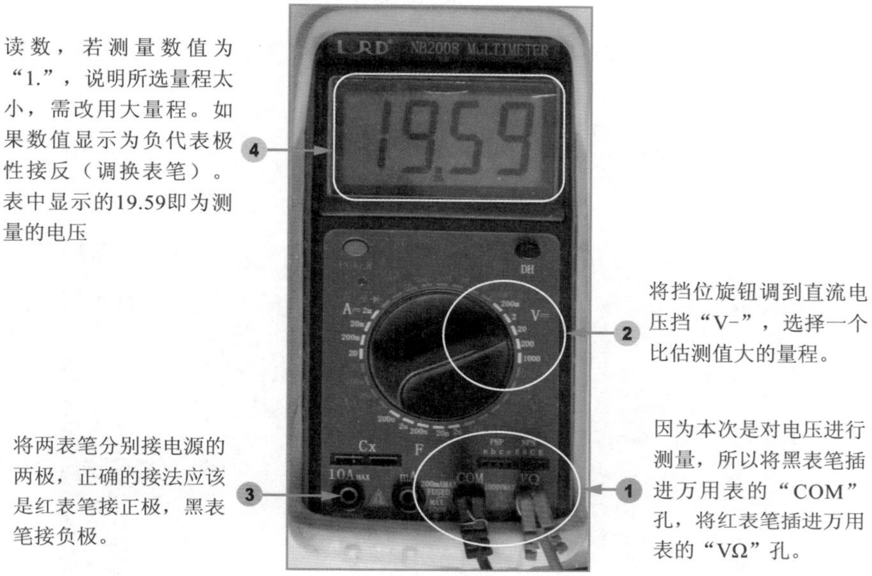

LRD NB2008 MULTIMETER
19.59
读数，若测量数值为“1.”，说明所选量程太小，需改用大量程。如果数值显示为负代表极性接反（调换表笔）。表中显示的19.59即为测量的电压
将挡位旋钮调到直流电压挡“V-”，选择一个比估测值大的量程。
将两表笔分别接电源的两极，正确的接法应该是红表笔接正极，黑表笔接负极。
因为本次是对电压进行测量，所以将黑表笔插进万用表的“COM”孔，将红表笔插进万用表的“VΩ”孔。

图2-30　数字万用表测量直流电压的方法

9. 用数字万用表测量直流电流实战

使用数字万用表测量直流电流的方法如图2-31所示。

提示：交流电流的测量方法与直流电流的测量方法基本相同，不过需将旋钮放到交流挡位。

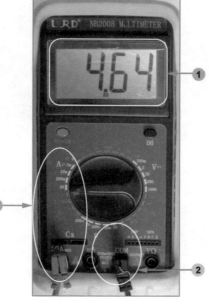

LRD NB2008 MULTIMETER
4.64
读数，若显示为“1.”，则表明量程太小需要加大量程，本次电流的大小为4.64A。
若待测电流估测大于200mA，则将红表笔插入“10A”插孔，并将功能旋钮调到直流“20A”挡；若待测电流估测小于200mA，则将红表笔插入“200mA”插孔，并将功能旋钮调到直流200mA以内的适当量程。
测量电流时，先将黑表笔插的“COM”孔。将万用表串联接入电路中使电流从红表笔流入，黑表笔流出，保持稳定。

图2-31　数字万用表测量直流电流

10. 用数字万用表测量二极管

用数字万用表测量二极管的方法如图2-32所示。

提示：一般锗二极管的压降为0.15~0.3，硅二极管的压降为0.5~0.7，发光二极管的压降为1.8~2.3。

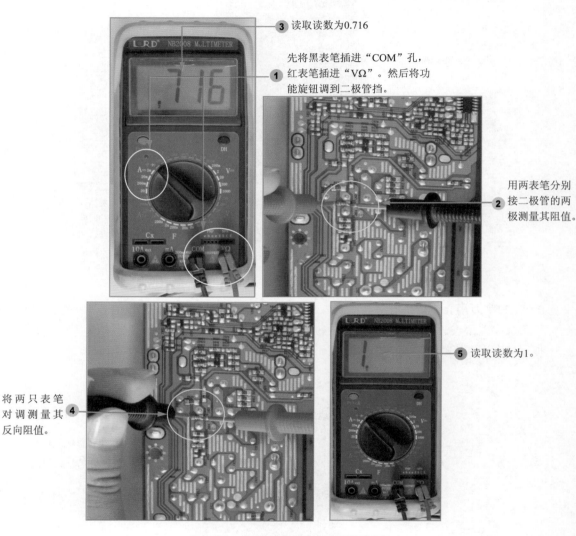

3 读取读数为0.716

1 先将黑表笔插进"COM"孔，红表笔插进"VΩ"。然后将功能旋钮调到二极管挡。

2 用两表笔分别接二极管的两极测量其阻值。

5 读取读数为1。

4 将两只表笔对调测量其反向阻值。

图2-32　数字万用表测量二极管的方法

由于该硅二极管的正向阻值约为0.716，在正常范围0.5~0.7附近，且其反向电阻为无穷大。该硅二极管的质量基本正常。

2.2.3　钳形表使用操作实战

钳形表是集电流互感器与电流表于一身的仪表，是一种不需断开电路就可直接测电路交流电流的便携式仪表。如图2-33所示。

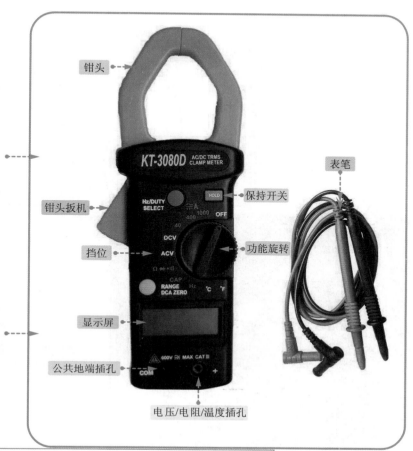

在电工操作中，钳形表主要用于检测电气设备或线缆工作时的电压与电流，在使用钳形表检测电流时不需要断开电路，便可通过钳形表对导线的电磁感应进行电流的测量，是一种较为方便的测量仪器。

钳头

钳头扳机

挡位

钳形表主要由钳头、钳头扳机、保持开关、功能旋钮、表盘、显示屏、表笔插孔、表笔等组成。

KT-3080D AC/DC TRMS CLAMP METER

保持开关

功能旋转

表笔

显示屏

公共地端插孔

电压/电阻/温度插孔

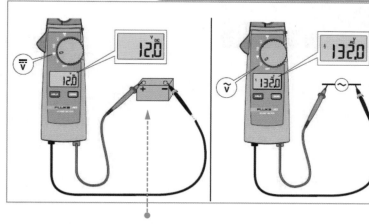

测量交流电压方法：先将钳形表功能旋钮调到交流电压挡（ACV），然后将两只表笔分别接交流电的两端进行测量。

测量直流电压方法：先将钳形表功能旋钮调到直流电压挡（DCV），然后将红表笔接正极，黑表笔接负极进行测量。

图2-33　钳形表

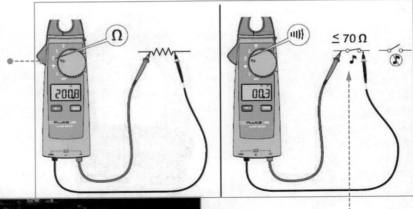

测量电阻方法：先将钳形表功能旋钮调到电阻欧姆挡（Ω），然后将两只表笔分别接电阻器的两端进行测量。

测量线路通断方法：先将钳形表功能旋钮调到蜂鸣器挡，然后将两只表笔分别接电路两端进行测量，电路联通正常时，会发出蜂鸣声。

测量电流方法：首先调整功能旋钮，选择合适的电流量程，若不知道电流大小，可以先选大量程，再选小量程或看铭牌值估算。接着按压钳头扳机按钮，打开钳口，钳住待测线缆（钳住单股线缆）。观察显示屏上的数值，若测量数值特别小，则重新选择小量程再测。

图2-33　钳形表（续）

注意事项：

（1）测量时，应使被测导线处在钳口的中央，并使钳口闭合紧密，以减少误差。

（2）测量高压电缆各相电流时，电缆头线间距离应在300mm以上，且绝缘良好，待认为测量方便时，方能进行。

（3）测量低压可熔保险器或水平排列低压母线电流时，应在测量前将各相可熔保险或母线用绝缘材料加以保护隔离，以免引起相间短路。

（4）钳形电流表测量结束后把开关拨至最大程档，以免下次使用时不慎过流。

（5）测量电流时，需注意被测电流的方向，一般在钳口处标有电流方向箭头，测量时需保证箭头的方向与电流的流向（从正极流向负极）一致。若方向不一致，则会使测量结果不正确。

2.2.4　兆欧表使用操作实战

兆欧表主要用于测量各种绝缘材料的电阻值及变压器、电机、电缆及电器设备等的绝缘电阻，如图2-34所示。

兆欧表主要用来检查电气设备、家用电器或电气线路对地及相间的绝缘电阻，以保证这些设备、电器和线路工作在正常状态，避免发生触电伤亡及设备损坏等事故。兆欧表主要由刻度盘、指针、接线柱、手动摇把、测试线等组成。

L接线柱

接地柱

E接线柱

刻度盘

指针

提手

测试线

手动摇把

兆欧表好坏测试方法：将两连接线开路，摇动手柄指针应指在无穷大处，再把两连接线短接一下，指针应指在零处。

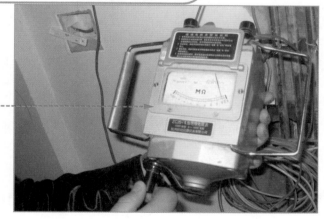

图2-34　兆欧表

注意事项：（1）摇测时，将兆欧表置于水平位置，摇把转动时其端钮间不许短路。摇测电容器、电缆时，必须在摇把转动的情况下才能将接线拆开，否则反充电将会损坏兆欧表。（2）摇动过程中，当出现指针已指向零时，就不能再继续摇动，以防表内线圈发热损坏。（3）为了防止被测设备表面泄漏电阻，使用兆欧表时，应将被测设备的中间层（如电缆壳芯之间的内层绝缘物）接于保护环。（4）摇动手柄时，应由慢渐快，均匀加速到120r/min。（5）被测设备必须与其他电源断开，测量完毕一定要将被测设备充分放电（需2~3分钟），以保护设备及人身安全。

兆欧表具体使用方法如图2-35所示。

使用兆欧表对供电线路相线对地绝缘性进行检测时，首先将兆欧表的红色测试线连接到相线上，再将黑色测试线连接到地线上。

然后顺时针摇动兆欧表上的手动摇把。

观察兆欧表指针的变化，若指针停止摆动时，停留在200MΩ左右的位置，说明地线与相线之间的绝缘性能良好。否则地线与相线间绝缘性有问题。

图2-35　兆欧表使用方法

第 3 章

电工工作的第一步——识图

电工作业前，首要的事项是先看懂电路图，只有熟悉了电路图，才能知道下面的线路如何布置，才能完成后续的工作。本章将从电路图分类、符号、继电图分析等方面培养大家的识图能力。

3.1 怎样看懂电工电气图

在电工的维修作业中，电气图无论什么时候都起到至关重要的作用，可以毫不夸张地说，电路原理图是电工原理的基础。一个合格的电工，必须会看电气图。那么怎么学会看懂电气图呢？需要从如图3-1所示的五个方面进行学习。

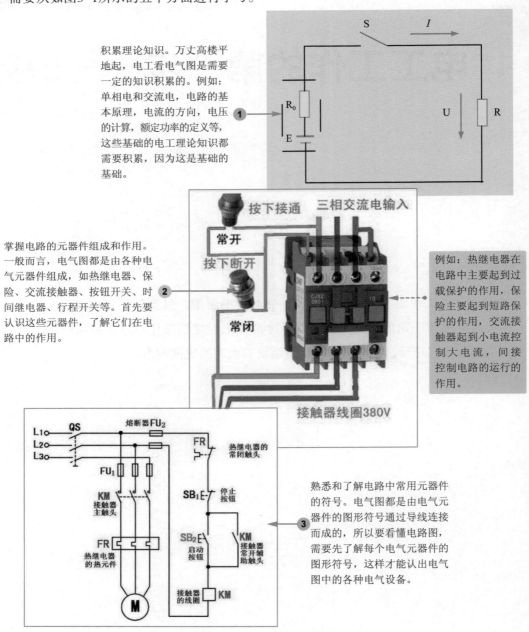

积累理论知识。万丈高楼平地起，电工看电气图是需要一定的知识积累的。例如：单相电和交流电，电路的基本原理，电流的方向，电压的计算，额定功率的定义等，这些基础的电工理论知识都需要积累，因为这是基础的基础。

掌握电路的元器件组成和作用。一般而言，电气图都是由各种电气元器件组成，如热继电器、保险、交流接触器、按钮开关、时间继电器、行程开关等。首先要认识这些元器件，了解它们在电路中的作用。

例如：热继电器在电路中主要起到过载保护的作用，保险主要起到短路保护的作用，交流接触器起到小电流控制大电流，间接控制电路的运行的作用。

熟悉和了解电路中常用元器件的符号。电气图都是由电气元器件的图形符号通过导线连接而成的，所以要看懂电路图，需要先了解每个电气元器件的图形符号，这样才能认出电气图中的各种电气设备。

图3-1　如何看懂电路图

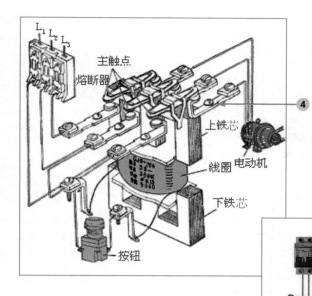

掌握电路元器件的基本动作原理和使用技巧。任何电路元器件都有其结构和动作原理，熟悉和掌握元器件的使用方法十分必要。例如：交流接触器动作吸合时，相应的主触点由常开变为闭合，辅助触电常开点变为闭合，辅助触电常闭点变为断开。

电工电路图需要"动态"分析。在分析电路图时，不能"静止"分析，电路是一个动态的分析过程，需要采用动态的思维来分析。

例如：当合上空开后，按下启动按钮，A点得电，B点得电，由于合上空开，所以D点也有电，D点和B点都有电，所以电磁铁吸合，接触器动作，电机得电转动，启动按钮按下再松开后，接触器还能吸合，是因为在刚按下启动的一刹那，常开辅助触点C点接通A点，B点即得电。即使启动按钮断开，电流从1到2到C到A再到B点，所以启动按钮松开后接触器仍然吸合，直到按下停止按钮后，B点失电，所以计数器断开。

图3-1　如何看懂电路图（续）

3.2 掌握电工识图基础知识

电气图是用来阐述电气工作原理，描述电气产品的构造和功能，并提供产品安装和使用方法的一种简图，主要以图形符号、线框或简化外表来表示电气设备或系统中各有关组成部分的连接方式。下面详细分析如何掌握电气图识图技巧。

3.2.1 常用电气图有哪几种

电工中常用的电气图主要有：电气原理图、电气安装接线图、电气系统图、方框图等，如图3-2所示。

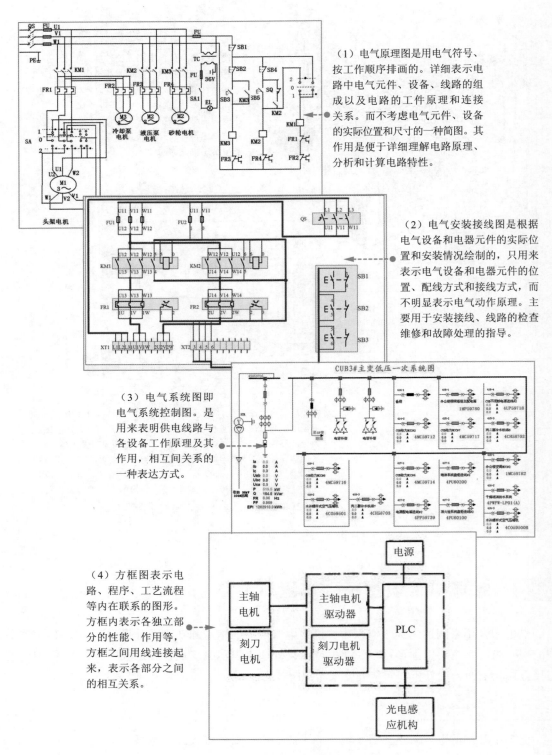

（1）电气原理图是用电气符号、按工作顺序排画的。详细表示电路中电气元件、设备、线路的组成以及电路的工件原理和连接关系。而不考虑电气元件、设备的实际位置和尺寸的一种简图。其作用是便于详细理解电路原理、分析和计算电路特性。

（2）电气安装接线图是根据电气设备和电器元件的实际位置和安装情况绘制的，只用来表示电气设备和电器元件的位置、配线方式和接线方式，而不明显表示电气动作原理。主要用于安装接线、线路的检查维修和故障处理的指导。

（3）电气系统图即电气系统控制图。是用来表明供电线路与各设备工作原理及其作用，相互间关系的一种表达方式。

（4）方框图表示电路、程序、工艺流程等内在联系的图形。方框内表示各独立部分的性能、作用等，方框之间用线连接起来，表示各部分之间的相互关系。

图3-2　电工中常用的电气图

3.2.2　电气图中区域如何划分

标准的电气图（电气原理图）对图纸的大小（图幅）、图框尺寸和图区编号均有一定的要求。如图3-3所示为电气图构成。

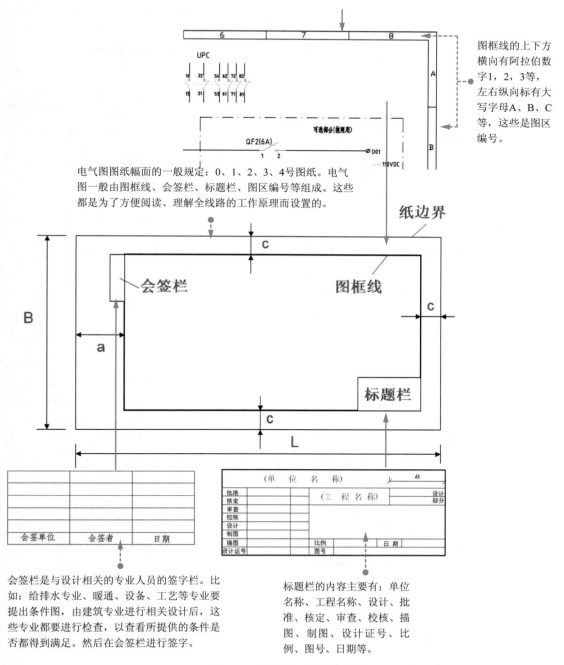

图框线的上下方横向有阿拉伯数字1，2，3等，左右纵向标有大写字母A、B、C等，这些是图区编号。

电气图图纸幅面的一般规定：0、1、2、3、4号图纸。电气图一般由图框线、会签栏、标题栏、图区编号等组成。这些都是为了方便阅读、理解全线路的工作原理而设置的。

会签栏是与设计相关的专业人员的签字栏。比如：给排水专业、暖通、设备、工艺等专业要提出条件图，由建筑专业进行相关设计后，这些专业都要进行检查，以查看所提供的条件是否都得到满足。然后在会签栏进行签字。

标题栏的内容主要有：单位名称、工程名称、设计、批准、核定、审查、校核、描图、制图、设计证号、比例、图号、日期等。

图3-3　电气图中区域如何划分

3.2.3 电气图中导线的表示方法

导线是指传导电流的电线，可以有效传导电流。导线是电气图中的基本组成部分，下面详细讲解如何读识电气图中的导线。如图3-4所示。

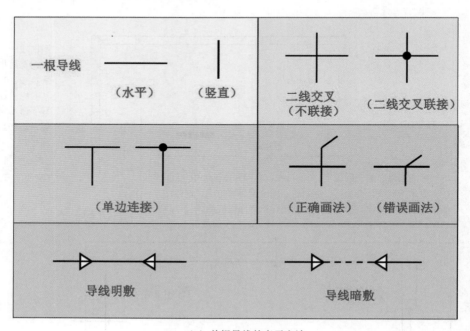

（a）单根导线的表示方法

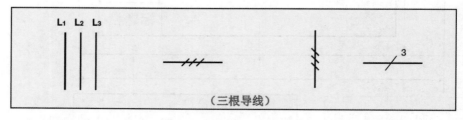

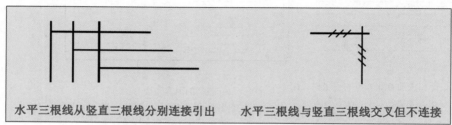

（b）多根导线的表示方法

图3-4 电气图中导线的表示方法

3.2.4 电气图中导线标识读识方法

在电气图中，导线的规格、连接方式等参数都会标注在电气图上，要正确读识电气图首先需要掌握导线的标识说明。如图3-5所示。

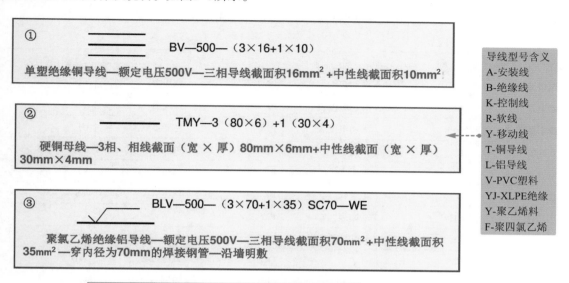

PC20—WC：直径20mm的硬质塑料管、沿墙暗敷

图3-5　导线标识方法

除了上述的标识方法，还有一些特定导线的标识方法，如图3-6所示。

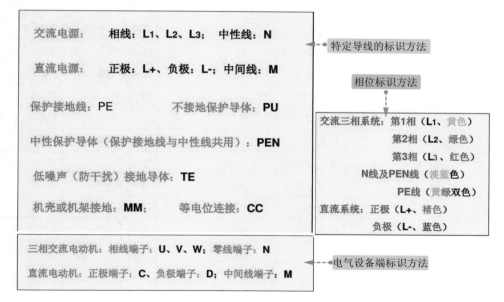

图3-6　特定导线标识方法

3.2.5 电气图中常用文字符号有哪些

电气图中电气符号是必不可少的，要读懂电气图就必须正确、熟练地掌握、理解各种电气符号所表示的意义，否则就会不知所措。电气设备常用的基本文字符号、辅助文字符号、照明电气图符号及常用电缆规格符号如表3-1~表3-4所示。

表3-1 基本文字符号

名 称	符 号	名 称	符 号	名 称	符 号
调节器	A	电度表	PJ	调压器	TVR
隔离开关	AS	有功电度表	PJ	变频器	UF
频率调节器	AFR	无功电度表	PJR	逆变器	UI
变换器	B	转速表	PR	整流器	UR
电容器	C	电压表	PV	二极管	VD
集成块	D	记录仪	PZ	稳压管	VS
热元件	EH	功率表	PW	晶闸管	VT
照明灯	EL	无功功率表	PWR	母线	W
空气调节器	EV	开关	Q	直流母线	WB
避雷器	F	接地开关	QE	控制小母线	WC
热继电器	FR	断路器	QF	合闸小母线	WCL
熔断器	FU	刀开关	QK	应急照明支线	WE
发电机	G	负荷开关	QL	应急照明干线	WEM
蓄电池	GB	电机保护开关	QM	闪光小母线	WF
声响器	HA	隔离开关	QS	事故音箱小母线	WFS
蓝色指示灯	HB	电阻器	R	直插式母线	WI
指示灯	HL	电位器	RP	照明分支线	WL
绿色指示灯	HG	热敏电阻	RT	照明干线	WLM
红色指示灯	HR	转换/控制开关	SA	电力分支线	WP
黄色指示灯	HY	按钮	SB	信号小母线	WS
白色指示灯	HW	带灯旋钮	SBL	电压小母线	WV
继电器	K	旋钮开关	SBT	端子/接线柱	X
中间继电器	KA	限位开关	SL	连接片	XB
接触器	KM	钥匙开关	SK	插头	XP
压力继电器	KP	压力开关	SP	插座	XS
干簧继电器	KR	接近开关	SQ	端子排	XT
信号继电器	KS	温度传感器	ST	电感器	L
时间继电器	KT	变压器	T	电动机	M

续表

名　称	符　号	名　称	符　号	名　称	符　号
测量设备	P	控制变压器	TC	电磁铁	YA
电流表	PA	照明变压器	TL	电磁制动器	YB
计数器	PC	电力变压器	TM	电磁锁	YL
功率因数表	PFR	调压变压器	TTC	电动阀	YM
电流互感器	TA	电压互感器	TV	电磁阀	YV
自耦变压器	TAV	日光灯	Y		

表3-2　辅助文字符号

名　称	符　号	名　称	符　号	名　称	符　号
电流、模拟	A	高	H	饱和	SAT
交流	AC	输入	IN	步进	STE
自动	AUT	增	INC	停止	STP
加速	ACC	感应	IND	同步	SYN
附加	ADD	限制、低、左	L	温度、时间	T
可调	ADJ	闭锁	LA	无噪声接地	TE
辅助	AUX	中间线、主、中	M	真空、速度、电压	V
异步	ASY	手动	MAN	白	WH
制动	BRK	中性线	N	黄	YE
黑	BK	断开	OFF		
蓝	BL	接通（闭合）	ON		
向后	BW	输出	OUT		
控制	C	压力、保护	P		
顺时针	CW	保护接地	PE		
逆时针	CCW	保护接地与中性线共用	PEN		
延时（延迟）、差动、数字、降	D	不接地保护	PU		
直流	DC	记录、左、右	R		
减	DEC	红色	RD		
接地	E	复位	RST		
紧急	EM	备用	RES		
快速	F	运转	RUN		
反馈	FB	信号	S		
正，向前	FW	启动	ST		
绿	GN	置位，定位	SET		

表3-3 照明电气图符号

导线敷设方式	符 号	导线敷设部位	符 号	灯具安装方式	符 号
用绝缘子敷设	K	沿钢索敷设	SR	线吊式	CP
用塑料线槽敷设	XC	沿屋架或跨屋架敷设	BE	自在器线吊式	CP
用水煤气管敷设	RC	沿柱或跨柱敷设	CLE	固定线吊式	CP
用焊接钢管敷设	SC	沿墙面敷设	WE	防水线吊式	CP
用电线管敷设	TC	沿顶棚面或顶板面敷设	CE	吊线器式	CP
用电缆桥架敷设	CT	在能进入的吊顶内敷设	ACE	链吊式	Ch
用聚氯乙烯硬质管敷设	PC	暗敷设在梁内	BC	管吊式	P
用聚氯乙烯半硬质管敷设	FPC	暗敷在柱内	CLC	壁装式	W
用聚氯乙烯塑料波纹电线管敷设	KPC	暗敷设在墙内	WC	吸顶或直附式	S
用瓷夹敷设	PL	暗敷设在地面内	FC	嵌入式	R
用塑料夹敷设	PCL	暗敷设在顶板内	CC	顶棚内安装	CR
用金属软管敷设	SPG	暗敷设在不能进入的吊顶内	ACC	墙壁内安装	WR
				台上安装	T
				支架上安装	SP
				柱上安装	CL
				座装	HM

表3-4 常用电缆规格符号

电缆名称	符 号	电缆名称	符 号
铜芯聚氯乙烯绝缘电缆（电线）	BV	铜芯聚氯乙烯绝缘平型连接软电线	RVB
铜芯聚氯乙烯绝缘软电缆（电线）	BVR	铜芯聚氯乙烯绝缘绞型连接软电线	RVS
铜芯聚氯乙烯绝缘聚氯乙烯护套圆型电缆（电线）	BVV	铜芯聚氯乙烯绝缘聚氯乙烯护套平型连接软电缆（电线）	RVV
铜芯聚氯乙烯绝缘聚氯乙烯护套平型电缆（电线）	BVVB	实心聚乙烯绝缘射频同轴电缆	SYV
铜芯耐热105°C聚氯乙烯绝缘电线	BV-105	聚氯乙烯护套安装用软电缆	AVVR
铜芯阻燃型聚氯乙烯绝缘电线	BV-ZR	双绞线传输电话、数据及信息网	SFTP
铜芯阻燃型聚氯乙烯绝缘软电线	BVR-ZR	有线电视、宽带网专用电缆	SYWV

3.2.6 电气图中常用图形符号有哪些

电气图中常用的图形符号如表3-5所示。

表3-5　电气图中常用图形符号

图 形 符 号	说 明	图 形 符 号	说 明
	常开触点	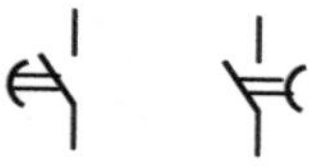	通电延时闭合的动合触点
	常闭触点	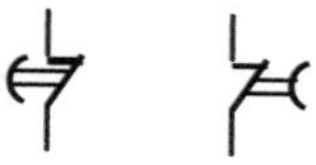	通电延时断开的动断触点
	接触器常开触点	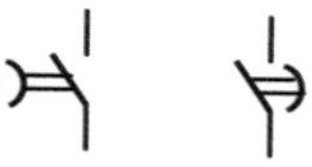	断电延时闭合的动合触点
	接触器常闭触点	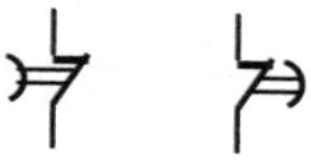	断电延时断开的动断触点
	负荷开关（隔离）	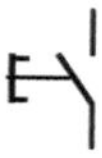	常开按钮
	具有自动释放功能的负荷开关		常闭按钮
	断路器	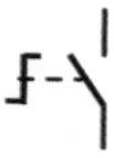	旋钮按钮（闭锁）
	熔断器		限位常开触点
	跌落式熔断器		限位常闭触点
	熔断器式隔离开关		先断后合的转换触点
	座（内孔的）或插座的一个极		插头（凸头的）或插头的一个极
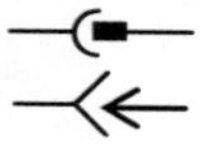	插头和插座（凸头的和内孔的）		接机壳或接底板
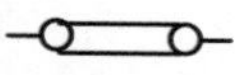	接通的连接片	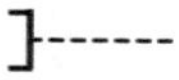	拉拔控制
	换接片	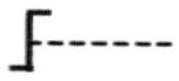	旋转控制
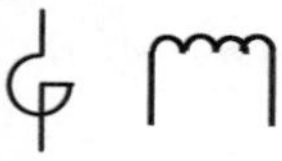	电抗器，扼流圈		推动操作
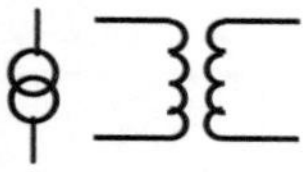	双绕组变压器	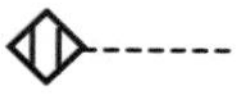	接近效应操作

图 形 符 号	说　明	图 形 符 号	说　明
	自耦变压器		接触效应操作
	电流互感器		紧急开关
	三相变压器 星形-星形连接		手轮操作
	三相变压器 三角-星形连接		脚踏操作
	线圈的一般符号		杠杆操作
	热继电器的驱动器件		可拆卸的手柄操作
	接地的一般符号		钥匙操作
	保护接地		曲柄操作
	滚轮操作		可拆卸的端子电气图形符号
	凸轮操作		连接点
	电磁执行器操作		接近传感器
	热执行器操作		接触传感器
	电钟操作		接近开关动合触点
	液位控制		接触敏感开关动合触点
	计数控制		磁铁接近时动作的接近开关，动合触点
	液面控制		单相插座

续表

图 形 符 号	说　明	图 形 符 号	说　明
	气流控制		暗装单相插座
	温度控制		防水单相插座
	压力控制		防爆单相插座
	滑动控制		带接地插孔的单相插座
	端子		带接地插孔的暗装单相插座
	带接地插孔的防水单相插座		防水单极开关
	带接地插孔的防爆单相插座		防爆单极开关
	带接地插孔的三相插座		双极开关
	带接地插孔的暗装三相插座		暗装双极开关
	带接地插孔的防水三相插座		防水双极开关
	带接地插孔的防爆三相插座		防爆双极开关
	插座箱（板）		单极拉线开关
	多个插座		具有指示灯的开关
	具有单极开关的插座		双极开关（单极三线）
	带熔断器的插座		调光器图形符号
	开关一般符号		电流表
	单极开关		电压表
	暗装单极开关		频率表
	温度计、高温计		天棚灯座（裸灯头）
	转速表		墙上灯座（裸灯头）

图 形 符 号	说　明	图 形 符 号	说　明
Ah	安培小时计	⊗	灯具一般符号
Wh	电能表	⊗	花灯
varh	无功电能表	⊗	投光灯
Wh→	带发送器电能表		单管荧光灯
	屏、台、箱、柜的一般符号		双管荧光灯
	多种电源配电箱（盘）		三管荧光灯
	电力配电箱（盘）		荧光灯花灯组合
	照明配电箱（盘）	⊙	电铃开关
	电源切换箱		原电池或蓄电池
	事故照明配电箱（盘）		原电池组或蓄电池组
	组合开关箱		电缆终端头
	壁灯		天棚灯
	等电位		气体火灾探测器
	手动报警器		火警电话机
	感烟火灾探测器		报警发声器
	感温火灾探测器		电铃
M	直流电动机	M 1~	单相交流电动机
M 3~	三相交流电动机	G	发电机

3.3 电气基础控制电路读识方法

电气控制电路的作用是实现对被控对象的控制和保护。电气控制电路多种多样，千差万别。但都是由基本控制电路有机组合而成，因此要读懂电气电路图首先要掌握基本的控制电路的读识方法。

3.3.1 识别电气元件符号及其实物

在读识电气控制电路图之前首先要认识每个电气元件的文字符号、图形符号和实物形状。建立它们之间的对应关系，对读识电气电路十分重要。如图3-7所示。

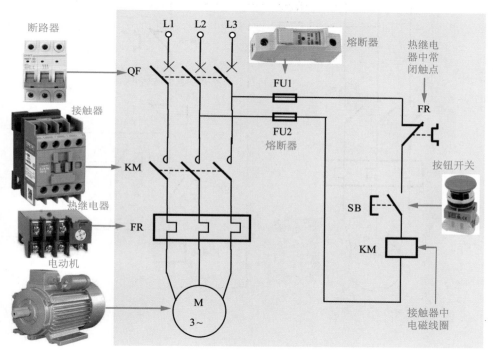

图3-7 建立元件符号和实物的关系

3.3.2 识别电气元件的不同部分

在电气控制图中，一些电气元件的不同部分，分别画在不同的地方。如接触器中的主触点、电磁线圈、常开触点、常闭触点等分别画在不同电路。继电器中的电磁线圈、常开触点、常闭触点等分别画在不同电路，如图3-8所示。

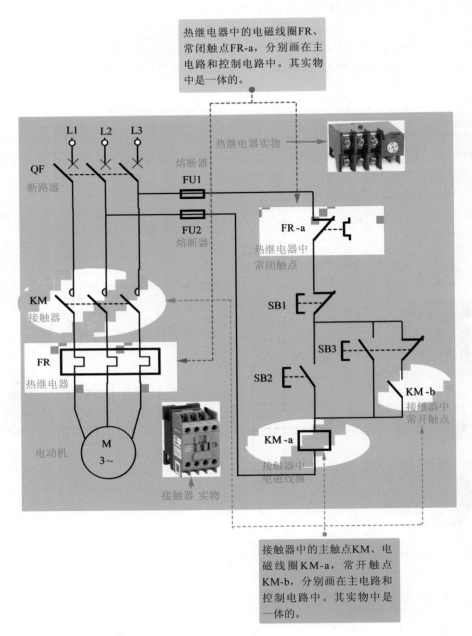

热继电器中的电磁线圈FR、常闭触点FR-a，分别画在主电路和控制电路中。其实物中是一体的。

热继电器实物

L1 L2 L3

QF
断路器

熔断器

FU1

FU2
熔断器

FR-a

热继电器中
常闭触点

KM
接触器

FR
热继电器

SB1

SB3

SB2

KM-b
接触器中
常开触点

KM-a

接触器中
电磁线圈

电动机

M
3～

接触器 实物

接触器中的主触点KM、电磁线圈KM-a，常开触点KM-b，分别画在主电路和控制电路中。其实物中是一体的。

图3-8　识别电气元件的不同部分

3.3.3　通过电流大小识别主电路和控制电路

在电气控制电路图中，主电路、控制电路是分开绘制的。一般主电路画在图纸的左方，控制电路画在图纸的右方。主电路都是大电流，控制电路则是小电流，如图3-9所示。

左边的为主电路：380V交流电经过断路器QF、接触器KM、热继电器FR之后接入电动机中，为电动机供电。

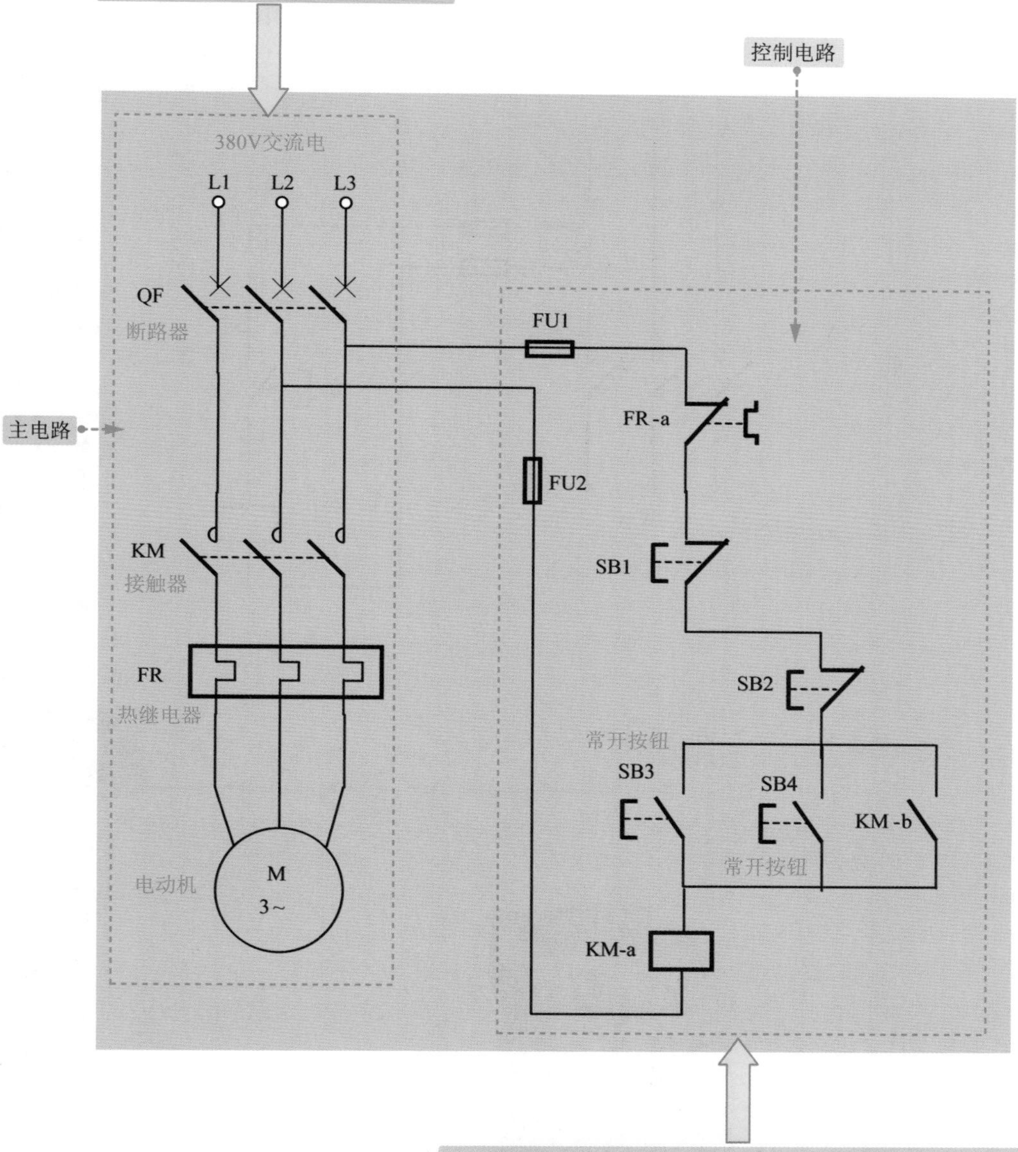

控制电路

380V交流电

L1　L2　L3

QF
断路器

主电路

FU1

FR-a

FU2

SB1

SB2

KM
接触器

FR
热继电器

常开按钮

SB3　　　SB4

KM-b

常开按钮

电动机

M
3~

KM-a

右边的为控制电路：电源经过熔断器FU1、热继电器FR-a，开关按钮SB1、SB2、SB3、SB4，接触器线圈KM-a和接触器常开触点KM-b后，再经过熔断器FU2接入电源线L2。通过控制电路连接的开关按钮、接触器线圈、接触器常开触点等的动作来控制主电路中接触器触点的动作。

图3-9　通过电流大小识别主电路和控制电路

3.3.4 点动控制电路读识

点动控制是指需要动作时，按下控制按钮SB，不需要时，松开按钮SB。点动控制电路多用于起吊设备的上、下、左、右控制以及机床的步进、不退等控制。如图3-10所示。

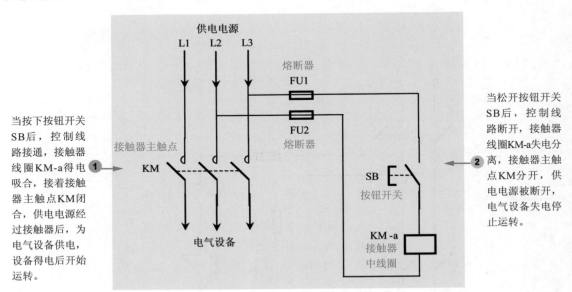

当按下按钮开关SB后，控制线路接通，接触器线圈KM-a得电吸合，接着接触器主触点KM闭合，供电电源经过接触器后，为电气设备供电，设备得电后开始运转。

当松开按钮开关SB后，控制线路断开，接触器线圈KM-a失电分离，接触器主触点KM分开，供电电源被断开，电气设备失电停止运转。

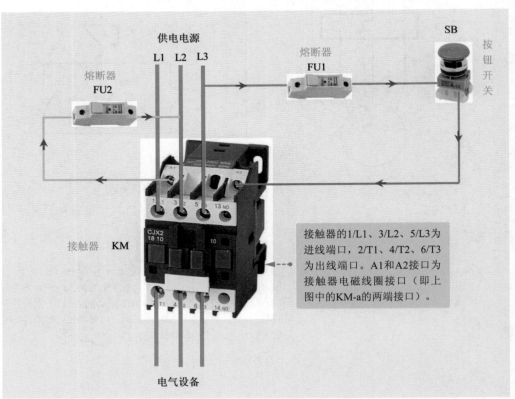

接触器的1/L1、3/L2、5/L3为进线端口，2/T1、4/T2、6/T3为出线端口。A1和A2接口为接触器电磁线圈接口（即上图中的KM-a的两端接口）。

图3-10 点动控制电路读识

3.3.5 自锁控制电路读识

自锁控制电路是指利用接触器本身附带的辅助常开触点来实现保持接触器线圈通电的现象。接触器线圈保持通电其主触点就可以一直接触，电气设备就可以持续获得供电。如图3-11所示。

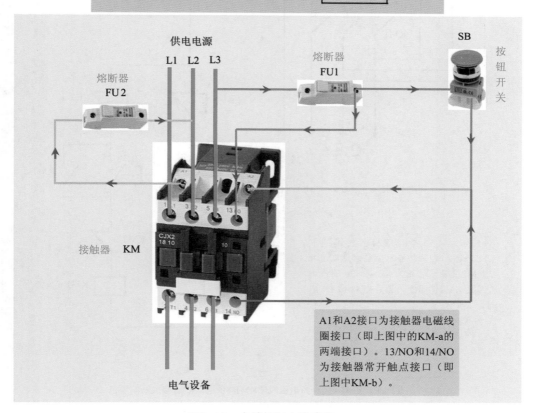

图3-11 自锁控制电路读识

当按下按钮开关SB后，控制线路接通，接触器线圈KM-a得电吸合，接着接触器主触点KM闭合，供电电源经过接触器后，为电气设备供电，设备得电后开始运转。

同时，接触器常开触点KM-b闭合。当松开SB后，控制电路通过KM-b为线圈KM-a供电，接触器线圈保持得电，接触器实现自锁。

A1和A2接口为接触器电磁线圈接口（即上图中的KM-a的两端接口）。13/NO和14/NO为接触器常开触点接口（即上图中KM-b）。

3.3.6 按钮互锁控制电路读识

按钮互锁是指将两个控制按钮的常闭与常开接点相互联锁接线，从而达到接通一个电路而断开另一个电路的控制目的，按钮互锁可以有效地防止操作人员的误操作。如图3-12所示。

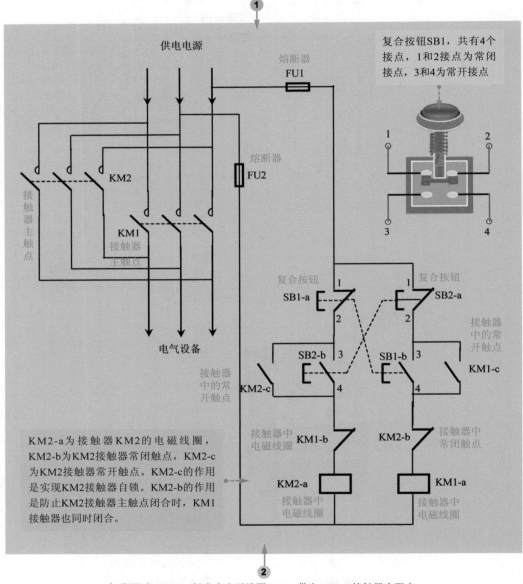

当要启动KM2接触器时，按下控制按钮SB1时，按钮SB1的常闭接点SB1-a先断开，SB1-b闭合。供电从SB2-a、SB1-b和KM2-b为KM1-a电磁线路供电，KM1-a吸合，KM1主触点闭合，供电电源通过KM1接触器为电气设备供电。

KM2-a为接触器KM2的电磁线圈，KM2-b为KM2接触器常闭触点，KM2-c为KM2接触器常开触点。KM2-c的作用是实现KM2接触器自锁。KM2-b的作用是防止KM2接触器主触点闭合时，KM1接触器也同时闭合。

与此同时，KM1-c闭合为电磁线圈KM1-a供电，KM1接触器实现自锁，在松开SB1按钮后，接触器KM1主触点依旧可以持续闭合。

图3-12 按钮互锁控制电路读识

3.3.7 利用接触器辅助触电的互锁电路读识

接触器互锁是将两台接触器的辅助常闭触点与另一个接触器的线圈相互接线，如图3-13所示（完整电路图参考图3-12）。

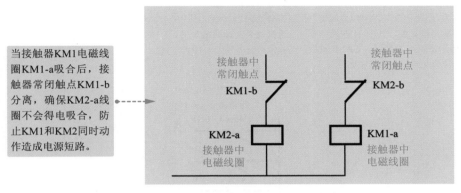

当接触器KM1电磁线圈KM1-a吸合后，接触器常闭触点KM1-b分离，确保KM2-a线圈不会得电吸合，防止KM1和KM2同时动作造成电源短路。

图3-13　利用接触器辅助触电的互锁电路读识

3.4　如何读识照明电气图

照明电气图的读识可以分为照明供电系统图读识和照明平面图读识，下面详细讲解。

3.4.1 照明供电系统图读识方法

照明供电系统图按下面方法读识。

1. 一看线路进线线缆参数

看照明供电系统图时，首先看架空线路进线的路数、导线的型号、规格、敷设方式及穿管直径。如图3-14所示。

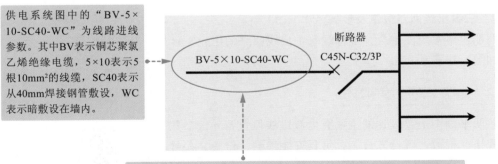

供电系统图中的"BV-5×10-SC40-WC"为线路进线参数。其中BV表示铜芯聚氯乙烯绝缘电缆，5×10表示5根10mm²的线缆，SC40表示从40mm焊接钢管敷设，WC表示暗敷设在墙内。

照明线缆的标注方法为：a-b-（c×d）-e-f，两种线芯标注方法为：a-b-（c×d+n×h）-e-f，a为线路标号（一般不标注），b为线缆型号，c、n为线芯根数，d、h为电缆截面，e为敷设方式及管径，f为敷设部位。

图3-14　线缆参数

2. 二看总开关及熔断器型号规格

在照明供电系统中主要使用熔断器作为断路设备，因此需要正确读识熔断器的型号规格。如图3-15所示。

供电系统图中的"C45N-C32/3P"为总断路器参数。其中C45N表示施耐德公司断路器型号，C32表示额定电流为32A，/3P表示3极。

供电系统图中的"C45N-C16/1P"为分断路器参数。其中C45N表示施耐德公司断路器型号，C16表示额定电流为16A，/1P表示1极。

供电系统图中的"C45N-C20/2P"为分断路器参数。其中C45N表示施耐德公司断路器型号，C20表示额定电流为20A，/2P表示2极，30mA表示漏电保护电流为30mA。

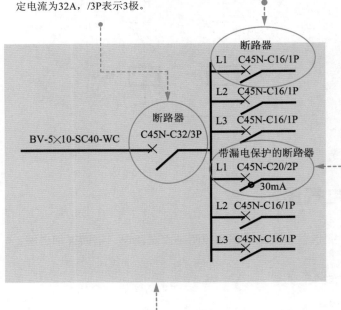

断路器的标注方法为：a-b-c/i，a为设备编号（一般不标注），b为设备型号（一般厂家自己编制），c为额定电流（单位A）、i为极数。

图3-15　熔断器型号规格

3. 三看出线回路数量及参数

照明供电系统图中会详细标注每个出线回路的用途、容量、电缆参数等，供电系统图读识方法如图3-16所示。

3.4.2　照明平面图读识方法

照明平面图上要表达的主要有电源进线位置，导线参数（型号、规格、根数、敷设方式），灯具安装参数（位置、型号、安装方式），各种用电设备的安装参数（型号、规格、安装位置等），如图3-17所示。

（即扫即看）

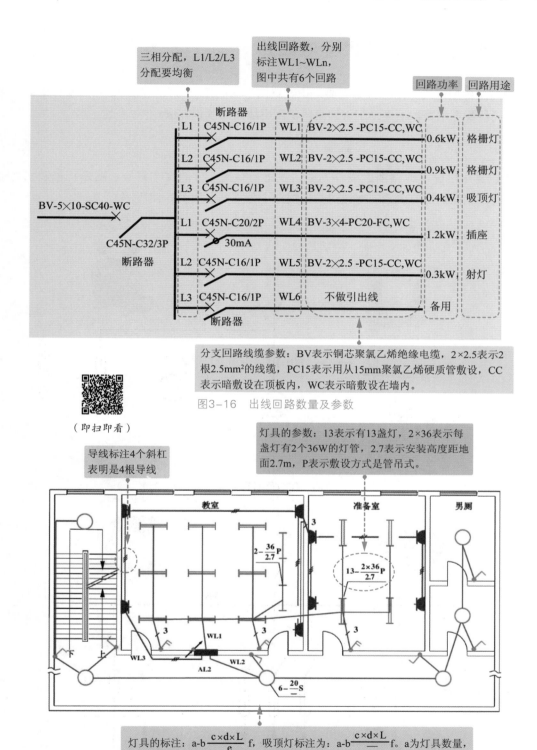

三相分配，L1/L2/L3 分配要均衡

出线回路数，分别标注WL1~WLn，图中共有6个回路

回路功率

回路用途

断路器

L1	C45N-C16/1P	WL1	BV-2×2.5 -PC15-CC,WC	0.6kW	格栅灯
L2	C45N-C16/1P	WL2	BV-2×2.5 -PC15-CC,WC	0.9kW	格栅灯
L3	C45N-C16/1P	WL3	BV-2×2.5 -PC15-CC,WC	0.4kW	吸顶灯
L1	C45N-C20/2P	WL4	BV-3×4-PC20-FC,WC	1.2kW	插座
	30mA				
L2	C45N-C16/1P	WL5	BV-2×2.5 -PC15-CC,WC	0.3kW	射灯
L3	C45N-C16/1P	WL6	不做引出线		备用

BV-5×10-SC40-WC

C45N-C32/3P
断路器

断路器

分支回路线缆参数：BV表示铜芯聚氯乙烯绝缘电缆，2×2.5表示2根2.5mm²的线缆，PC15表示用从15mm聚氯乙烯硬质管敷设，CC表示暗敷设在顶板内，WC表示暗敷设在墙内。

（即扫即看）

图3-16　出线回路数量及参数

导线标注4个斜杠表明是4根导线

灯具的参数：13表示有13盏灯，2×36表示每盏灯有2个36W的灯管，2.7表示安装高度距地面2.7m，P表示敷设方式是管吊式。

教室　　　准备室　　　男厕

$2-\dfrac{36}{2.7}$ P

$13-\dfrac{2\times36}{2.7}$ P

WL1

WL3　WL2

AL2

$6-\dfrac{20}{}$ S

灯具的标注：$a-b\dfrac{c\times d\times L}{e}$ f，吸顶灯标注为：$a-b\dfrac{c\times d\times L}{e}$ f。a为灯具数量，b为灯具型号（可不标注），c为每盏灯灯泡数量，d为灯泡的功率，e为灯具安装高度（单位m），f为安装方式，L为光源种类（1种光源可不标注）。

图3-17　照明平面图读识方法

3.5 如何读识高压供配电线路

读识高压供配电线路图时，首先要认识线路图中的高压元件及实物图，然后要分清高压供电电路和高压配电电路。下面详细讲解高压供配电线路图读识方法。

3.5.1 识别高压元件符号及其实物

在读识高压供配电线路图之前首先要认识每个高压元件的文字符号、图形符号和实物形状。建立它们之间的对应关系，对读识高压线路十分重要。如图3-18所示。

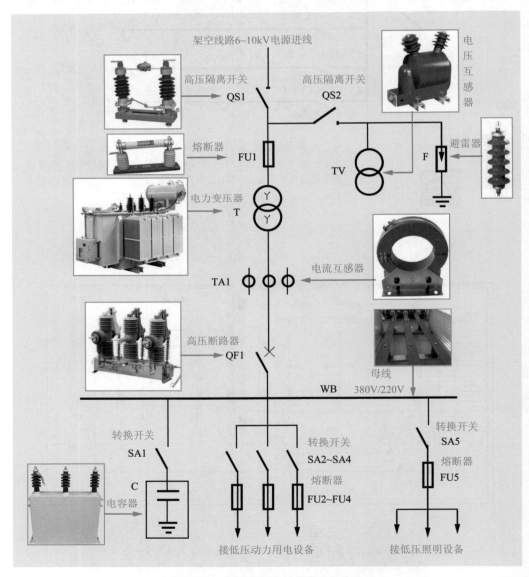

图3-18 识别高压元件符号及其实物

3.5.2　高压供电线路的读识方法

高压供电线路主要是将高压电源输送到电力变压上，然后经变压器降压后输送到母线上。高压供电电路的读识方法如图3-19所示。

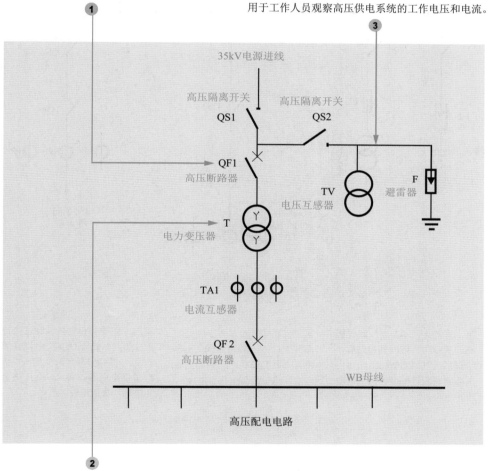

35kV高压电源电压经过高压断路器QS1、熔断器FU1、高压断路器QF1后送入电力变压器T上。

高压电源进线经过高压隔离开关QS1后，其中一路经QS2后连接到避雷器F和电压互感器TV。避雷器起到防雷击的作用。电压互感器一般接有电流表和电压表，用于工作人员观察高压供电系统的工作电压和电流。

电力变压器T将35kV高压将为6kV电压，再经过电流互感器TA和高压断路器QF2后送到母线WB上。

图3-19　高压供电线路的读识

3.5.3　高压配电线路的读识方法

高压配电线路主要承担分配电能的任务，一般指高压供配电线路中母线另一侧电路，通常有多个分支，分配给多个用电电路或下级电路。如图3-20所示。

第一个支路中，6kV高压经过隔离开关QS3、避雷器F2后接地，为该高压配电电路提供防雷击保护。

经过电力变压器降压后6kV高压被送到母线WB上，然后分配为4个支路。

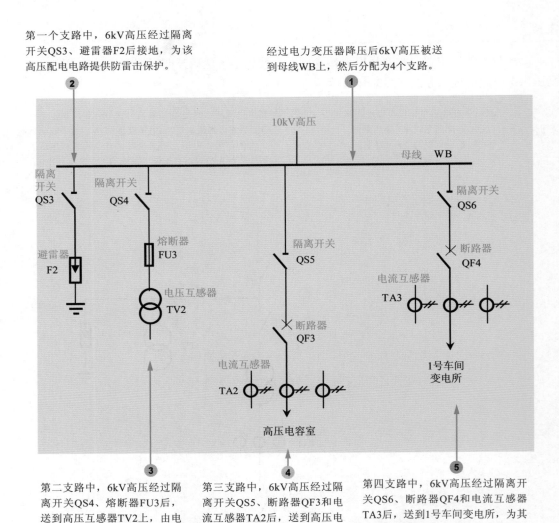

图3-20 高压配电线路的读识方法

第二支路中，6kV高压经过隔离开关QS4、熔断器FU3后，送到高压互感器TV2上，由电压互感器测量配电线路中的电压和电流。

第三支路中，6kV高压经过隔离开关QS5、断路器QF3和电流互感器TA2后，送到高压电容室，用于接高压补偿电容。

第四支路中，6kV高压经过隔离开关QS6、断路器QF4和电流互感器TA3后，送到1号车间变电所，为其提供供电电源，将6kV高压降为低压电源，为低压设备供电。

第 4 章
电路中的电子元器件检测实战

　　各种电子设备的电路板，都是由不同功能和特性的电子元器件组成的。掌握常见电子元器件好坏的检修方法，是学习电工电子维修技术的必修课。硬件电路板中的常见电子元器件主要包括电阻器、电容器、电感器、二极管、三极管、场效应管以及稳压器等。

4.1 电阻器检测实战

在电路中，电阻器的主要作用是稳定和调节电路中的电流和电压，即控制某一部分电路的电压和电流比例的作用。电阻器是电路元件中应用最广泛的一种，在电子设备中约占元件总数的30%。

4.1.1 常用电阻器有哪些

电阻器是电路中最基本的元器件之一，其种类较多，如图4-1所示。

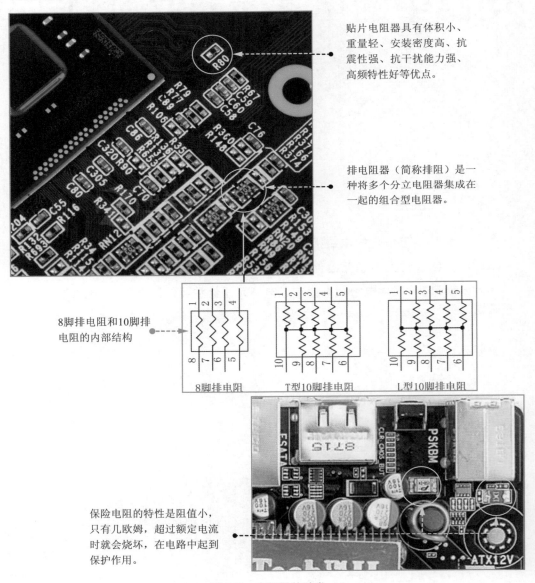

贴片电阻器具有体积小、重量轻、安装密度高、抗震性强、抗干扰能力强、高频特性好等优点。

排电阻器（简称排阻）是一种将多个分立电阻器集成在一起的组合型电阻器。

8脚排电阻和10脚排电阻的内部结构

8脚排电阻　　　T型10脚排电阻　　　L型10脚排电阻

保险电阻的特性是阻值小，只有几欧姆，超过额定电流时就会烧坏，在电路中起到保护作用。

图4-1　电阻器的种类

碳膜电阻器电压稳定性好，造价低，从外观看，碳膜电阻器有四个色环，为蓝色。

金属膜电阻器体积小、噪声低，稳定性良好。从外观看，金属膜电阻器有五个色环，为土黄色或是其他的颜色。

压敏电阻器主要用在电气设备交流输入端，用作过压保护。当输入电压过高时，它的阻值将减小，使串联在输入电路中的保险管熔断，切断输入，从而保护电气设备。

图4-1 电阻器的种类（续）

4.1.2　认识电阻器的符号很重要

维修电路时，通常需要参考电器设备的电路原理图来查找问题，而电路图中的元器件主要用元器件符号来表示。元器件符号包括文字符号和图片符号。其中，电阻器一般用"R"、"RN"、"RF"、"FS"等文字符号来表示。如表4-1所示为常见电阻的电路图形符号。图4-2为电路图中电阻器的符号。

表4-1　常见电阻电路图形

一 般 电 阻	可 变 电 阻	光 敏 电 阻	压 敏 电 阻	热 敏 电 阻
			U	θ
			U	θ

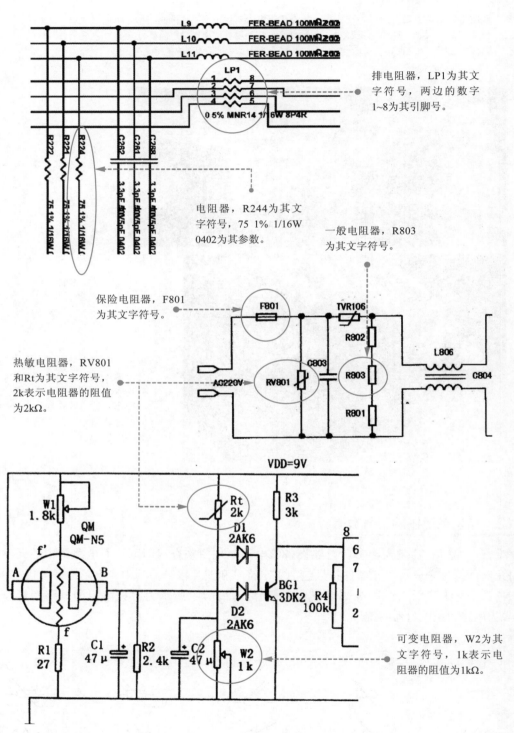

排电阻器，LP1为其文字符号，两边的数字1~8为其引脚号。

电阻器，R244为其文字符号，75 1% 1/16W 0402为其参数。

一般电阻器，R803为其文字符号。

保险电阻器，F801为其文字符号。

热敏电阻器，RV801和Rt为其文字符号，2k表示电阻器的阻值为2kΩ。

可变电阻器，W2为其文字符号，1k表示电阻器的阻值为1kΩ。

图4-2 电阻器的符号

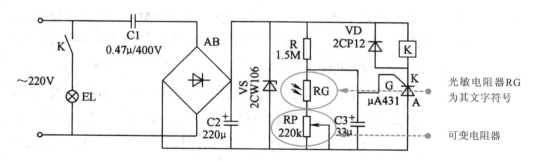

图4-2　电阻器的符号（续）

4.1.3　轻松计算电阻器的阻值

电阻的阻值标注法通常有色环法、数标法。色环法在一般的电阻上比较常见，数标法通常用在贴片电阻器上。

1. 读懂数标法标注的电阻器

数标法用三位数表示阻值，前两位表示有效数字，第三位数字是倍率。如图4-3所示。

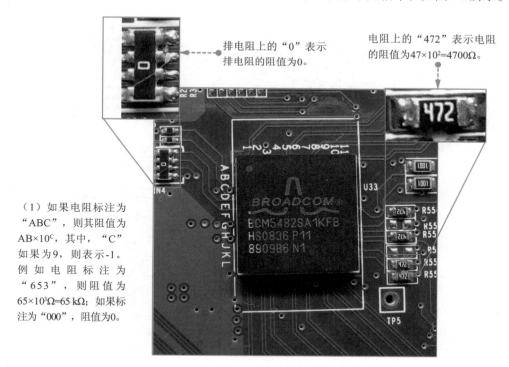

排电阻上的"0"表示排电阻的阻值为0。

电阻上的"472"表示电阻的阻值为$47×10^2=4700\Omega$。

（1）如果电阻标注为"ABC"，则其阻值为$AB×10^C$，其中，"C"如果为9，则表示-1。例如电阻标注为"653"，则阻值为$65×10^3\Omega=65\ k\Omega$；如果标注为"000"，阻值为0。

（2）可调电阻在标注阻值时，也常用二位数字表示。第一位表示有效数字，第二位表示倍率。如："24"表示$2×10^4=20k\Omega$。还有标注时用R表示小数点，如R22=0.22Ω，2R2=2.2Ω。

图4-3　数标法标注电阻器

2. 读懂色标法标注的电阻器

色标法是指用色环标注阻值的方法，色环标注法使用最多，普通的色环电阻器用四环表示，精密电阻器用五环表示，紧靠电阻体一端头的色环为第一环，露着电阻体本色较多的另一端头为末环。

如果色环电阻器用四环表示，前面两位数字是有效数字，第三位是10的倍幂，第四环是色环电阻器的误差范围。如图4-4所示。

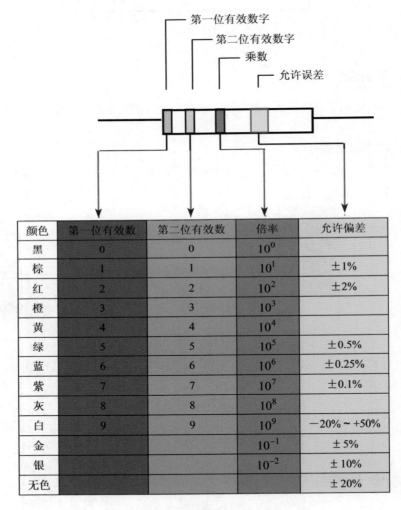

颜色	第一位有效数	第二位有效数	倍率	允许偏差
黑	0	0	10^0	
棕	1	1	10^1	±1%
红	2	2	10^2	±2%
橙	3	3	10^3	
黄	4	4	10^4	
绿	5	5	10^5	±0.5%
蓝	6	6	10^6	±0.25%
紫	7	7	10^7	±0.1%
灰	8	8	10^8	
白	9	9	10^9	−20% ~ +50%
金			10^{-1}	±5%
银			10^{-2}	±10%
无色				±20%

图4-4 四环电阻器阻值说明

如果色环电阻器用五环表示，前面三位数字是有效数字，第四位是10的倍幂，第五环是色环电阻器的误差范围。如图4-5所示。

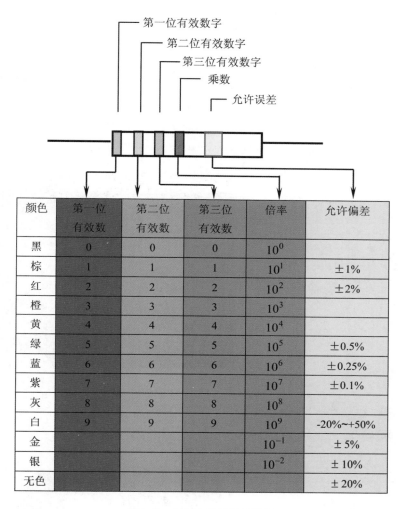

图4-5　五环电阻器阻值说明

根据电阻器色环的读识方法，可以很轻松地计算出电阻器的阻值，如图4-6所示。

电阻的色环为：棕、绿、黑、白、棕五环，对照色码表，其阻值为$150×10^9\Omega$，误差为±1%。

电阻的色环为：灰、红、黄、金四环，对照色码表，其阻值为$82×10^4\Omega$，误差为±5%。

图4-6　计算电阻阻值

4.1.4　实战检测判断固定电阻器的好坏

有些柱状固定电阻开路或阻值增大后其表面会有很明显的变化，比如裂痕、引脚断开或颜色变黑，此时通过直观检查法就可以直接确认其好坏。如果从外观无法判断好坏，则需要用万用表对其进行检测来判断其是否正常。用万用表测量电阻同样分为在路检测和开路检测两种方法。其中，开路测量一般将电阻从电路板上取下或悬空一个引脚后对其进行测量。下面用开路检测的方法测量柱状固定电阻器，如图4-7所示。

（即扫即看）

首先记录电阻的标称阻值，如果是直标法直接根据标注就可以知道电阻的标称阻值，而如果是色环电阻还需根据色环查出该电阻的标称阻值，本次开路测量的电阻采用的并不是直标法而是色环标注法。该电阻的色环顺序为红黑黄金，即该电阻的标称阻值为200kΩ，允许偏差在±5%。

接着用电烙铁将电阻器从电路板上卸下。

清理待测电阻器引脚的灰土，如果有锈渍可以拿细砂纸打磨一下，否则会影响到检测结果。如果问题不大，拿纸巾轻轻擦拭即可。擦拭时不可太过用力以免将其引脚折断。

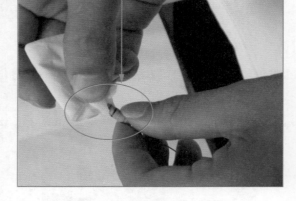

根据电阻器的标称阻值调节万用表的量程。因为被测电阻为200kΩ，允许偏差在±5%，测量结果可能比200kΩ大，所以应该选择2M的量程进行测量。测量时，将黑表笔插进COM孔中，红表笔插进VΩ孔。

图4-7　开路检测判断固定电阻器的好坏

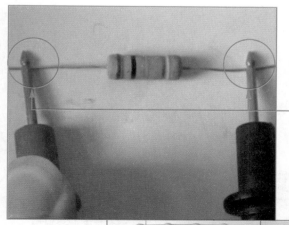

打开数字万用表电源开关，接着将万用表的红、黑表笔分别搭在电阻器两端的引脚处不用考虑极性问题，测量时人体一定不要同时接触两引脚以免因和电阻并联而影响测量结果。测量的数值为0.198MΩ。

5

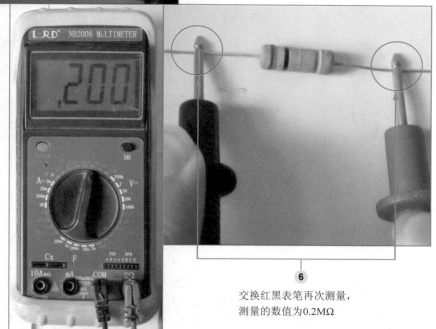

6 交换红黑表笔再次测量，测量的数值为0.2MΩ

图4-7 开路检测判断固定电阻器的好坏（续）

结论：取较大的数值作为参考，这里取"0.2M"，0.2MΩ=200kΩ。该值与标称阻值一致，因此可以断定该电阻可以正常使用。

4.1.5 实战检测判断贴片电阻器好坏

对于小型的电器设备，电路中主要使用贴片电阻器，对于这些电阻器，一般可采用在路检测（即直接在电路板上检测），也可采用开路检测（即元器件不在电路中或者电路断开无电流情况下进行检测）。

检测主板中的贴片电阻器时，一般情况下，先采用在路测量，如果在路检测无法判断好坏再采用开路测量。

测量电路中的贴片电阻的方法如图4-8所示。

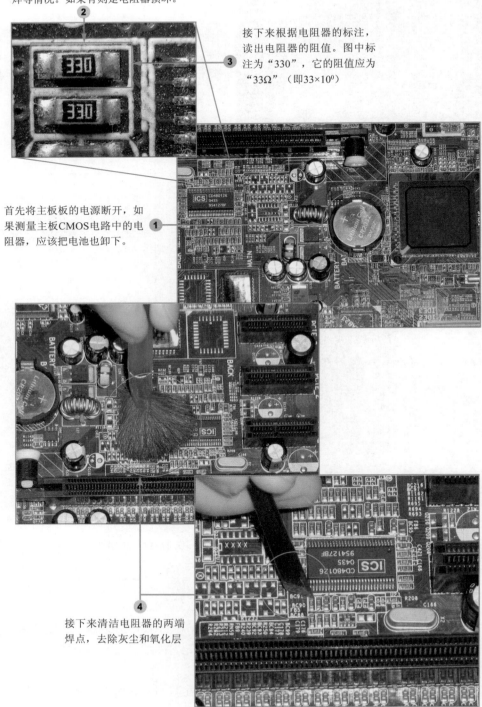

接着观察待测电阻器有无烧焦、有无虚焊等情况。如果有则是电阻器损坏。

②

③ 接下来根据电阻器的标注，读出电阻器的阻值。图中标注为"330"，它的阻值应为"33Ω"（即$33×10^0$）

首先将主板板的电源断开，如果测量主板CMOS电路中的电阻器，应该把电池也卸下。 ①

④

接下来清洁电阻器的两端焊点，去除灰尘和氧化层

图4-8　测量电路中的贴片电阻

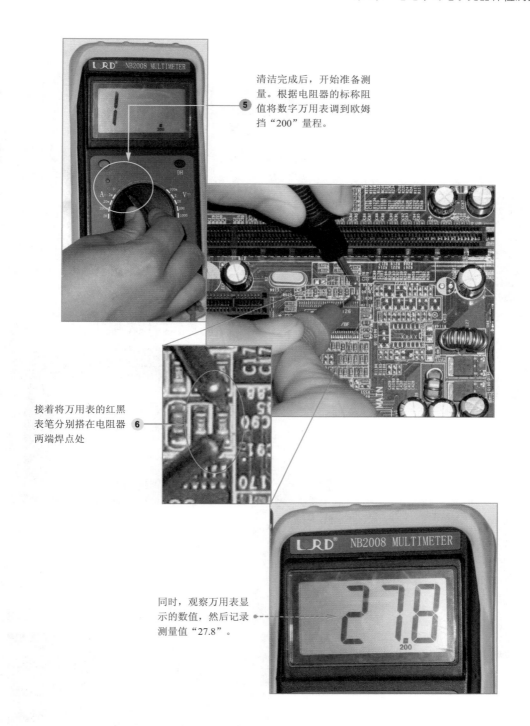

清洁完成后，开始准备测量。根据电阻器的标称阻值将数字万用表调到欧姆挡"200"量程。

⑤

接着将万用表的红黑表笔分别搭在电阻器两端焊点处

⑥

同时，观察万用表显示的数值，然后记录测量值"27.8"。

图4-8 测量电路中的贴片电阻（续）

注意：万用表所设置的量程要尽量与电阻标识称值近似，如使用数字万用表，测量标称阻值为"100Ω"的电阻器，则最好使用"200"量程；若待测电阻的标称阻值为"60kΩ"，则需要选择"200k"的量程。总之，所选量程与待测电阻阻值尽可能相对应，这样才能保证测量的准确。

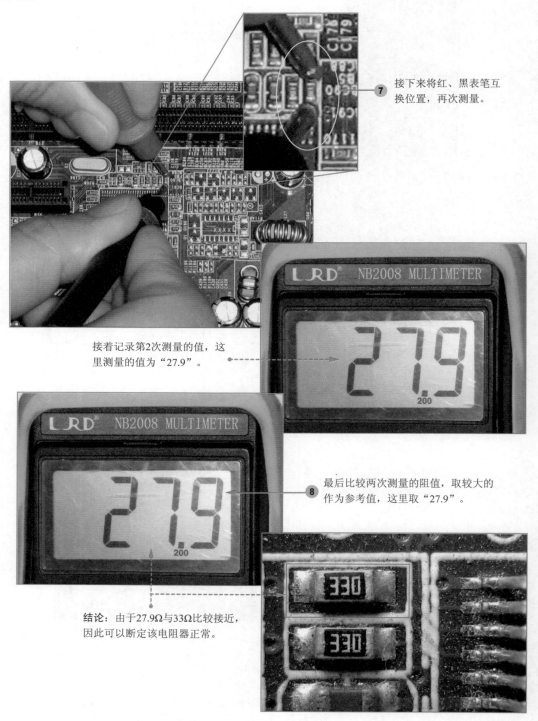

接下来将红、黑表笔互换位置，再次测量。

接着记录第2次测量的值，这里测量的值为"27.9"。

最后比较两次测量的阻值，取较大的作为参考值，这里取"27.9"。

结论：由于27.9Ω与33Ω比较接近，因此可以断定该电阻器正常。

图4-8 测量电路中的贴片电阻（续）

4.2 电容器检测实战

电容器是在电路中引用最广泛的元器件之一，电容器由两个相互靠近的导体极板中间夹一层绝缘介质构成，它是一种重要的储能元件。

4.2.1 常用电容器有哪些

常用的电容器如图4-9所示。

正极符号

有极性贴片电容也就是平时所称的电解电容，由于其紧贴电路版，所以要求温度稳定性要高，所以贴片电容以铝电容为多，根据其耐压不同，贴片电容又可分为A、B、C、D四个系列，A类封装尺寸为3216耐压为10V，B类封装尺寸为3528耐压为16V，C类封装尺寸为6032耐压为25V，D类封装尺寸为7343耐压为35V。

贴片电容也称为多层片式陶瓷电容器，无极性电容下述两类封装最为常见，即0805、0603等，其中，08表示长度是0.08英寸、05表示宽度为0.05英寸

铝电解电容器是由铝圆筒做负极，里面装有液体电解质，插入一片弯曲的铝带做正极而制成的。铝电解电容器的特点是容量大、漏电大、稳定性差，适用于低频或滤波电路，有极性限制，使用时不可接反。

瓷介电容器又称陶瓷电容器，它以陶瓷为介质。瓷介电容损耗小，稳定性好且耐高温，温度系数范围宽，且价格低、体积小。

图4-9 常用电容器

固态电容，全称为固态铝质电解电容。

固态电容的介电材料为导电性高分子材料，而非电解液。可以持续在高温环境中稳定工作，具有极长的使用寿命，低ESR和高额定纹波电流等特点。

陶瓷电容器是用陶瓷做介质。特点是：体积小、耐热性好、损耗小、绝缘电阻高，但容量小，适用于高频电路。

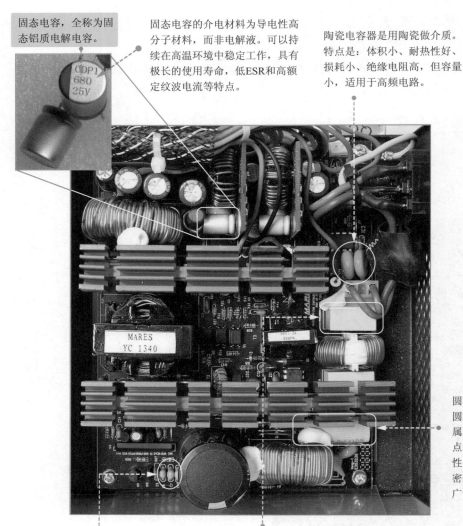

圆轴向电容器由一根金属圆柱和一个与它同轴的金属圆柱壳组合而成。其特点：损耗小、优异的自愈性、阻燃胶带外包和环氧密封、耐高温、容量范围广等。

独石电容器属于多层片式陶瓷电容器，它是一个多层叠合的结构，由多个简单平行板电容器的并联体构成。它的温度特性好，频率特性好，容量比较稳定。

安规电容是指用于这样的场合，即电容器失效后，不会导致电击，不危及人身安全。出于安全考虑和EMC考虑，一般在电源入口建议加上安规电容。它们用在电源滤波器里，起到电源滤波作用，分别对共模、差模干扰起滤波作用。

图4-9 常用电容器（续）

4.2.2 认识电容器的符号很重要

维修电路时，通常需要参考电器设备的电路原理图来查找问题，下面我们结合电路图来识别电路图中的电容器。电容器一般用"C"、"PC"、"EC"、"TC"、"BC"等文字符号来表示。如表4-2和图4-10所示为电容的电路图形符号和电路图中的电容器。

表4-2 常见电容电路符号

固定电容器	可变电容器	极性电容器	电解电容器

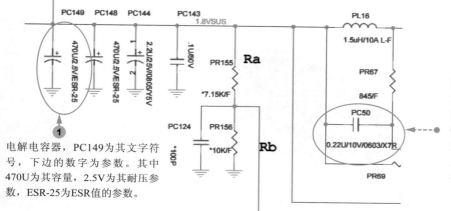

电解电容器，PC149为其文字符号，下边的数字为参数。其中470U为其容量，2.5V为其耐压参数，ESR-25为ESR值的参数。

固定电容器，PC50为其文字符号，下边的数字为参数。其中0.22U为其容量，10V为其耐压参数，0603为封装尺寸，X7R表示介质材料。

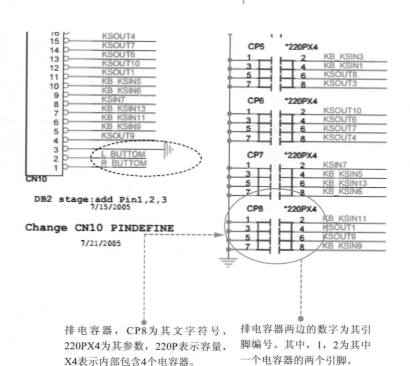

排电容器，CP8为其文字符号，220PX4为其参数，220P表示容量，X4表示内部包含4个电容器。

排电容器两边的数字为其引脚编号。其中，1，2为其中一个电容器的两个引脚。

图4-10 电容器的符号

4.2.3　如何读懂电容器的标注参数

电容器的参数通常会标注在电容器上，电容器的标注读识方法如图4-11所示。

（1）直标法就是用数字或符号将电容器的有关参数（主要是标称容量和耐压）直接标示在电容器的外壳上，这种标注法常见于电解电容器和体积稍大的电容器上。

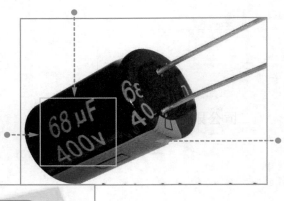

电容上如果标注为"68μF 400V"，表示容量为68μF，耐压为400V。

有极性的电容，通常在负极引脚端会有负极标识"-"，通常负极端颜色和其他地方不同。

107表示$10\times10^7=100000000pF=100\mu F$，16V为耐压参数。

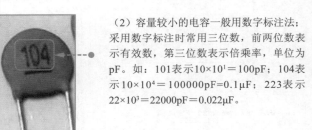

（2）容量较小的电容一般用数字标注法；采用数字标注时常用三位数，前两位数表示有效数，第三位数表示倍乘率，单位为pF。如：101表示$10\times10^1=100pF$；104表示$10\times10^4=100000pF=0.1\mu F$；223表示$22\times10^3=22000pF=0.022\mu F$。

如果数字后面跟字母，则字母表示电容容量的误差，其误差值含义为：G表示±2%，J表示±5%，K表示±10%；M表示±20%；N表示±30%；P表示+100%，-0%；S表示+50%，-20%；Z表示+80%，-20%。

图4-11　读懂电容器的标注参数

4.2.4　实战检测判断电解电容器的好坏

一般数字万用表中都带有专门的电容挡，用来测量电容器的容量，下面就用数字万用表中的电容挡测量电容器的容量。具体测量方法如图4-12所示。

（即扫即看）

① 首先观察主板的电解电容器，看待测电解电容器是否损坏，有无烧焦、有无针脚断裂或虚焊等情况。

② 接下来对电解电容进行放电。将小阻值电阻的两个引脚与电解电容的两个引脚相连进行放或用镊子夹住两个引脚进行放电。

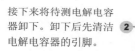

② 接下来将待测电解电容器卸下。卸下后先清洁电解电容器的引脚。

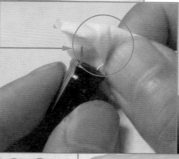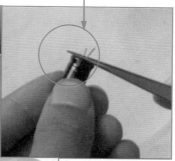

⑤ 接着将电解电容器插入万用表的电容测量孔中，然后观察万用表的表盘，显示测量的值为"94.0"。

④ 来根据电解电容器的容量（100μF），将万用表的旋钮调到电的"200μ"量程

图4-12　测量电解电容器的好坏

结论：由于测量的容量值"94μF"与电容器的标称容量"100μF"比较接近，因此可以

判断电容器正常。

　　提示1：如果拆下电容器的引脚太短或贴片固态电容器，可以将电容器的引脚接长测量。

　　提示2：如果测量的电容器的容量与标称容量相差较大或为0，则电容器损坏。

4.2.5　实战检测判断贴片电容器的好坏

　　由于用万用表无法准确测量电容器的容量，所以只能使用万用表的欧姆挡对其进行粗略的测量。如图4-13所示。

（即扫即看）

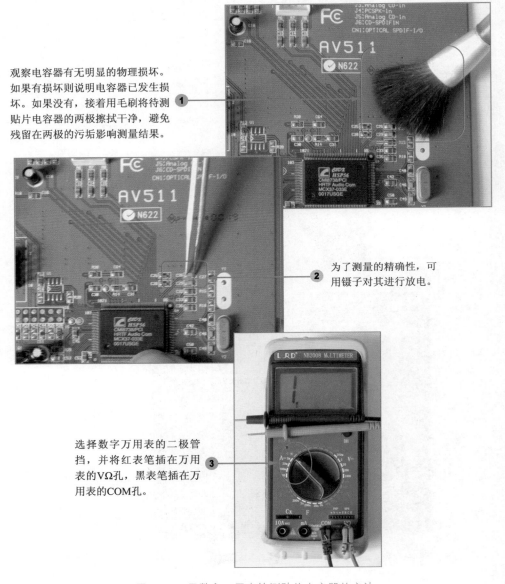

观察电容器有无明显的物理损坏。如果有损坏则说明电容器已发生损坏。如果没有，接着用毛刷将待测贴片电容器的两极擦拭干净，避免残留在两极的污垢影响测量结果。

为了测量的精确性，可用镊子对其进行放电。

选择数字万用表的二极管挡，并将红表笔插在万用表的VΩ孔，黑表笔插在万用表的COM孔。

图4-13　用数字万用表检测贴片电容器的方法

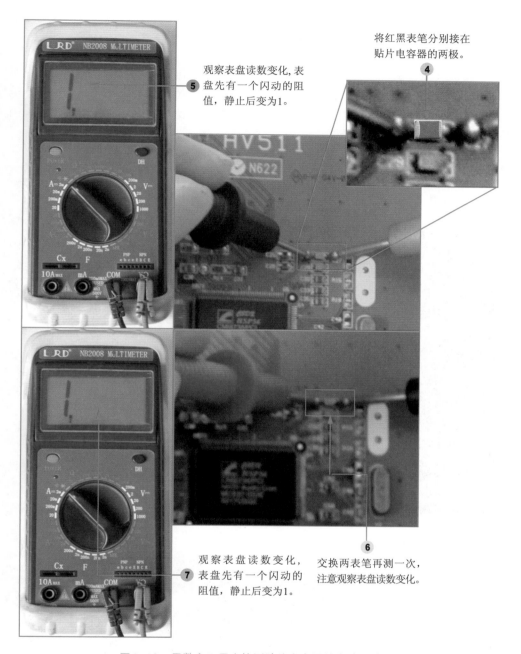

将红黑表笔分别接在贴片电容器的两极。

④

观察表盘读数变化,表盘先有一个闪动的阻值,静止后变为1。

⑤

观察表盘读数变化,表盘先有一个闪动的阻值,静止后变为1。

⑦

交换两表笔再测一次,注意观察表盘读数变化。

⑥

图4-13　用数字万用表检测贴片电容器的方法（续）

测量分析：如果万用表始终显示一个固定的阻值，说明电容器存在漏电现象；如果万用表始终显示"000"，说明电容器内部发生短路；如果始终显示"1."（不存在闪动数值，直接为"1."），表明电容器内部极间已发生断路。

结论：两次测量数字表均先有一个闪动的数值，而后变为"1."即阻值为无穷大，所以该电容器基本正常。

4.3　电感器检测实战

电感器是一种能够把电能转化为磁能并存储起来的元器件，它主要的功能是阻止电流的变化。当电流从小到大变化时，电感阻止电流的增大。当电流从大到小变化时，电感阻止电流减小；电感器常与电容器配合在一起工作，在电路中主要用于滤波（阻止交流干扰）、振荡（与电容器组成谐振电路）、波形变换等。

4.3.1　常用电感器有哪些

电路中常用的电感器如图4-14所示。

封闭式电感是一种将线圈完全密封在一绝缘盒中制成的。这种电感减少了外界对电感的影响，性能更加稳定。左为全封闭式超级铁素体（SFC），此电感可以依据当时的供电负载来自动调节电力的负载。

磁棒电感的结构是在线圈中安插一个磁棒制成的，磁棒可以在线圈内移动，用于调整电感的大小。通常将线圈做好调整后要用石蜡固封在磁棒上，以防止磁棒的滑动而影响电感。

磁环电感的基本结构是在磁环上绕制线圈制成的。磁环的存在大大提高了线圈电感的稳定性，磁环的大小以及线圈的缠绕方式都会对电感造成很大的影响。

图4-14　电路中常用的电感器

贴片电感又被称为功率电感。它具有小型化、高品质、高能量存储和低电阻的特性，一般是在陶瓷或微晶玻璃基片上沉淀金属导片制成。

半封闭电感，防电磁干扰良好，在高频电流通过时不会发生异响，散热良好，可以提供大电流。

全封闭陶瓷电感，此电感以陶瓷封装，属于早期产品。

超薄贴片式铁氧体电感，此电感以锰锌铁氧体、镍锌铁氧体作为封装材料。散热性能、电磁屏蔽性能较好，封装厚度较薄。

全封闭铁素体电感，此电感以四氧化三铁混合物封装，相比陶瓷电感而言具备更好的散热性能和电磁屏蔽性。

超合金电感使用的是集中合金粉末压合而成，具有铁氧体电感和磁圈的优点，可以实现无噪声工作，工作温度较低（35℃）。

图4-14　电路中常用的电感器（续）

4.3.2　认识电感器的符号很重要

维修电路时，通常需要参考电器设备的电路原理图来查找问题，下面我们结合电路图来识别电路图中的电感器。电感器一般用"L"、"PL"等文字符号来表示。如表4-3所示为常见电感器的电路图形符号，图4-15为电路图中的电感器的符号。

表4-3　常见电感器电路符号

电感器	电感器	共模电感器	磁环电感器	单层线圈电感

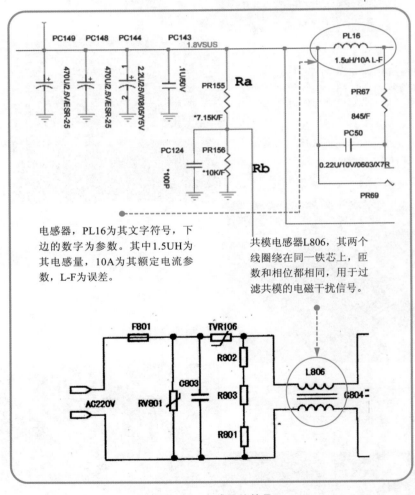

电感器，PL16为其文字符号，下边的数字为参数。其中1.5UH为其电感量，10A为其额定电流参数，L-F为误差。

共模电感器L806，其两个线圈绕在同一铁芯上，匝数和相位都相同，用于过滤共模的电磁干扰信号。

图4-15　电感器的符号

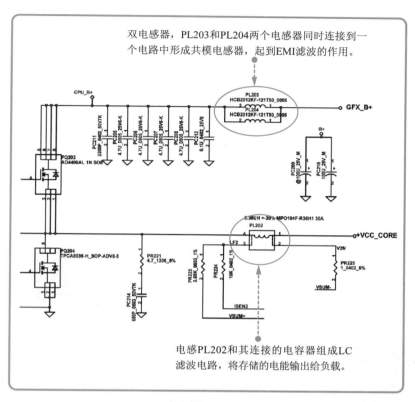

双电感器，PL203和PL204两个电感器同时连接到一
个电路中形成共模电感器，起到EMI滤波的作用。

电感PL202和其连接的电容器组成LC
滤波电路，将存储的电能输出给负载。

图4-15　电感器的符号（续）

4.3.3　如何读懂电感器的参数

电感器的参数通常会标注在电感器上，电感器的标注读识方法如图4-16所示。

（1）数字符号法是将电感的标称值和偏差值
用数字和文字符号法按一定的规律组合标示
在电感体上。采用文字符号法表示的电感通
常是一些小功率电感，单位通常为nH或pH。
用pH做单位时，"R"表示小数点；用
"nH"做单位时，"N"表示小数点。

例如，R47表示电感量为0.47μH，而4R7则表
示电感量为4.7 μH；10N表示电感量为10nH。

图4-16　读懂电感器的参数

（2）数码法标注的电感器，前两位数字表示有效数字，第三位数字表示倍乘率，如果有第四位数字，则表示误差值。这类的电感器的电感量的单位一般都是微亨（μH）。例如100，表示电感量为$10×10^0=10μH$

图4-16　读懂电感器的参数（续）

4.3.4　实战检测判断磁环/磁棒电感器的好坏

电路中的磁环/磁棒电感器主要应用在各种供电电路。为了测量准确，测量磁环/磁棒电感器时通常采用开路测量。用指针万用表测量磁环电感器的方法如图4-17所示。

（即扫即看）

① 首先将主板的电源断开，接着对磁环电感器进行观察，看待测电感器是否损坏，有无烧焦、有无虚焊等情况。

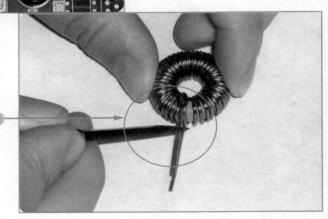

② 接着将待测磁环电感器从电路板上焊下，并清洁电感器的两端引脚，去除两端引脚下的污物，确保测量时的准确性。

图4-17　测量主板磁环电感器

③ 将指针万用表的功能旋钮旋至欧姆
挡的R×1挡，然后进行调零校正。

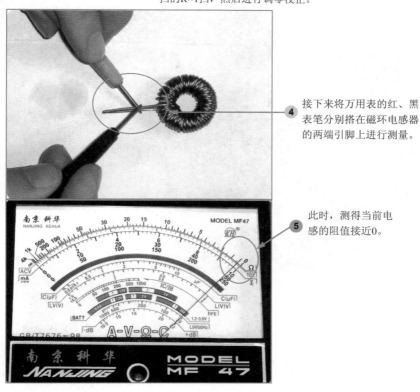

④ 接下来将万用表的红、黑
表笔分别搭在磁环电感器
的两端引脚上进行测量。

⑤ 此时，测得当前电
感的阻值接近0。

图4-17　测量主板磁环电感器（续）

结论：由于测量的磁环电感器的阻值接近0，因此可以判断，此电感器没有断路故障。

提示：对于电感量较大的电感器，由于起线圈圈数较多，直流电阻相对较大，因此万用表
可以测量出一定阻值。

4.3.5 实战检测判断贴片封闭式电感器的好坏

贴片封闭式电感是一种将线圈完全密封在一绝缘盒中制成的。这种电感减少了外界对其自身的影响，性能更加稳定。封闭式电感可以使用数字万用表测量，也可以使用指针式万用表进行检测，为了测量准确，可对电感器采用开路测量。由于封闭式电感器结构的特殊性，只能对电感器引脚间的阻值进行检测以判断其是否发生断路。

（即扫即看）

用数字万用表检测电路板中封闭式电感器的方法如图4-18所示。

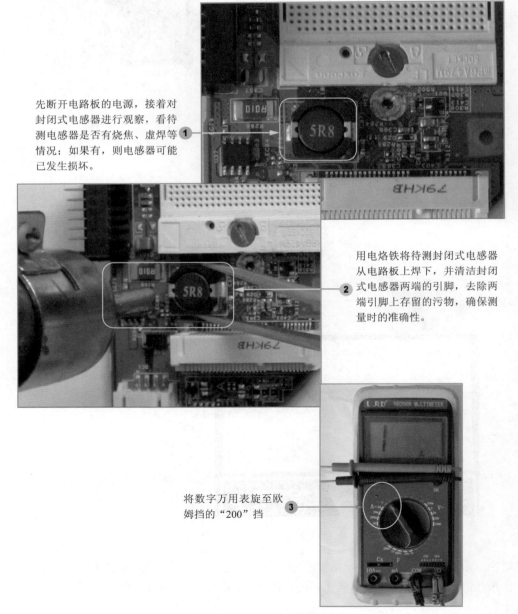

先断开电路板的电源，接着对封闭式电感器进行观察，看待测电感器是否有烧焦、虚焊等情况；如果有，则电感器可能已发生损坏。

用电烙铁将待测封闭式电感器从电路板上焊下，并清洁封闭式电感器两端的引脚，去除两端引脚上存留的污物，确保测量时的准确性。

将数字万用表旋至欧姆挡的"200"挡

图4-18 封闭式电感器检测

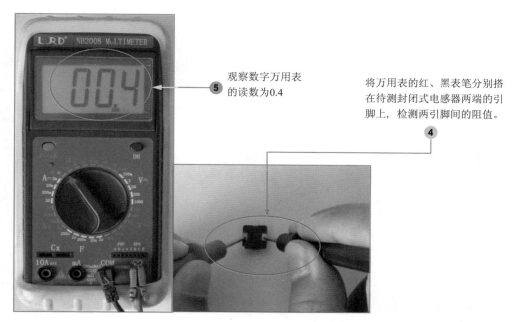

观察数字万用表的读数为0.4

5

将万用表的红、黑表笔分别搭在待测封闭式电感器两端的引脚上，检测两引脚间的阻值。

4

图4-18 封闭式电感器检测（续）

由于测得封闭式电感器的阻值非常接近于00.0，因此可以判断该电感器没有断路故障。

4.4 二极管检测实战

二极管又称晶体二极管，它是最常用的电子元件之一。它最大的特性就是单向导电，在电路中，电流只能从二极管的正极流入，负极流出。利用二极管单向导电性，可以把方向交替变化的交流电变换成单一方向的脉冲直流电。另外，二极管在正向电压作用下电阻很小，处于导通状态，在反向电压作用下，电阻很大，处于截止状态，如同一只开关。利用二极管的开关特性，可以组成各种逻辑电路（如整流电路、检波电路、稳压电路等）。

4.4.1 常用二极管有哪些

电路中常用的二极管如图4-19所示。

发光二极管的内部结构为一个PN结而且具有晶体管的特性。当发光二极管的PN结上加上正向电压时，会产生发光现象。

图4-19 电路中常用的二极管

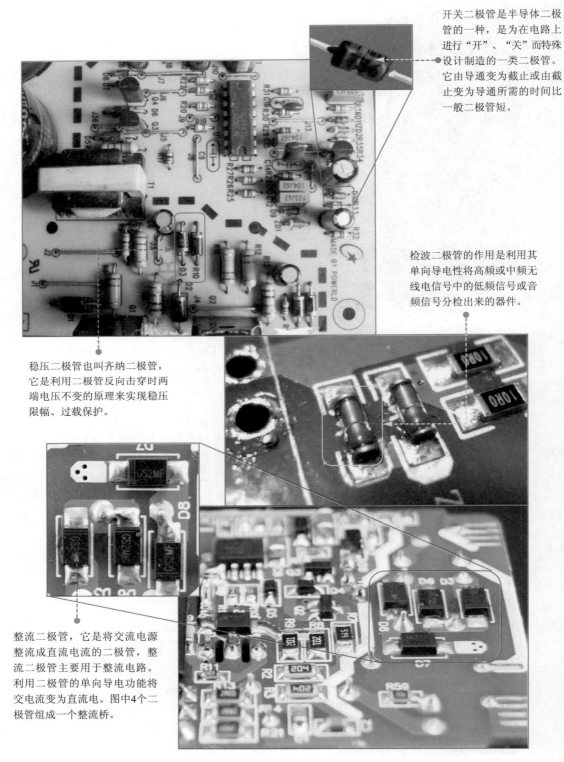

开关二极管是半导体二极管的一种，是为在电路上进行"开"、"关"而特殊设计制造的一类二极管。它由导通变为截止或由截止变为导通所需的时间比一般二极管短。

检波二极管的作用是利用其单向导电性将高频或中频无线电信号中的低频信号或音频信号分检出来的器件。

稳压二极管也叫齐纳二极管，它是利用二极管反向击穿时两端电压不变的原理来实现稳压限幅、过载保护。

整流二极管，它是将交流电源整流成直流电流的二极管，整流二极管主要用于整流电路。利用二极管的单向导电功能将交流电流变为直流电。图中4个二极管组成一个整流桥。

图4-19　电路中常用的二极管（续）

4.4.2　认识二极管的符号很重要

维修电路时，通常需要参考电器设备的电路原理图来查找问题，下面我们结合电路图来识别电路图中的二极管。二极管一般用"D"、"VD"、"PD"等文字符号来表示。如表4-4所示为常见二极管的电路图形符号，图4-20为电路图中的二极管的符号。

表4-4　常见二极管电路符号

普通二极管	双向抑制二极管	稳压二极管	发光二极管
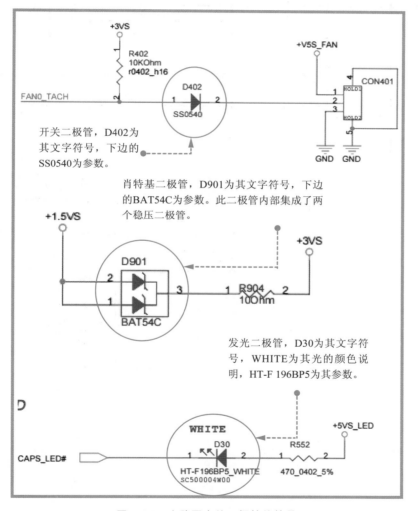			

图4-20　电路图中的二极管的符号

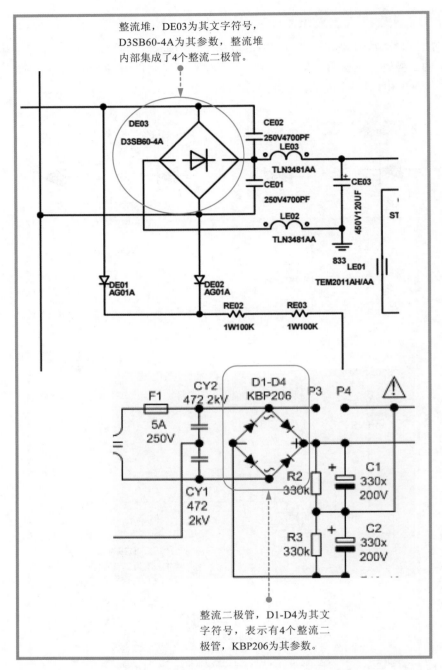

图4-20　电路图中的二极管的符号（续）

4.4.3　实战检测判断整流二极管的好坏

　　整流二极管主要用在电源供电电路板中，电路板中的整流二极管可以采用开路测量，也可以采用在路测量。

（即扫即看）

整流二极管开路测量的方法如图4-21所示。

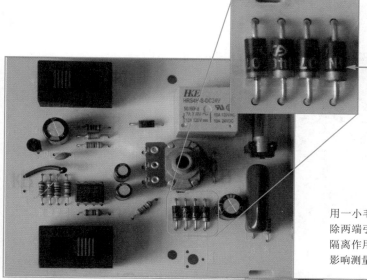

首先将待测整流二极管的
电源断开,接着对待测整流
二极管进行观察,看待测二
极管是否损坏,有无烧焦、
虚焊等情况。如果有,表明
整流二极管已损坏。

用一小毛刷清洁整流二极管的两端,去
除两端引脚下的污物,以避免因油污的
隔离作用而使表笔与引脚间的接触不实
影响测量结果。

选择数字万用表的
"二极管"挡

观察并记录
读数0.579

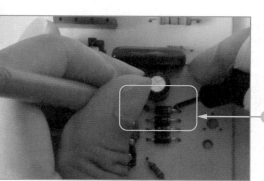

将数字万用表的红表
笔接待测整流二极管
正极,黑表笔接待测
整流二极管负极。

图4-21 整流二极管检测

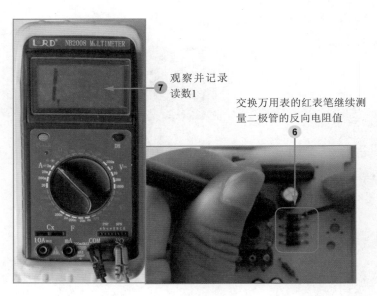

观察并记录读数1

交换万用表的红表笔继续测量二极管的反向电阻值

图4-21 整流二极管检测（续）

检测分析：如果待测整流二极管的正向阻值和反向阻值均为无穷大，则二极管很可能有断路故障。如果测得整流二极管正向阻值和反向阻值都接近于0，则二极管已被击穿短路。如果测得整流二极管正向阻值和反向阻值相差不大，则说明二极管已经失去了单向导电性或单向导电性不良。

结论：经检测，待测整流二极管正向电阻为为一固定值，反向电阻为无穷大，因此判断该整流二极管的功能基本正常。

4.4.4　实战检测判断稳压二极管的好坏

电路中的稳压二极管多用在供电电路中。电路中的稳压二极管可以采用开路测量，也可以采用在路测量。为了测量准确，通常用指针万用表开路进行测量。

（即扫即看）

开路测量电路中的稳压二极管的方法如图4-22所示。

首先将主板的电源断开，接着对稳压二极管进行观察，看待测稳压二极管是否损坏，有无烧焦、有无虚焊等情况。

图4-22 稳压二极管检测

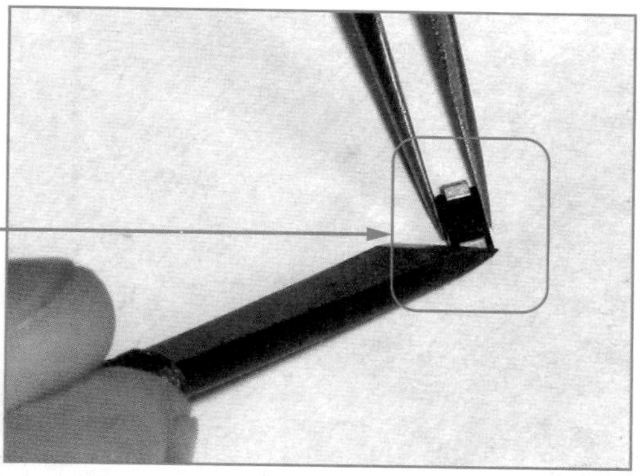

接着将待测稳压二极管从电路板上焊下，并清洁稳压二极管的两端，去除两端引脚下的污物，确保测量时的准确性。

2

首先将指针万用表的功能旋钮旋至欧姆挡的R×1k挡

3

接着将指针万用表的两只表笔短接

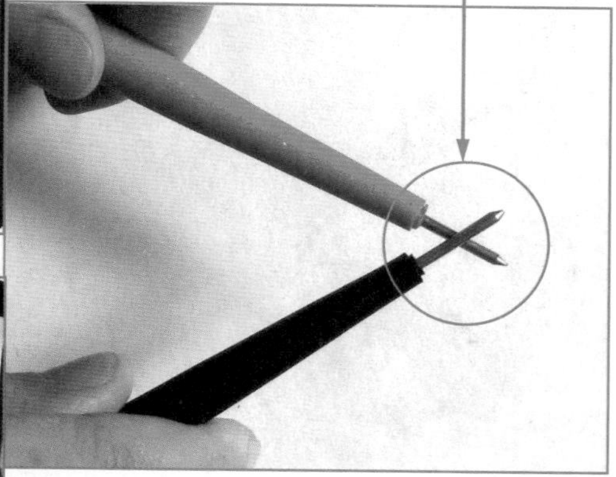

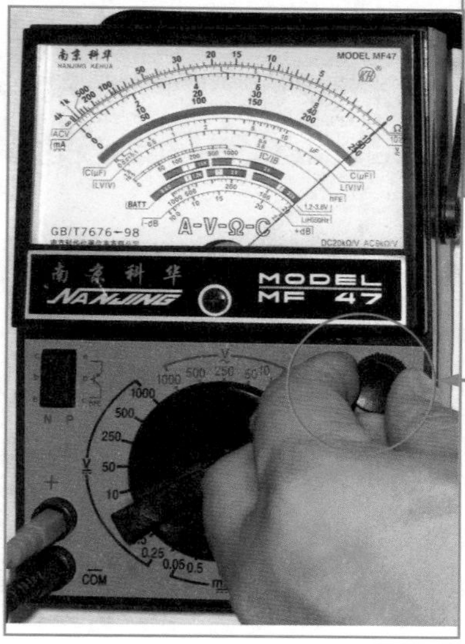

4

接着旋转调零旋钮将指针调整到0刻度的位置，完成调零。

5

图4-22　稳压二极管检测（续）

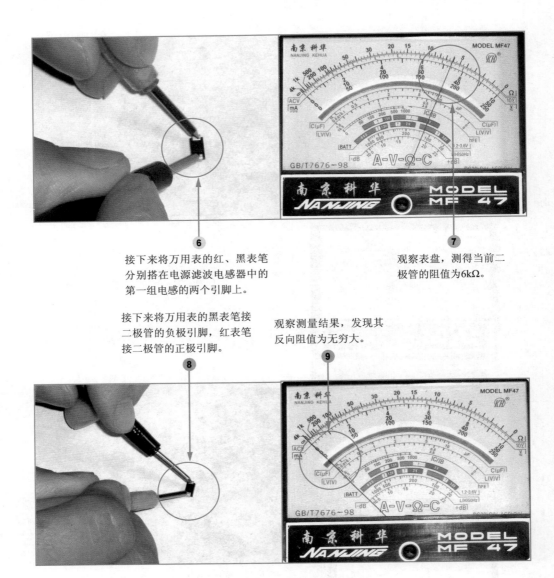

6 接下来将万用表的红、黑表笔分别搭在电源滤波电感器中的第一组电感的两个引脚上。

7 观察表盘，测得当前二极管的阻值为6kΩ。

8 接下来将万用表的黑表笔接二极管的负极引脚，红表笔接二极管的正极引脚。

9 观察测量结果，发现其反向阻值为无穷大。

图4-22　稳压二极管检测（续）

测量分析：由于测量的阻值为一个固定值，因此当前黑表笔（接万用表负极）所检测的一端为二极管的正极，红表笔（接万用表正极）所检测的一端为二极管的负极。

提示1：如果测量的阻值趋于无穷大，则表明当前接黑表笔一端为二极管的负极，红表笔一端为二极管的正极。

提示2：如果测量的正向阻值和反向阻值都趋于无穷大，则二极管有断路故障；如果二极管正向阻值和反向阻值都趋于0，则二极管被击穿短路；如果二极管正向阻值和反向阻值都很小，可以断定该二极管已被击穿；如果二极管正向阻值和反向阻值相差不大，则说明二极管失去单向导电性或单向导性不良。

　　结论：由于稳压二极管的正向阻值为一个固定阻值，而反向阻值趋于无穷大，因此可以判断此稳压二极管正常。

4.4.5　实战检测判断开关二极管的好坏

　　电路中的开关二极管可以采用开路测量，也可以采用在路测量。为了测量准确，通常用指针万用表开路进行测量。

　　电路中的开关二极管检测方法如图4-23所示。

首先将待测开关二极管的电源断开，接着对待测开关二极管进行观察，看待测开关二极管是否损坏，有无烧焦、虚焊等情况。　**①**

接着用电烙铁将待测开关二极管焊下来，此时需用小镊子夹持着开关二极管以避免被电烙铁传来的热量烫伤。　**②**

接下来清洁开关二极管的两端，去除两端引脚下的污物，确保测量时的准确性。　**③**

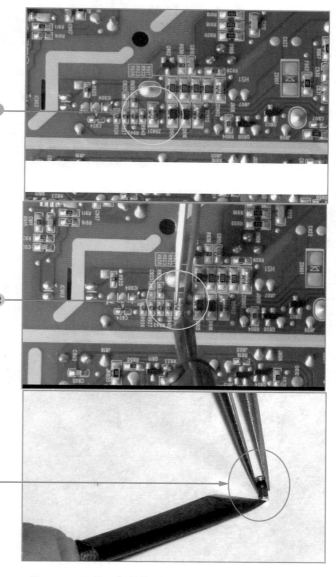

图4-23　开关二极管检测

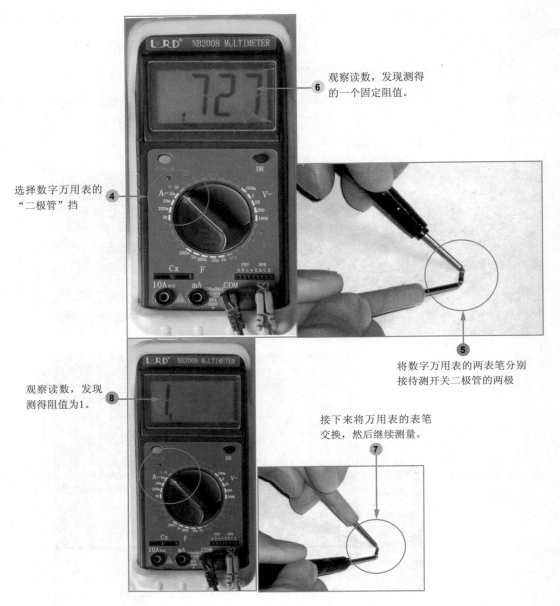

观察读数，发现测得的一个固定阻值。

选择数字万用表的"二极管"挡

将数字万用表的两表笔分别接待测开关二极管的两极

观察读数，发现测得阻值为1。

接下来将万用表的表笔交换，然后继续测量。

图4-23 开关二极管检测（续）

检测结果分析：如果待测稳压二极管的正向阻值和反向阻值均为无穷大，则二极管很可能有断路故障。如果测得稳压二极管正向阻值和反向阻值都接近于0，则二极管已被击穿短路。如果测得稳压二极管正向阻值和反向阻值相差不大，则说明二极管已经失去了单向导电性或单向导电性不良。

结论：两次检测中出现固定阻值的那一次的接法即为正向接法（红表笔所接的为万用表的正极），经检测待测稳压二极管正向电阻为一固定电阻值，反向电阻为无穷大。因此判断该稳压二极管的功能基本正常。

4.5 三极管检测实战

三极管全称为晶体三极管，具有电流放大的作用，是电子电路的核心元件。三极管是一种控制电流的半导体器件，其作用是把微弱信号放大成幅度值较大的电信号。

三极管是在一块半导体基片上制作两个相距很近的PN结，两个PN结把整块半导体分成三部分，中间部分是基区，两侧部分是发射区和集电区，排列方式有PNP和NPN两种。

三极管按材料分有两种：锗管和硅管。而每一种又有NPN和PNP两种结构形式，但使用最多的是硅NPN和锗PNP两种三极管。

4.5.1 常用三极管有哪些

三极管是电路中最基本的元器件之一，在电路中被广泛使用，特别是放大电路中，如图4-24所示为电路中常用的三极管。

PNP型三极管，由两块P型半导体中间夹着一块N型半导体所组成的三极管，称为PNP型三极管。也可以描述成电流从发射极E流入的三极管。

开关三极管，它的外形与普通三极管外形相同，它工作于截止区和饱和区，相当于电路的切断和导通。由于它具有完成断路和接通的作用，被广泛应用于各种开关电路中，如常用的开关电源电路、驱动电路、高频振荡电路、模数转换电路、脉冲电路及输出电路等。

图4-24 常用三极管

贴片三极管基本作用是放大，它可以把微弱的电信号放大到一定强度，当然这种转换仍然遵循能量守恒，它只是把电源的能量转换成信号的能量罢了。

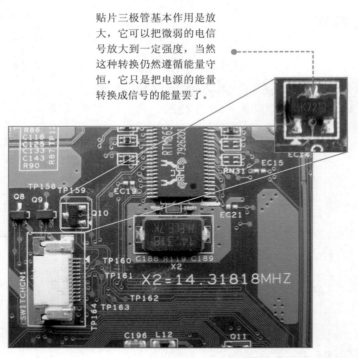

NPN型三极管，由三块半导体构成，其中两块N型和一块P型半导体组成，P型半导体在中间，两块N型半导体在两侧。三极管是电子电路中最重要的器件，它最主要的功能是电流放大和开关作用。

图4-24　常用三极管（续）

4.5.2　认识三极管的符号很重要

维修电路时，通常需要参考电器设备的电路原理图来查找问题，下面我们结合电路图来识别电路图中的三极管。三极管一般用"Q"、"V"、"QR""BG""PQ"等文字符号来表示。如表4-5所示为常见三极管的电路图形符号，图4-25为电路图中的三极管的符号。

表4-5 常见三极管电路符号

NPN型三极管	NPN型三极管	PNP型三极管	PNP型三极管

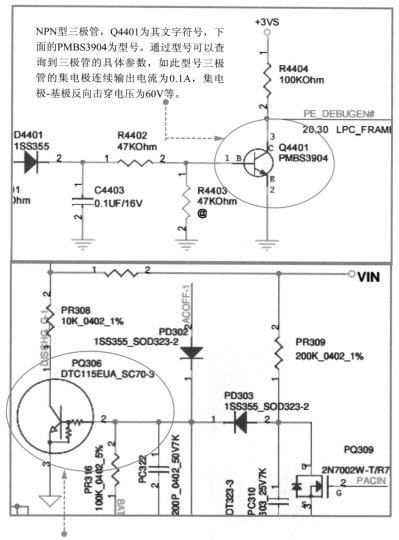

NPN型三极管，Q4401为其文字符号，下面的PMBS3904为型号。通过型号可以查询到三极管的具体参数，如此型号三极管的集电极连续输出电流为0.1A，集电极-基极反向击穿电压为60V等。

NPN型数字三极管，PQ306为其文字符号，下面的DTC115EUA_SC70-3为型号。数字晶体三极管是带电阻的三极管，此三极管在基极上串联一只电阻，并在基极与发射极之间并联一只电阻。

图4-25 电路图中的三极管的符号

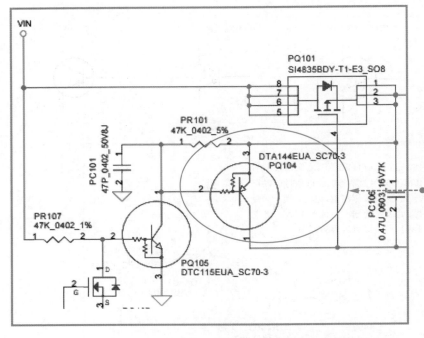

PNP型数字三极管，PQ104为其文字符号，上面的DTA144EUA为其型号，SC70-3为封装形式。数字晶体三极管是带电阻的三极管，此三极管在基极上串联一只电阻，并在基极与发射极之间并联一只电阻。

图4-25　电路图中的三极管的符号（续）

4.5.3　实战检测判断三极管的极性

目前，大多数指针万用表和数字万用表都有三极管"hFE"测试功能。万用表面板上也有三极管插孔，插孔共有八个，它们按三极管电极的排列顺序排列，每四个一组，共两组，分别对应NPN型和PNP型。判断三极管各引脚极性的方法如图4-26所示。

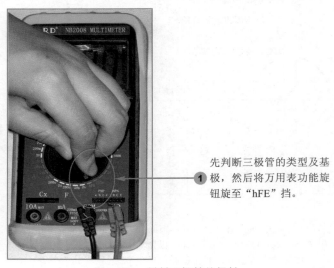

先判断三极管的类型及基极，然后将万用表功能旋钮旋至"hFE"挡。

图4-26　判断三极管的极性

对比两次测量结果，其中"hFE"值为"153"一次的插入法中，三极管的电极符合万用表上的排列顺序（值较大的一次），由此确定三极管的集电极和发射极。

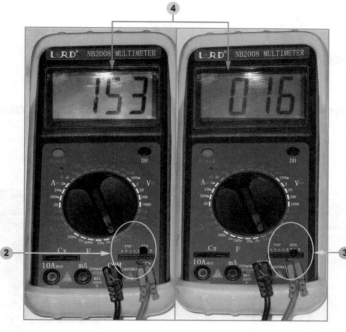

接下来将找出的基极（b极）按该三极管的类型插入万用表对应类型的基极插孔，第一种插法读数为153。

换一种插法插入三极管继续测试，第二种插法读数为16。

图4-26　判断三极管的极性（续）

4.5.4　实战检测判断三极管的好坏

为了准确测量，测量电路中的三极管时，一般采用开路测量。电路中的三极管的测量方法如图4-27所示。

（即扫即看）

首先将电路板的电源断开，接着对三极管进行观察，看待测三极管是否损坏，有无烧焦、有无虚焊等情况。

图4-27　三极管好坏判断

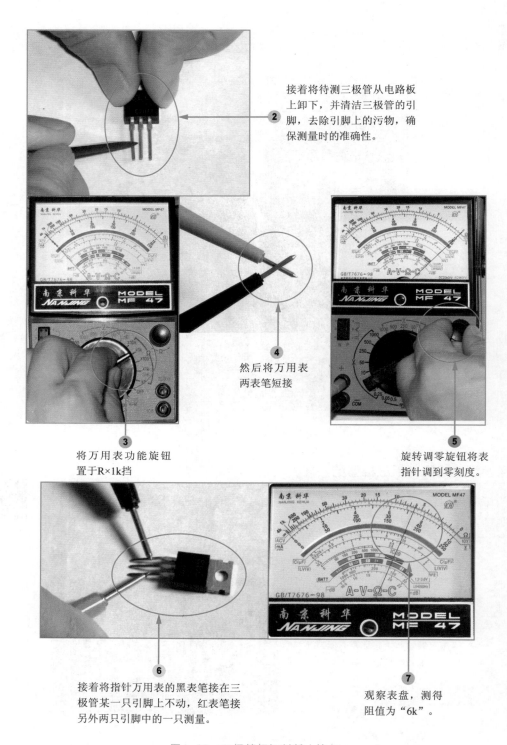

接着将待测三极管从电路板
上卸下，并清洁三极管的引
脚，去除引脚上的污物，确
保测量时的准确性。 ②

④ 然后将万用表
两表笔短接

③ 将万用表功能旋钮
置于R×1k挡

⑤ 旋转调零旋钮将表
指针调到零刻度。

⑥ 接着将指针万用表的黑表笔接在三
极管某一只引脚上不动，红表笔接
另外两只引脚中的一只测量。

⑦ 观察表盘，测得
阻值为"6k"。

图4-27 三极管好坏判断（续）

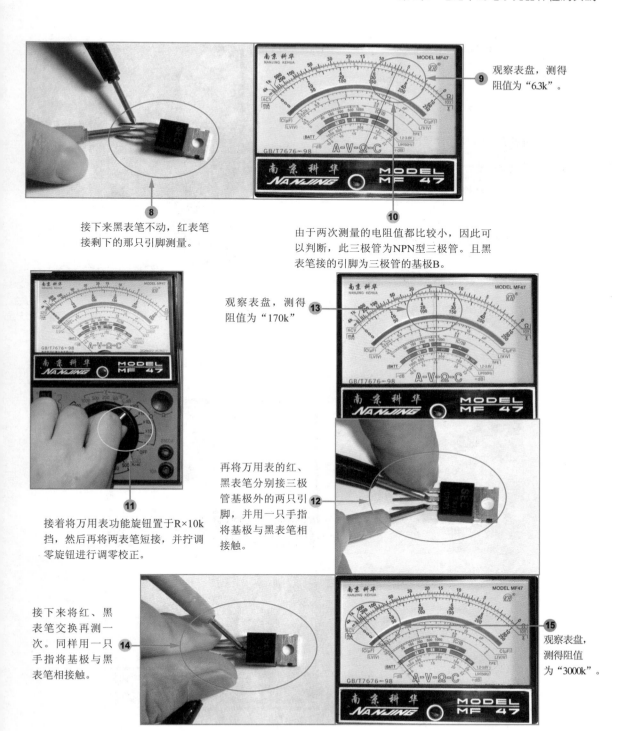

观察表盘，测得阻值为"6.3k"。

接下来黑表笔不动，红表笔接剩下的那只引脚测量。

由于两次测量的电阻值都比较小，因此可以判断，此三极管为NPN型三极管。且黑表笔接的引脚为三极管的基极B。

观察表盘，测得阻值为"170k"

接着将万用表功能旋钮置于R×10k挡，然后再将两表笔短接，并拧调零旋钮进行调零校正。

再将万用表的红、黑表笔分别接三极管基极外的两只引脚，并用一只手指将基极与黑表笔相接触。

接下来将红、黑表笔交换再测一次。同样用一只手指将基极与黑表笔相接触。

观察表盘，测得阻值为"3000k"。

图4-27　三极管好坏判断（续）

结论：在两次测量中，指针偏转量最大的一次（阻值为"170k"的一次），黑表笔接的是发射极，红表笔接的是集电极。

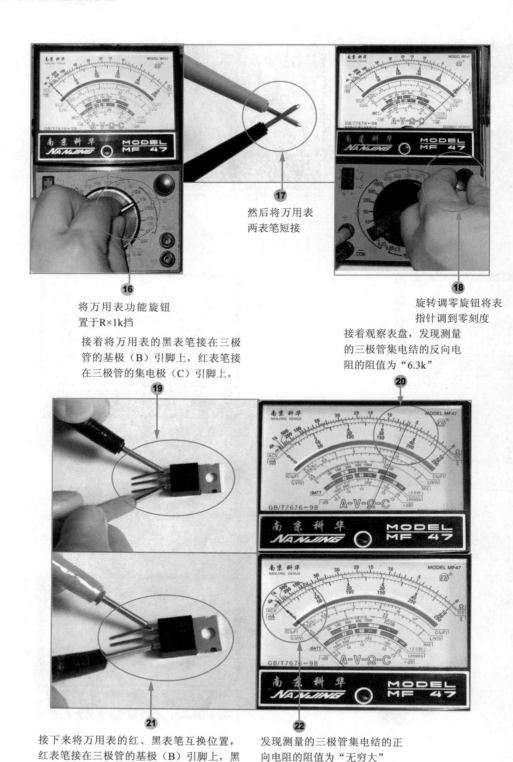

17 然后将万用表两表笔短接

16 将万用表功能旋钮置于R×1k挡

接着将万用表的黑表笔接在三极管的基极（B）引脚上，红表笔接在三极管的集电极（C）引脚上。

18 旋转调零旋钮将表指针调到零刻度

接着观察表盘，发现测量的三极管集电结的反向电阻的阻值为"6.3k"

19

20

接下来将万用表的红、黑表笔互换位置，红表笔接在三极管的基极（B）引脚上，黑表笔接在三极管的集电极（C）引脚上。

21

发现测量的三极管集电结的正向电阻的阻值为"无穷大"

22

图4-27　三极管好坏判断（续）

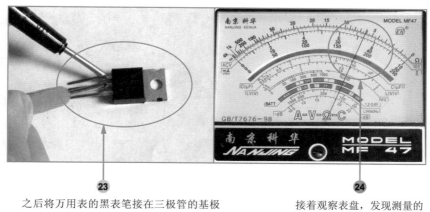

之后将万用表的黑表笔接在三极管的基极（B）引脚上，红表笔接在三极管的发射极（E）的引脚上。

接着观察表盘，发现测量的三极管（NPN）发射结反向电阻的阻值为"6.1k"。

再将万用表的红、黑表笔互换位置，红表笔接在三极管的基极（B）引脚上，黑表笔接在三极管的发射极（E）的引脚上测量。

接着观察表盘，发现测量的三极管（NPN）发射结正向电阻的阻值为无穷大。

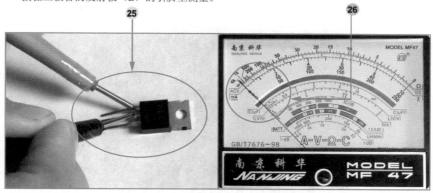

图4-27 三极管好坏判断（续）

结论：由于测量的三极管集电结的反向电阻的阻值为"6.3k"，远小于集电结正向电阻的阻值无穷大。另外，三极管发射结的反向电阻的阻值为"6.1k"，远小于发射结正向电阻的阻值无穷大。且发射结正向电阻与集电结正向电阻的阻值基本相等，因此可以判断该NPN型三极管正常。

4.6 晶闸管（可控硅）检测实战

晶闸管也称为可控硅整流器，简称可控硅，晶闸管是由PNPN四层半导体结构组成，分为三个极：阳极（用A表示），阴极（用K表示）和控制极（用G表示）；晶闸管具有硅整流器件的特性，能在高电压、大电流条件下正常工作，且其工作过程可以得到调控、被广泛应用于可控整流、无触点电子开关、交流调压、逆变及变频等电子电路中。如图4-28所示为晶闸管的结构。

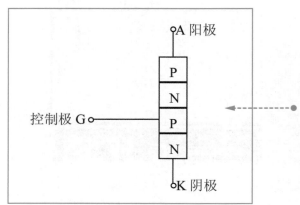

如果仅是在阳极和阴极间加电压，无论是采取正接还是反接，晶闸管都是无法导通的。因为晶闸管中至少有一个PN结总是处于反向偏置状态。如果采取正接法，即在晶闸管阳极接正电压，阴极接负电压，同时在控制极再加一相对于阴极而言的正向电压（足以使晶闸管内部的反向偏置PN结导通），晶闸管就导通了（PN结导通后就不再受极性限制）。而且一旦导通在撤去控制极电压，晶闸管仍可保持导通的状态。如果此时想使导通的晶闸管截止，只有使其电流降到某个值以下或将阳极与阴极间的电压减小到零。

图4-28　晶闸管的结构原理

4.6.1　常用的晶闸管有哪些

电路中常用的晶闸管如图4-29所示。

单向晶闸管（SCR）是由P-N-P-N　4层3个PN结组成的。单向晶闸管被广泛应用于可控整流、逆变器、交流调压和开关电源等电路中。在单向晶闸管阳极（用A表示），阴极（用K表示）在两端加上正向电压，同时给控制极（用G表示）加上合适的触发电压，晶闸管便会被导通。

图4-29　电路中常用的晶闸管

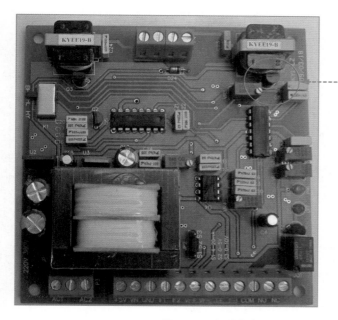

双向晶闸管是由N-P-N-P-N 5层半导体组成的，相当于两个反向并联的单向晶闸管。又被称为双向可控硅。双向晶闸管有三个电极，它们分别为第一电极T1、第二电极T2和控制极G。无论是第一电极T1还是第二电极T2间加上正向电压，只要控制极G加上与T1相反的触发电压双向晶闸管就可被导通。与单向晶闸管不同的是双向晶闸管能够控制交流电负载。

图4-29 电路中常用的晶闸管（续）

4.6.2 认识晶闸管的符号很重要

晶闸管是电子电路中最常用的电子元件之一，一般用字母"K"、"VS"加数字表示。在电路图中每个电子元器件还有其电路图形符号，晶闸管的电路图形符号如图4-30所示。

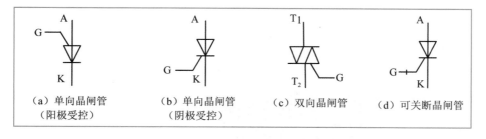

图4-30 晶闸管的电路图形符号

单向晶闸管（SCR）是由P-N-P-N 4层3个PN结组成的。单向晶闸管被广泛应用于可控整流、逆变器、交流调压和开关电源等电路中，如图4-31所示。

双向晶闸管是由N-P-N-P-N 5层半导体组成的，相当于二个反向并联的单向晶闸管。又被称为双向可控硅。双向晶闸管有三个电极，它们分别为第一电极T1、第二电极T2和控制极G，如图4-32所示。

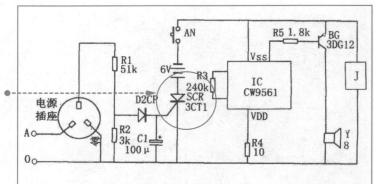

在单向晶闸管阳极（用A表示），阴极（用K表示）在两端加上正向电压，同时给控制极（用G表示）加上合适的触发电压，晶闸管便会被导通。

图4-31　单向晶闸管的电路图形符号

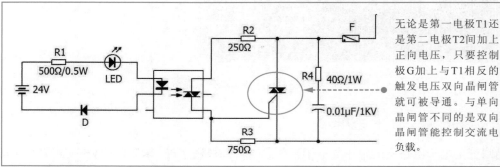

无论是第一电极T1还是第二电极T2间加上正向电压，只要控制极G加上与T1相反的触发电压双向晶闸管就可被导通。与单向晶闸管不同的是双向晶闸管能控制交流电负载。

图4-32　双向晶闸管的电路图形符号

4.6.3　实战检测判断单向晶闸管的好坏

单向晶闸管的检测方法如图4-33所示。

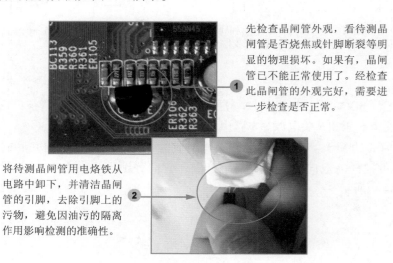

① 先检查晶闸管外观，看待测晶闸管是否烧焦或针脚断裂等明显的物理损坏。如果有，晶闸管已不能正常使用了。经检查此晶闸管的外观完好，需要进一步检查是否正常。

② 将待测晶闸管用电烙铁从电路中卸下，并清洁晶闸管的引脚，去除引脚上的污物，避免因油污的隔离作用影响检测的准确性。

图4-33　单向晶闸管的检测

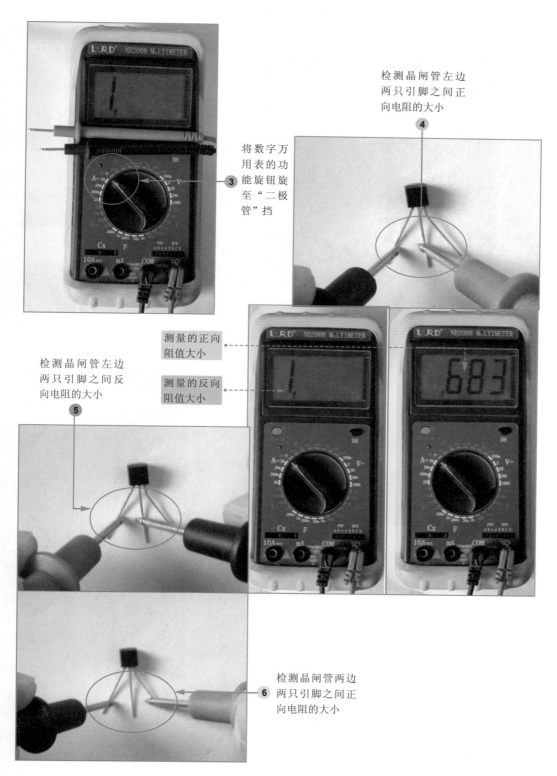

检测晶闸管左边
两只引脚之间正
向电阻的大小 ④

将数字万
用表的功
能旋钮旋 ③
至"二极
管"挡

测量的正向
阻值大小

测量的反向
阻值大小

检测晶闸管左边
两只引脚之间反
向电阻的大小
⑤

检测晶闸管两边
两只引脚之间正 ⑥
向电阻的大小

图4-33　单向晶闸管的检测（续）

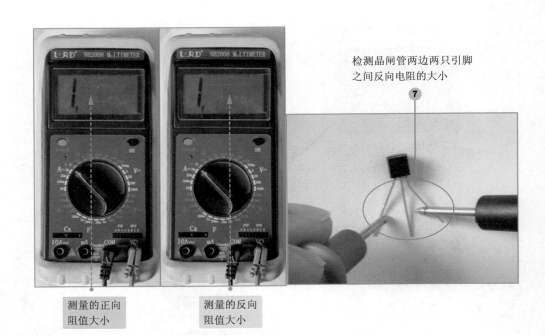

检测晶闸管两边两只引脚
之间反向电阻的大小

⑦

测量的正向
阻值大小

测量的反向
阻值大小

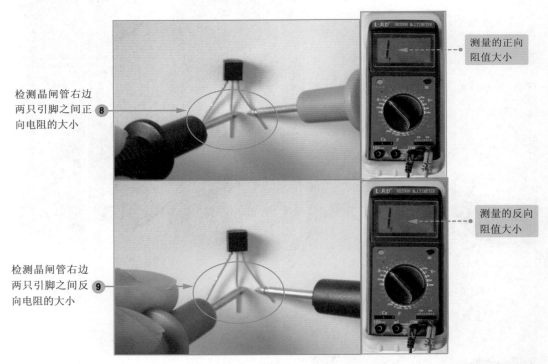

检测晶闸管右边
两只引脚之间正
向电阻的大小 ⑧

测量的正向
阻值大小

检测晶闸管右边
两只引脚之间反
向电阻的大小 ⑨

测量的反向
阻值大小

结论1：经检测只有当黑表笔接左侧引脚，红表笔接中间引脚时，才能测出有一较小阻值，因此可知晶闸管绝缘性良好，且晶闸管的左侧阴极K，中间为控制极G，右侧为阳极A。

图4-33　单向晶闸管的检测（续）

将数字万用表的红表笔接
右侧的阳极A，黑表笔接
晶闸管的阴极K，测量阳
极与阴极间的阻值。

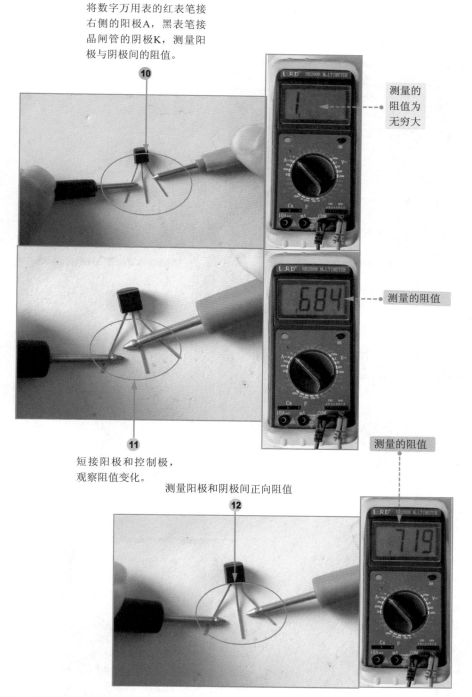

测量的
阻值为
无穷大

测量的阻值

短接阳极和控制极，
观察阻值变化。

测量阳极和阴极间正向阻值

测量的阻值

结论2： 经检测将控制极与阳极短接后即使断开控制极仍可测得阳极与阴极之间有一小阻值，证明晶闸管的触发正常。

图4-33　单向晶闸管的检测（续）

结论： 经检测单向晶闸管的绝缘性良好，触发正常，可以判定此单向晶闸管正常。

4.6.4 实战检测判断双向晶闸管的好坏

双向晶闸管的检测如图4-34所示。

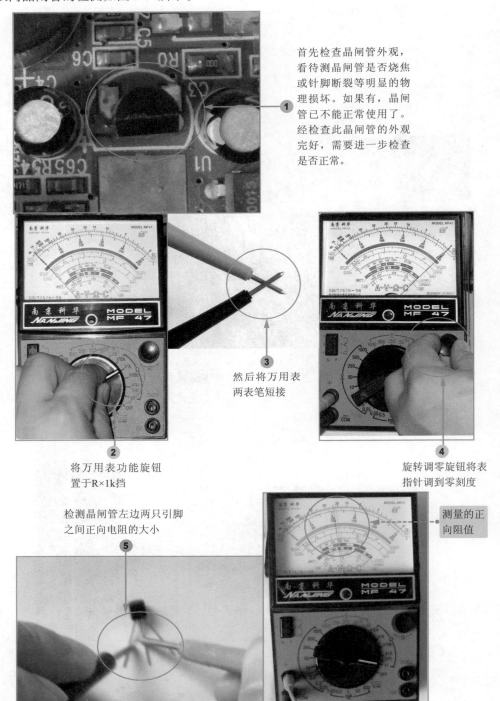

首先检查晶闸管外观，看待测晶闸管是否烧焦或针脚断裂等明显的物理损坏。如果有，晶闸管已不能正常使用了。经检查此晶闸管的外观完好，需要进一步检查是否正常。

将万用表功能旋钮置于R×1k挡

然后将万用表两表笔短接

旋转调零旋钮将表指针调到零刻度

检测晶闸管左边两只引脚之间正向电阻的大小

测量的正向阻值

图4-34 双向晶闸管的检测

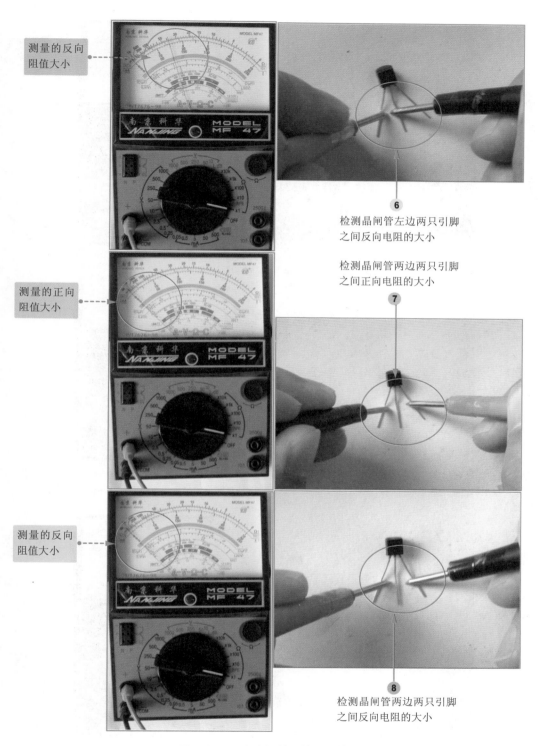

测量的反向
阻值大小

检测晶闸管左边两只引脚
之间反向电阻的大小 ⑥

检测晶闸管两边两只引脚
之间正向电阻的大小 ⑦

测量的正向
阻值大小

测量的反向
阻值大小

检测晶闸管两边两只引脚
之间反向电阻的大小 ⑧

图4-34　双向晶闸管的检测（续）

检测晶闸管右边两只引脚之间正向电阻的大小

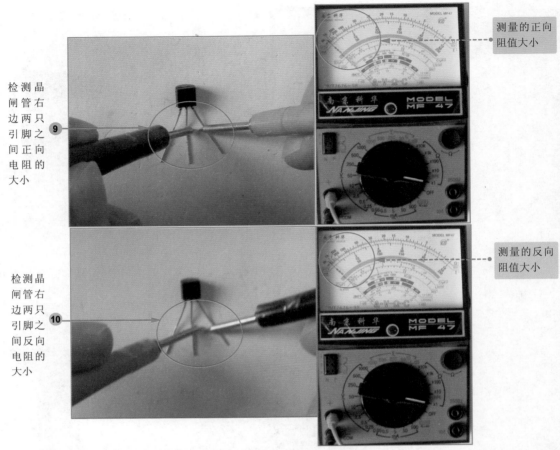

测量的正向阻值大小

检测晶闸管右边两只引脚之间反向电阻的大小

测量的反向阻值大小

结论1：经检测只有当黑表笔接左侧引脚，红表笔接中间的引脚或当红表笔接左侧引脚，黑表笔接中间的引脚时，才能测出有一较小阻值，因此可知晶闸管绝缘性良好，且阻值较小的那次测量中黑表笔所接的是双向晶闸管的T_1极，红表笔所接的是双向晶闸管的T_2极，剩下那只是双向晶闸管的G极。

将指针万用表的红黑表笔任意接在双向晶闸管的T_1和T_2引脚测量

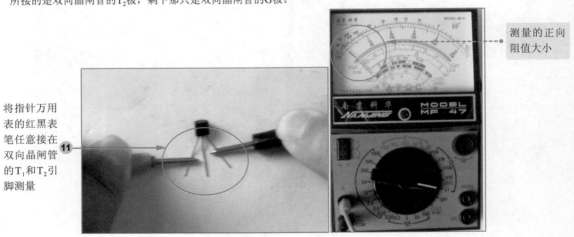

测量的正向阻值大小

图4-34　双向晶闸管的检测（续）

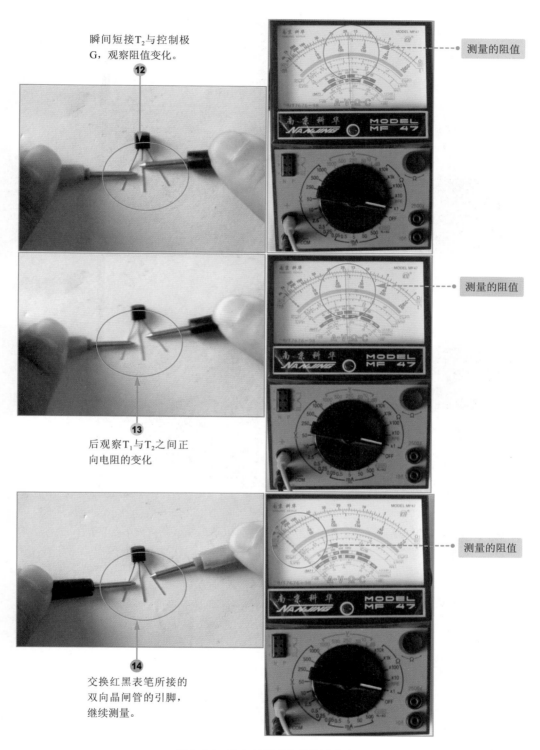

瞬间短接T₂与控制极G，观察阻值变化。

测量的阻值

后观察T₁与T₂之间正向电阻的变化

测量的阻值

交换红黑表笔所接的双向晶闸管的引脚，继续测量。

测量的阻值

图4-34　双向晶闸管的检测（续）

瞬间短接T$_2$与控制极
G，观察阻值变化。

15

测量的阻值

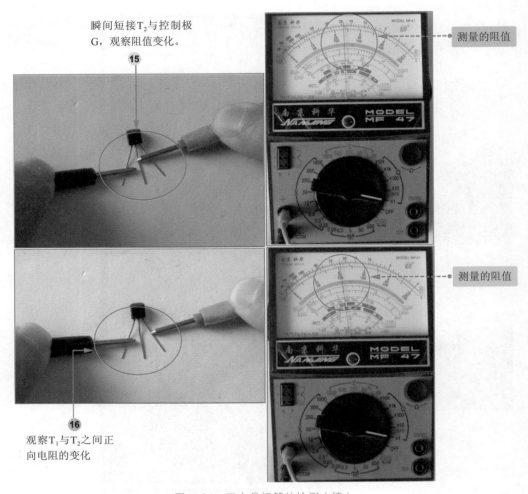

测量的阻值

16

观察T$_1$与T$_2$之间正
向电阻的变化

图4-34 双向晶闸管的检测（续）

结论：经检测双向晶闸管的双向触发性良好，所以该双向晶闸管功能正常。

第5章

常用低压电气元件检测实战

　　低压电气是一种能根据外界的信号和要求，手动或自动地接通、断开电路，以实现对电路或非电对象的切换、控制、保护、检测、变换和调节的元件或设备。低压电气的作用有：控制作用、调节作用、保护作用、指示作用。

5.1 开关检测

常用的开关主要包括手动控制开关和自动控制开关，其中手动控制开关主要是刀开关，自动控制开关主要是断路器。

5.1.1 刀开关检测方法

刀开关又名闸刀，它是手控电器中最简单而使用又较广泛的一种低压电器（不大于500V），通常用作隔离电源的开关，以便能安全地对电气设备进行检修或更换保险丝。刀开关的符号为"QS"，如图5-1所示为刀开关的基本知识和检测方法。

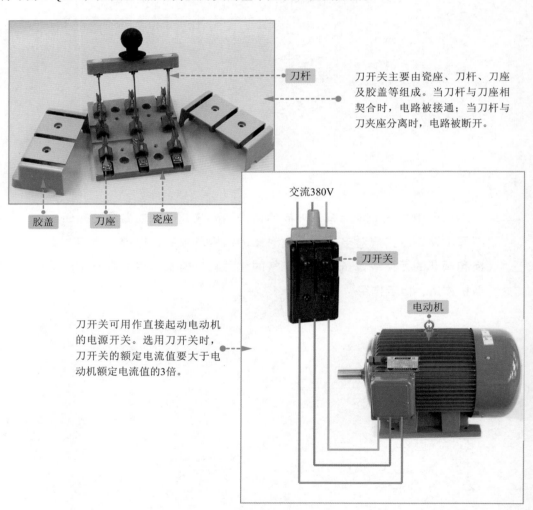

刀杆

刀开关主要由瓷座、刀杆、刀座及胶盖等组成。当刀杆与刀座相契合时，电路被接通；当刀杆与刀夹座分离时，电路被断开。

胶盖　刀座　瓷座

交流380V

刀开关

电动机

刀开关可用作直接起动电动机的电源开关。选用刀开关时，刀开关的额定电流值要大于电动机额定电流值的3倍。

图5-1　刀开关的基本知识和检测方法

根据刀片数多少，刀开关分单极（单刀）、双极（双刀）、三极（三刀）。允许通过电流各有不同，其中，HK系列胶盖闸刀，额定电流主要有：10A、15A、30A、60A几种；HS和HD系列刀开关额定电流主要有：200A、400A、600A、1000A和1500A五种；HH系列封闭式铁壳开关额定电流主要有：15A、30A、60A、100A、200A等几种；HR刀熔开关额定电流主要有：100A、200A、400A、600A、1000A等几种。

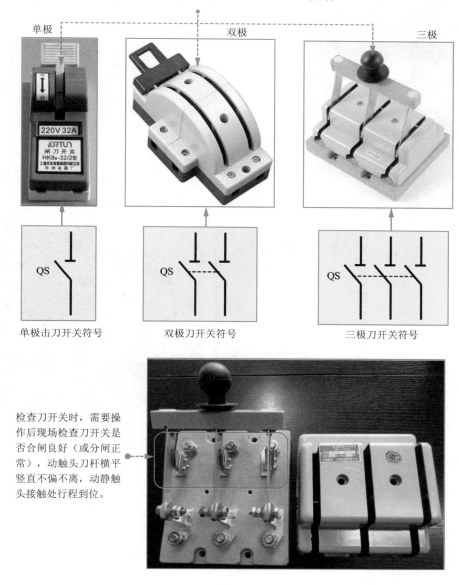

图5-1　刀开关的基本知识和检测方法（续）

5.1.2　断路器检测方法

断路器又称为自动开关，它是一种既有手动开关作用，又能自动进行失压、欠压、过载和短路保护的电器。断路器的符号为"QF"。

1. 断路器的组成结构

如图5-2所示为断路器的结构。

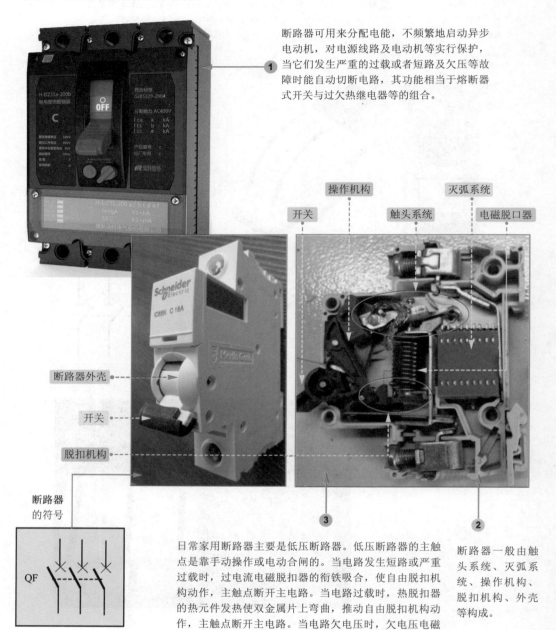

① 断路器可用来分配电能,不频繁地启动异步电动机,对电源线路及电动机等实行保护,当它们发生严重的过载或者短路及欠压等故障时能自动切断电路,其功能相当于熔断器式开关与过欠热继电器等的组合。

③ 日常家用断路器主要是低压断路器。低压断路器的主触点是靠手动操作或电动合闸的。当电路发生短路或严重过载时,过电流电磁脱扣器的衔铁吸合,使自由脱扣机构动作,主触点断开主电路。当电路过载时,热脱扣器的热元件发热使双金属片上弯曲,推动自由脱扣机构动作,主触点断开主电路。当电路欠电压时,欠电压电磁脱扣器的衔铁释放,也使自由脱扣机构动作,主触点断开主电路。当按下分励脱扣按钮时,分励脱扣器衔铁吸合,使自由脱扣机构动作,主触点断开主电路。

② 断路器一般由触头系统、灭弧系统、操作机构、脱扣机构、外壳等构成。

图5-2 断路器的结构

断路器按结构分：主要分为塑壳断路器和框架断路器（万能）。

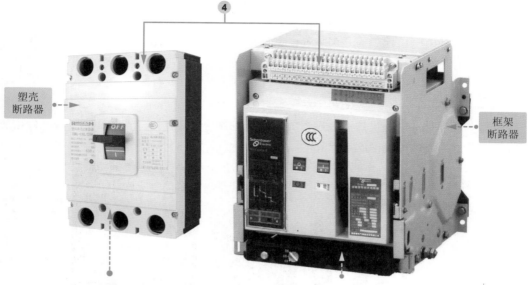

塑壳断路器指的是用塑料绝缘体来作为装置的外壳，用来隔离导体之间以及接地金属部分。塑壳断路器能够在电流超过跳脱设定后自动切断电流。塑壳断路器通常含有热磁跳脱单元，而大型号的塑壳断路器会配备固态跳脱传感器。

框架断路器也叫万能式断路器，主要适用于交流50Hz电压380V、660V或直流440V、电流至3900A的配电网络，用来分配电能和保护线路及电源设备的过载、欠电压、短路等，在正常的条件下，可作为线路的不频繁转换之用。

图5-2 断路器的结构（续）

2. 断路器的检测方法

断路器的检测方法如图5-3所示。

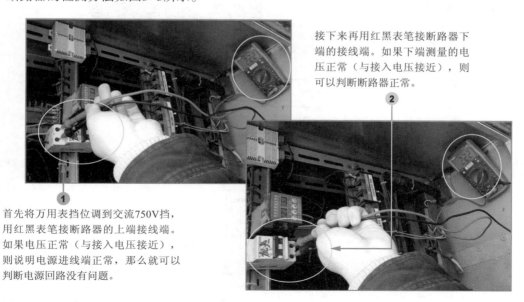

接下来再用红黑表笔接断路器下端的接线端。如果下端测量的电压正常（与接入电压接近），则可以判断断路器正常。

首先将万用表挡位调到交流750V挡，用红黑表笔接断路器的上端接线端。如果电压正常（与接入电压接近），则说明电源进线端正常，那么就可以判断电源回路没有问题。

图5-3 断路器的检测方法

5.2 接触器检测

接触器是一种由电压控制的开关装置，在正常条件下，可以用来实现远距离控制或频繁的接通、断开主电路。

5.2.1 接触器的结构

接触器一般都是由电磁机构、触点系统、灭弧装置、弹簧机构、支架和底座等元件构成。接触器的符号为"KM"，如图5-4所示。

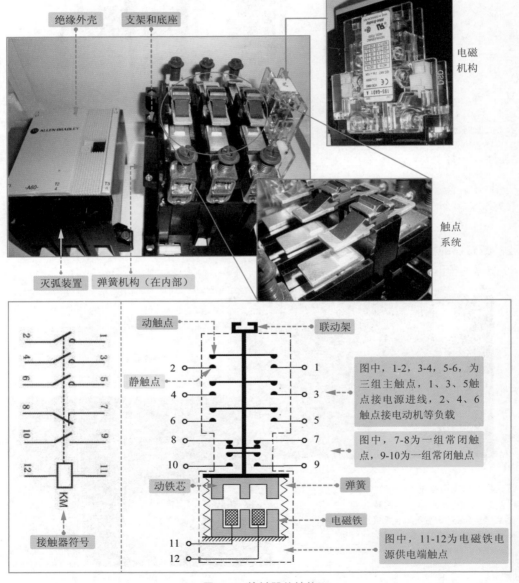

图5-4 接触器的结构

5.2.2　接触器是如何工作的

接触器主要控制的对象是电动机，可以用来实现电动机的启动，正、反转运动等控制。也可以控制电焊机、照明系统等电力负荷。接触器的工作原理是利用电磁力与弹簧弹力相配合，实现触头的接通和分断。如图5-5所示（以交流接触器为例讲解）。

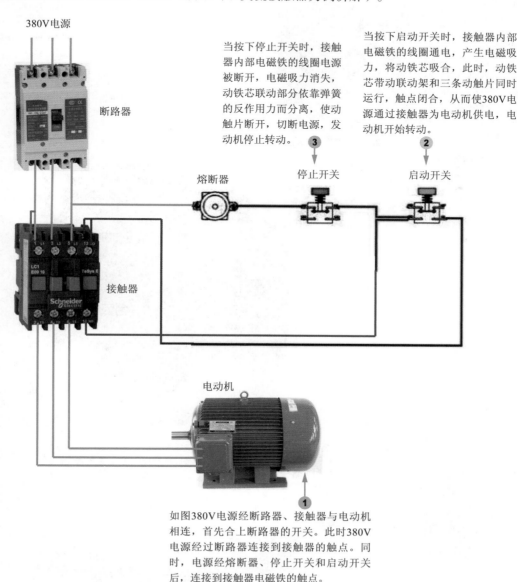

当按下停止开关时，接触器内部电磁铁的线圈电源被断开，电磁吸力消失，动铁芯联动部分依靠弹簧的反作用力而分离，使动触片断开，切断电源，发动机停止转动。

当按下启动开关时，接触器内部电磁铁的线圈通电，产生电磁吸力，将动铁芯吸合，此时，动铁芯带动联动架和三条动触片同时运行，触点闭合，从而使380V电源通过接触器为电动机供电，电动机开始转动。

380V电源

断路器

熔断器

停止开关

启动开关

接触器

电动机

如图380V电源经断路器、接触器与电动机相连，首先合上断路器的开关。此时380V电源经过断路器连接到接触器的触点。同时，电源经熔断器、停止开关和启动开关后，连接到接触器电磁铁的触点。

图5-5　接触器工作原理

5.2.3　交流接触器与直流接触器有何区别

接触器分为交流接触器（电压AC）和直流接触器（电压DC），如图5-6所示。

交流接触器利用主接点来开闭电路，用辅助接点来执行控制指令。主接点一般只有常开接点，而辅助接点常有两对具有常开和常闭功能的接点。交流接触器的动作动力来源于交流电磁铁，电磁铁由两个"山"字形的幼硅钢片叠成，并加上短路环。交流接触器在失电后，依靠弹簧复位。20A以上的接触器加有灭弧罩，以保护接点。交流接触器的接点，由银钨合金制成，具有良好的导电性和耐高温烧蚀性。

直流接触器是指用在直流回路中的一种接触器，主要用来控制直流电路（主电路、控制电路和励磁电路等）。直流接触器采用直流电磁铁，其铁芯与交流接触器不同，它没有涡流的存在，因此一般用软钢或工业纯铁制成圆形。由于直流接触器的吸引线圈通以直流，所以没有冲击的启动电流，也不会产生铁芯猛烈撞击的现象，因而它的寿命长，适用于频繁启停的场合。

交流接触器和直流接触器的主要区别：就是在铁芯和线圈上。交流接触器电磁铁芯存在涡流，所以电磁铁芯做成一片一片叠加在一起，且一般做成E型的。过零瞬间防止电磁释放，在电磁铁芯上加有短路环，线圈匝数少电流大，线径粗。

直流接触器电磁铁芯是整体铁芯，线圈细长，匝数特别多。如果把直流电接交流接触器，线圈马上会烧毁。交流电接直流接触器，接触器无法吸合。

图5-6 交流接触器与直流接触器的区别

5.2.4　接触器和断路器有何不同

接触器和断路器区别如图5-7所示。

断路器主要起保护作用。它的保护目前比较常用的是三段保护，即过载保护、短路短延时、短路长延时。还有一些欠压、过压等保护功能。具体视品牌、型号而定。它的分合闸可以手动也可电动。

接触器主要用来做工业控制用，一般负载以电机居多，当然会有一些加热器、做双电源切换等场合使用。在接触器的通断是通过控制线圈电压来实现的。接触器本身不具备短路保护和过载保护能力，因此必须与熔断器、热继电器等配合使用。

图5-7　接触器和断路器区别

5.2.5　接触器的接线方法

交流接触器的内部一般有3对主触点（1、3、5和2、4、6或L1、L2、L3和T1、T2、T3），1对常开触点（13NO和14NO）和1对常闭触点（21NC和22NC），1对控制线圈的接线端（A1和A2）。其中，主触点中的1、3、5或L1、L2、L3为A相，B相，C相电源进线，主触点中的2、4、6或T1、T2、T3为A相，B相，C相电源出线，如图5-8所示。

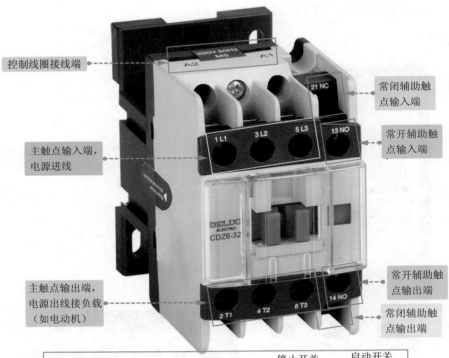

控制线圈接线端

常闭辅助触点输入端

常开辅助触点输入端

主触点输入端，电源进线

主触点输出端，电源出线接负载（如电动机）

常开辅助触点输出端

常闭辅助触点输出端

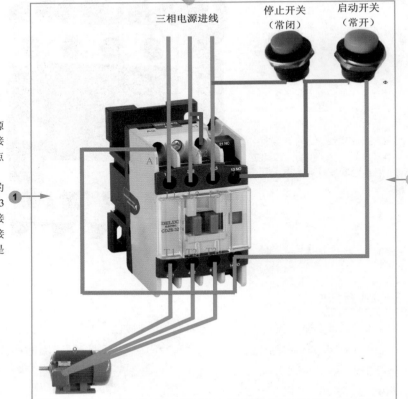

三相电源进线

停止开关（常闭）

启动开关（常开）

首先三相电源进线分别接接触器的主触点L1，L2，L3，再从接触器的T1，T2，T3接出三根线接电机的三个接线柱，以上是主电路。

控制电路接线：从L2引出一根线接A2接口，再从L3引出一根线接停止开关（停止开关时常闭的）然后从停止开关另一端引出两根线，一根接启动开关（启动开关是常开的）另一根接13NO端口。接着从启动开关另一端导线接14NO端口。再从14NO引出导线接A1端口。

图5-8 接触器的接线方法

5.2.6 接触器的检测方法

接触器的检测使用万用表的电阻挡进行检测，检测方法如图5-9所示。

常态下检测接触器常开触点和常闭触点的电阻。因为常开触点在常态下处于开路，故正常电阻应为无穷大，数字万用表检测时会显示"1"。在常态下检测常闭触点的电阻时，正常测得的电阻值应接近0Ω。对于带有联动架的交流接触器，按下联动架，内部的常开触点会闭合，常闭触点会断开，可以用万用表检测触点闭合后和断开后的电阻是否为无穷大和0。检测时采用万用表的电阻挡的200Ω挡。

检测控制线圈的电阻。控制线圈的电阻值正常应在几百欧，一般来说，交流接触器功率越大，要求线圈对触点的吸合力越大（即要求线圈流过的电流大），线圈电阻更小。若线圈的电阻为无穷大则线圈开路，线圈的电阻为0则为线圈短路。

检测时采用万用表的电阻挡的2000Ω挡。

控制线圈通电线

给控制线圈通电来检测常开、常闭触点的电阻。在控制线圈通电时，若交流接触器正常，会发出"咔哒"声，同时常开触点闭合、常闭触点断开，故测得常开触点电阻应接近0Ω、常闭触点应为无穷大（数字万用表检测时会显示"1"）。如果控制线圈通电前后被测触点电阻无变化，则可能是控制线圈损坏或传动机构卡住等。检测时采用万用表的电阻挡的200Ω挡。

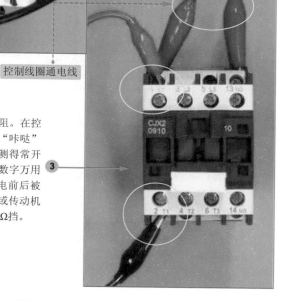

图5-9 接触器的检测方法

5.3 继电器检测

继电器是一种电子控制开关，但与一般开关不同，继电器并非以机械方式控制，而是一种以电流转换成电磁力来控制切换方向的开关。继电器实际上是用较小的电流去控制较大电流的一种"自动开关"。故在电路中起着自动调节、安全保护、转换电路等作用。

5.3.1 热继电器的检测

热继电器是利用电流通过发热元件时产生热量而使内部触点动作的。热继电器主要用于电气设备发热保护，如电动机过载保护。

1. 热继电器的结构与工作原理

热继电器的符号为"FR"，热继电器的结构与工作原理如图5-10所示。

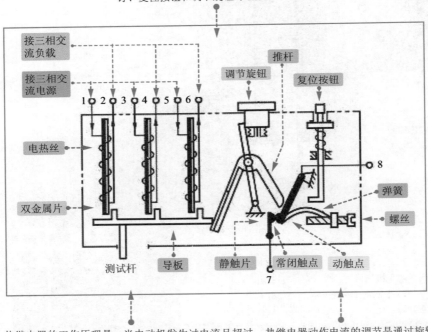

热继电器由电热丝、双金属片、导板、测试杆、推杆、动触片、静触片、弹簧、螺钉、复位按钮和调节旋钮等组成。

热继电器的工作原理是：当电动机发生过电流且超过整定值时，流入电热丝的电流产生的热量，使有不同膨胀系数的双金属片发生形变，当形变达到一定距离时，就推动导板动作，使常闭触点断开（或常开触点闭合），从而使控制电路断开失电，继而其他元件动作使主电路断开，实现电动机的过载保护。

热继电器动作电流的调节是通过旋转调节旋钮来实现的。调节旋钮为一个偏心轮，旋转调节旋钮可以改变传动杆和动触点之间的传动距离，距离越长动作电流就越大，反之动作电流就越小。

图5-10 热继电器的结构原理

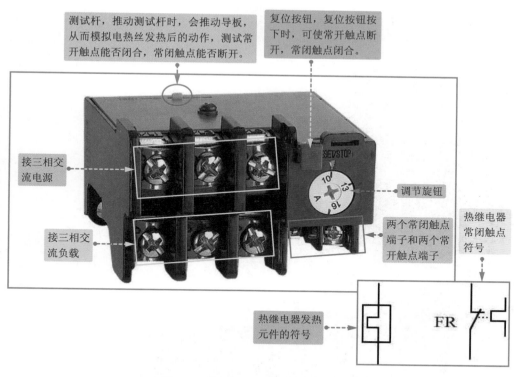

测试杆，推动测试杆时，会推动导板，从而模拟电热丝发热后的动作，测试常开触点能否闭合，常闭触点能否断开。

复位按钮，复位按钮按下时，可使常开触点断开，常闭触点闭合。

接三相交流电源

接三相交流负载

调节旋钮

两个常闭触点端子和两个常开触点端子

热继电器常闭触点符号

热继电器发热元件的符号

FR

图5-10　热继电器的结构原理（续）

2. 热继电器接线方法

热继电器接线方法如图5-11所示。

首先三相电源进线分别断路器、接触器，然后接入热继电器的1/L1、3/L2、5/L3电源线进线端，然后从2/T1、4/T2、6/T3出线端接电动机等负载，以上是主电路。

当电路出现短路过流时，热继电器的常闭触点会断开，同时接触器的电磁铁供电被断开，接触器主触点分离，电路的供电被断开，从而起到保护电路的作用。

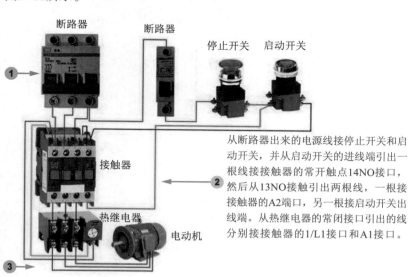

断路器

断路器

停止开关　启动开关

接触器

热继电器

电动机

从断路器出来的电源线接停止开关和启动开关，并从启动开关的进线端引出一根线接接触器的常开触点14NO接口，然后从13NO接触引出两根线，一根接接触器的A2端口，另一根接启动开关出线端。从热继电器的常闭接口引出的线分别接接触器的1/L1接口和A1接口。

图5-11　热继电器接线方法

3. 热继电器检测方法

热继电器检测方法如图5-12所示。

① 首先检测发热元件。发热元件由电热丝或电热片组成，其电阻很小（接近0Ω）。测量时使用万用表电阻挡200Ω挡，如果电阻无穷大（数字万用表显示超出量程符号"1"），则为发热元件开路损坏。

② 检测常闭触点。触点检测包括未动作时检测和动作时检测，检测时使用万用表电阻挡200Ω挡，未动作时的常闭触点电阻，正常应接近0Ω。

③ 拨动测试杆的情况下检测常闭触点。检测时使用万用表电阻挡200Ω挡，模拟发热元件过流发热弯曲使触点动作，常闭触点应变为开路，电阻为无穷大。

图5-12 热继电器检测方法

5.3.2　中间继电器的检测

中间继电器用于继电保护与自动控制系统中，以增加触点的数量及容量。它用于在控制电路中传递中间信号。

1. 中间继电器的结构原理

中间继电器的符号为"KA"，中间继电器的结构原理如图5-13所示。

一般的电路常分成主电路和控制电路两部分，继电器主要用于控制电路，接触器主要用于主电路；通过继电器可实现用一路控制信号控制另一路或几路信号的功能，完成启动、停止、联动等控制，主要控制对象是接触器。

中间继电器的原理和交流接触器一样，都是由固定铁芯、动铁芯、弹簧、动触点、静触点、线圈、接线端子和外壳组成。线圈通电，动铁芯在电磁力作用下动作吸合，带动动触点动作，使常闭触点分开，常开触点闭合；线圈断电，动铁芯在弹簧的作用下带动动触点复位。

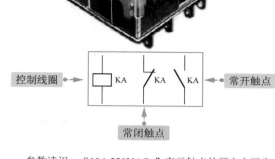

控制线圈　　　　　　　　　　　常开触点

常闭触点

参数读识："10A 220VAC"表示触点的额定电压为交流220V时，额定电流为10A。"10A 28VDC"表示额定电压为直流28V时，额定电流为10A。

参数读识：由触点引脚图可知，1-11脚内接线圈，2-3脚、5-6脚、9-10脚均内接常开触点，3-4脚、6-7脚、8-9脚均内接常闭触点。

图5-13　中间继电器的结构原理

2. 中间继电器检测方法

中间继电器检测方法如图5-14所示。

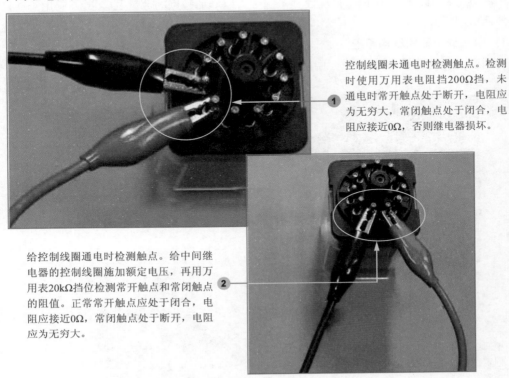

控制线圈未通电时检测触点。检测时使用万用表电阻挡200Ω挡，未通电时常开触点处于断开，电阻应为无穷大，常闭触点处于闭合，电阻应接近0Ω，否则继电器损坏。

给控制线圈通电时检测触点。给中间继电器的控制线圈施加额定电压，再用万用表20kΩ挡位检测常开触点和常闭触点的阻值。正常常开触点应处于闭合，电阻应接近0Ω，常闭触点处于断开，电阻应为无穷大。

图5-14　中间继电器检测方法

5.3.3　时间继电器的检测

时间继电器是一种延时控制继电器，它在得到动作信号后，并不是立即让触点动作，而是延迟一段时间才让触点动作。时间继电器分符号为"KT"，其主要用在各种自动控制系统和电动机的启动控制线路中。时间继电器分为通电延时继电器和断电延迟继电器。

1. 通电延时继电器

通电延时继电器如图5-15所示。

通电延时继电器就是当继电器的线圈通电后，其内部通电延时型常开和常闭触点延时后才动作。当线圈断电后，延时型触点立刻恢复常态。

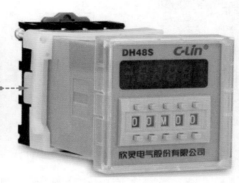

图5-15　通电延时继电器

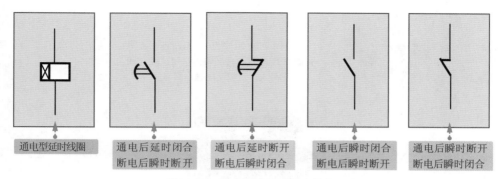

图5-15　通电延时继电器（续）

2．断电延时继电器

断电延时继电器如图5-16所示。

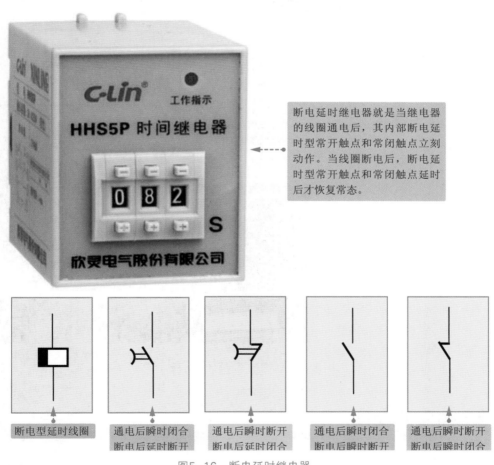

断电延时继电器就是当继电器的线圈通电后，其内部断电延时型常开触点和常闭触点立刻动作。当线圈断电后，断电延时型常开触点和常闭触点延时后才恢复常态。

图5-16　断电延时继电器

3．时间继电器检测方法

检测时间继电器时，主要检测触点、线圈的常态及通电状态检测。如图5-17所示。

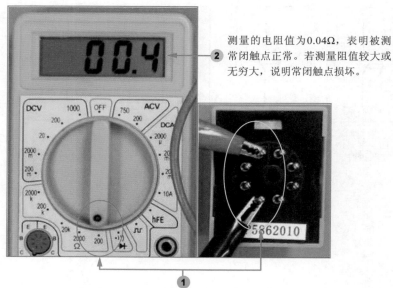

② 测量的电阻值为0.04Ω，表明被测常闭触点正常。若测量阻值较大或无穷大，说明常闭触点损坏。

① 测量常闭触点。将指针万用表的挡位调到200Ω挡，并进行调零。根据继电器上的触点引脚图，将万用表红、黑表笔接常闭触点的两个引脚测量其电阻值。

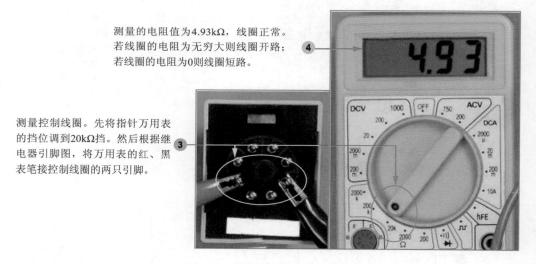

④ 测量的电阻值为4.93kΩ，线圈正常。若线圈的电阻为无穷大则线圈开路；若线圈的电阻为0则线圈短路。

③ 测量控制线圈。先将指针万用表的挡位调到20kΩ挡。然后根据继电器引脚图，将万用表的红、黑表笔接控制线圈的两只引脚。

图5-17　时间继电器检测方法

5.4　变压器检测

　　变压器是利用电磁感应的原理来改变交流电压的装置，是电力系统中输配电力的主要设备，另外也是各种电器设备的主要供电部件。

5.4.1　变压器的功能特点

在远距离传输电力时，可使用变压器将发电机送出的电压升高，以减少在电力传输过程中的损失，以便于远距离输送电力；在用电的地方，变压器将高压降低，以供用电设备和用户使用。根据电源相数的不同，变压器可以分为：单相变压器和三相变压器。如图5-18和图5-19所示。

接线端子

散热片

底座

（1）单相变压器即初级绕组和次级绕组均为单相绕组的变压器。单相变压器的初级绕组和次级绕组均缠绕在铁芯上，初级绕组为交流电压输入端，次级绕组为交流电压输出端。次级绕组的输出电压与线圈的匝数成正比。

单相变压器结构简单，体积小，损耗低，适合于在负荷较小的低压配电线路中使用。

单相变压器可将高压供电变为单相低压，供各种设备使用。例如：可将交流6600V高压经单相变压器变为220V低压，为照明灯会其他设备供电。

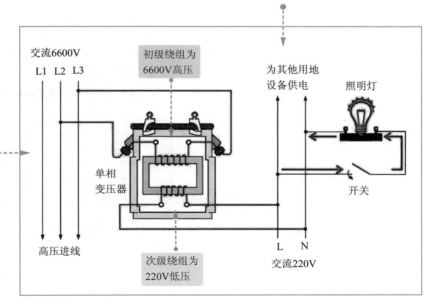

交流6600V

L1 L2 L3

初级绕组为6600V高压

为其他用地设备供电

照明灯

单相变压器

高压进线

次级绕组为220V低压

开关

L　N

交流220V

图5-18　单相变压器

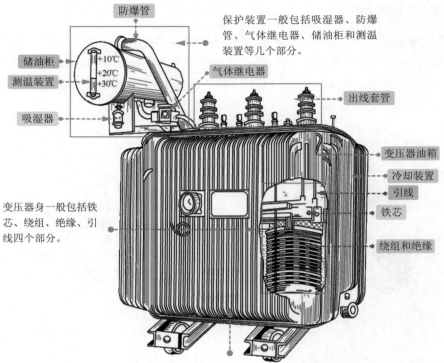

防爆管

保护装置一般包括吸湿器、防爆管、气体继电器、储油柜和测温装置等几个部分。

储油柜
测温装置

+10℃
+20℃
+30℃

气体继电器

出线套管

变压器油箱

冷却装置

引线

铁芯

吸湿器

绕组和绝缘

变压器身一般包括铁芯、绕组、绝缘、引线四个部分。

（2）三相变压器是电力设备中应用比较多的一种变压器，三相变压器实际上是由3个相同容量的单相变压器组合而成。三相变压器组成部件包括变压器身、变压器油箱和冷却装置、保护装置和出线套管等。

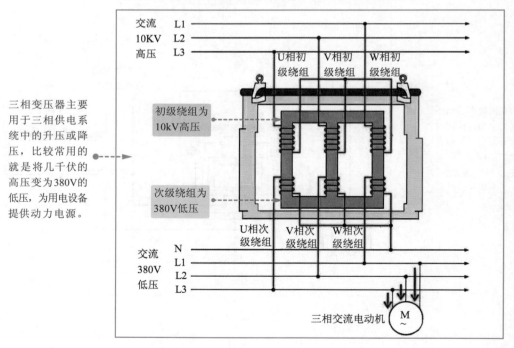

三相变压器主要用于三相供电系统中的升压或降压，比较常用的就是将几千伏的高压变为380V的低压，为用电设备提供动力电源。

交流 10KV 高压

L1
L2
L3

U相初级绕组
V相初级绕组
W相初级绕组

初级绕组为10kV高压

次级绕组为380V低压

U相次级绕组
V相次级绕组
W相次级绕组

交流 380V 低压

N
L1
L2
L3

三相交流电动机

M
~

图5-19　三相变压器

5.4.2 变压器的符号

在电路中，变压器的文字符号用T来表示，由于变压器的种类比较多，因此在电路中的图形符号也比较多。如图5-20所示为变压器的符号。

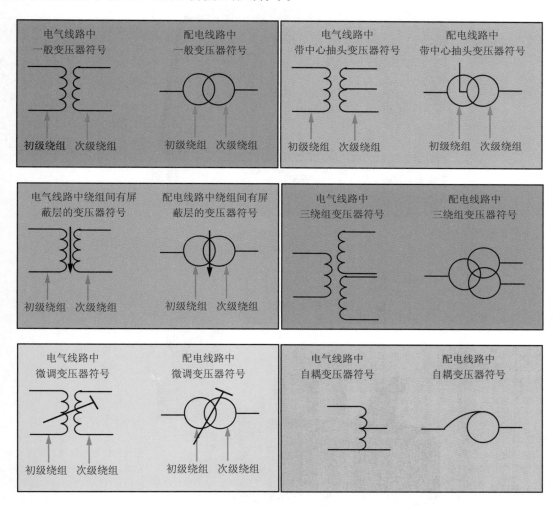

图5-20 变压器的符号

5.4.3 电力变压器检测方法

测量电力变压器时，可以通过测量变压器绕组的阻值来判断其是否损坏。测量前先检查变压器绕组接头的焊接质量是否良好，然后使用直流电桥测量绕组的阻值。从而可以判断变压器是否损坏。

电力变压器的检测方法如图5-21所示。

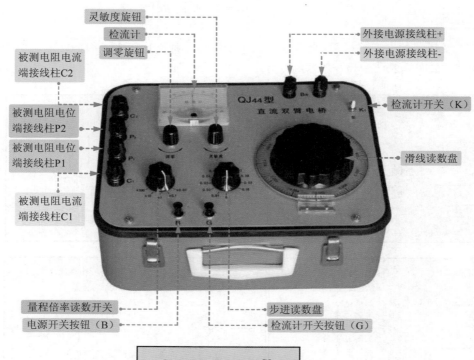

灵敏度旋钮

检流计

调零旋钮

被测电阻电流
端接线柱C2

被测电阻电位
端接线柱P2

被测电阻电位
端接线柱P1

被测电阻电流
端接线柱C1

外接电源接线柱+

外接电源接线柱-

QJ44型
直流双臂电桥

检流计开关（K）

滑线读数盘

量程倍率读数开关

电源开关按钮（B）

步进读数盘

检流计开关按钮（G）

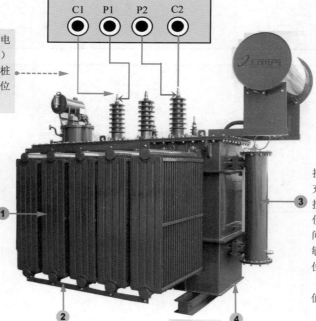

C1　P1　P2　C2

使用双臂电桥接线时，电
桥的电位桩头（P1/P2）
要靠近被测电阻，电流桩
头（C1/C2）要接在电位
桩头的上面。

在测量前，先将待测
变压器的绕组与接地
装置连接，对变压器
进行放电操作。放电
完成后，拆除一切连
接线。接着连接好电
桥，测量变压器各相
绕组的直流电阻值。

接着先打开电源开关按钮（B）
充电，充足电后按下检流计开关
按钮（G），迅速调节测量臂，
使检流计指针向检流计刻度中
间的零位线方向移动，增大灵
敏度微调，待指针平稳停在零
位上时，记录被测线圈电阻值
（电阻值=倍率数×测量臂电阻
值）。

测量时，先估计被测变压器绕组的
阻值，将电桥倍率旋钮置于适当位
置，检流计灵敏度旋钮调至最低位
置，将非被测线圈短路接地。

测量完毕后，为了防止在测量具有电
感的直流电阻时其自感电动势损坏检
流计，应先按检流计开关（G），再
按开电源开关按钮（B）。

图5-21　电力变压器的检测方法

5.4.4　电源变压器检测方法

电源变压器主要用在各种电器设备的供电电路中，比如手机充电器，电脑电源等。检测时，先观察变压器的外观是否有线圈引线断裂、脱焊，绝缘材料烧焦，铁芯紧固螺杆松动等问题，如果有则电源变压器可能损坏。除了观察外观之外，还要测量变压器的绝缘性和线圈的电阻等。如图5-22所示为电源变压器检测方法。

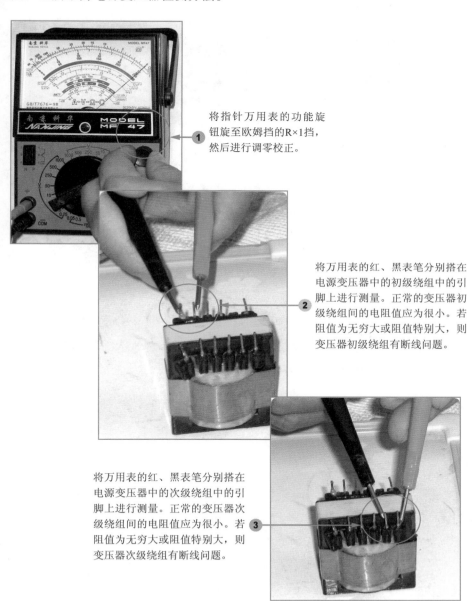

将指针万用表的功能旋钮旋至欧姆挡的R×1挡，然后进行调零校正。

将万用表的红、黑表笔分别搭在电源变压器中的初级绕组中的引脚上进行测量。正常的变压器初级绕组间的电阻值应为很小。若阻值为无穷大或阻值特别大，则变压器初级绕组有断线问题。

将万用表的红、黑表笔分别搭在电源变压器中的次级绕组中的引脚上进行测量。正常的变压器次级绕组间的电阻值应为很小。若阻值为无穷大或阻值特别大，则变压器次级绕组有断线问题。

图5-22　电源变压器的检测方法

第 6 章
导线加工和连接实战

导线连接是电工作业的一项基本工序，也是一项十分重要的工序。导线连接的质量直接关系到整个线路能否安全可靠地运行。接下来本章将详细讲解导线加工和连接的方法。

6.1　各种导线绝缘层的剥削实战

塑料绝缘导线的剥线加工通常使用钢丝钳、剥线钳、斜口钳、电工刀进行操作，下面针对不同导线的绝缘层剥线方法进行详解。

6.1.1　4mm²以下塑料绝缘导线剥削实战

对于导线在4mm²以下的塑料绝缘导线，可以用剥线钳剥去导线外层绝缘层，如图6-1所示。

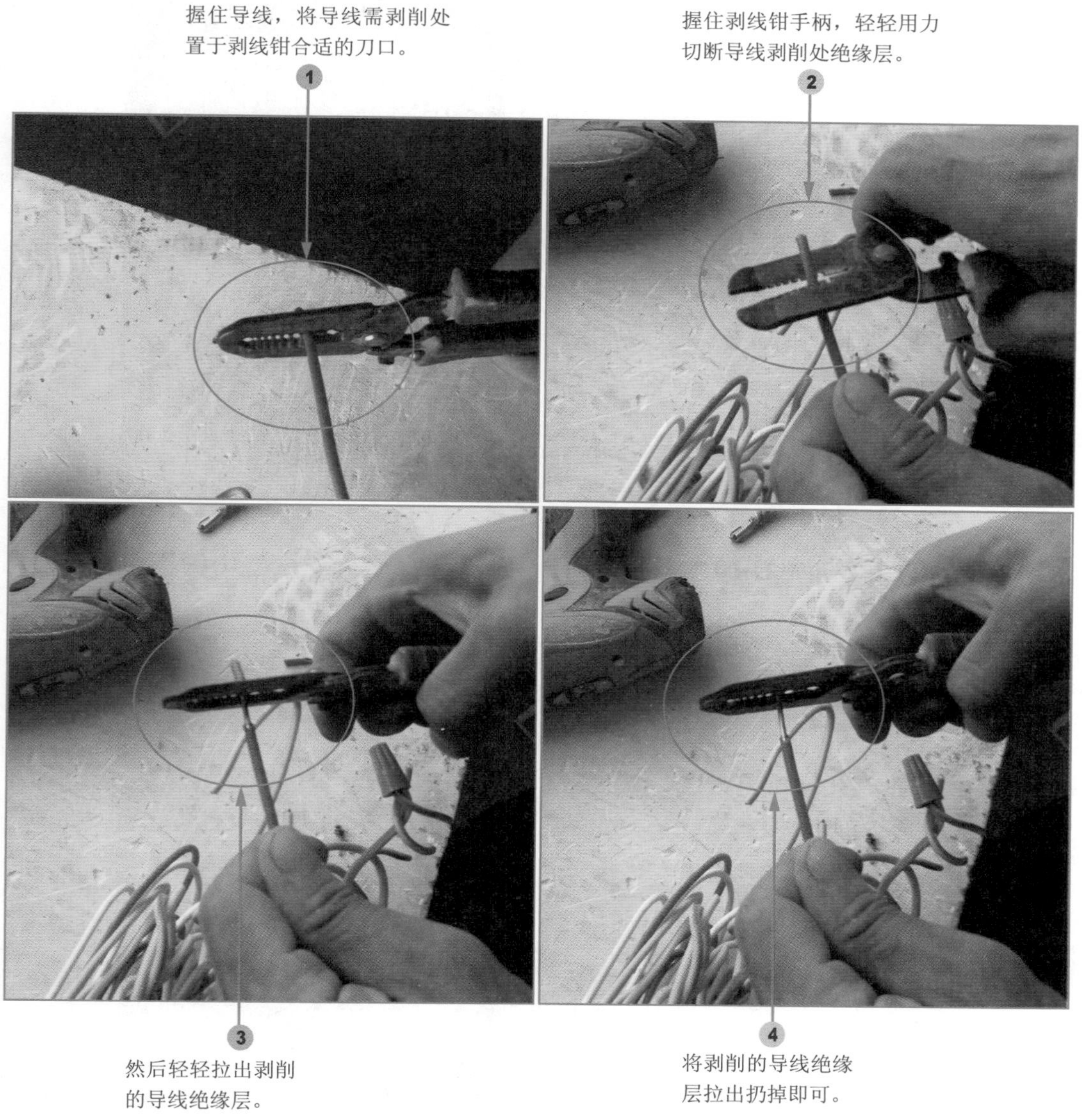

握住导线，将导线需剥削处
置于剥线钳合适的刀口。

握住剥线钳手柄，轻轻用力
切断导线剥削处绝缘层。

然后轻轻拉出剥削
的导线绝缘层。

将剥削的导线绝缘
层拉出扔掉即可。

图6-1　用剥线钳剥去导线外层绝缘层

6.1.2　4mm²以上塑料绝缘导线剥削实战

对于导线在4mm²以上的塑料绝缘导线，可以用电工刀剥去导线外层绝缘层，如图6-2所示。

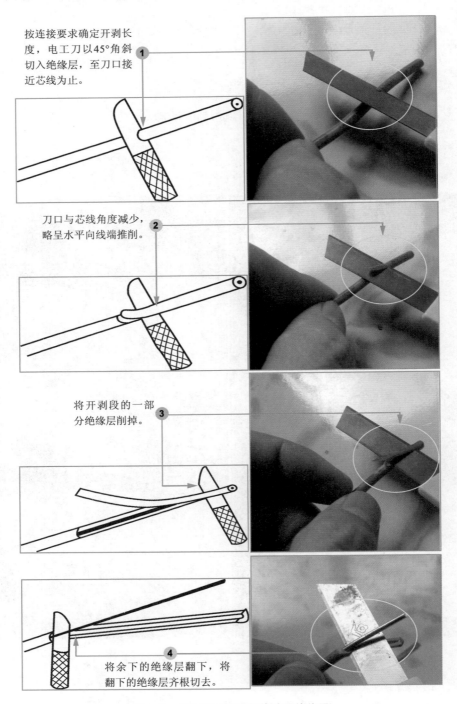

按连接要求确定开剥长度，电工刀以45°角斜切入绝缘层，至刀口接近芯线为止。

刀口与芯线角度减少，略呈水平向线端推削。

将开剥段的一部分绝缘层削掉。

将余下的绝缘层翻下，将翻下的绝缘层齐根切去。

图6-2　用电工刀剥去导线外层绝缘层

6.1.3 塑料护套线的剥削实战

对于有塑料护套线绝缘层的导线，可以用电工刀剥去导线绝缘层，如图6-3所示。

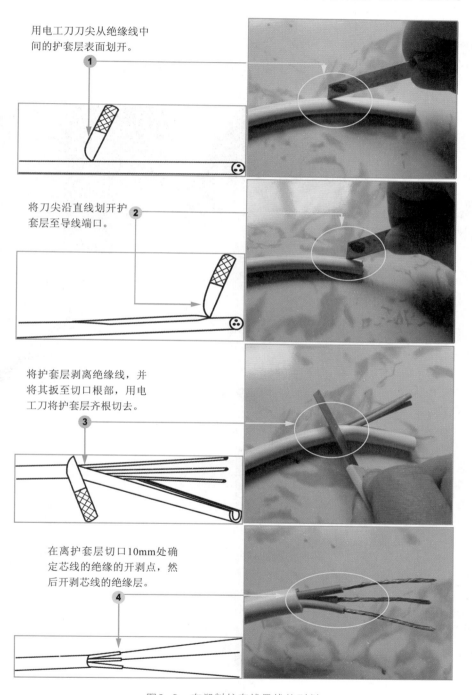

用电工刀刀尖从绝缘线中间的护套层表面划开。
1

将刀尖沿直线划开护套层至导线端口。
2

将护套层剥离绝缘线，并将其扳至切口根部，用电工刀将护套层齐根切去。
3

在离护套层切口10mm处确定芯线的绝缘的开剥点，然后开剥芯线的绝缘层。
4

图6-3 有塑料护套线导线的剥削

6.1.4　漆包线剥线实战

　　漆包线的绝缘层是将绝缘漆喷涂在导线上，漆包线剥线时，应根据漆包线的直径选择合适的工具进行加工，如图6-4所示。

直径在0.6mm以上的漆包线可以使用电工刀去除绝缘漆。用电工刀轻轻刮去漆包线上的绝缘漆直至漆层剥离干净。

直径在0.15~0.6mm的漆包线通常使用细砂纸或布去除绝缘漆。用细砂纸夹住漆包线，旋转线头，去除绝缘漆。

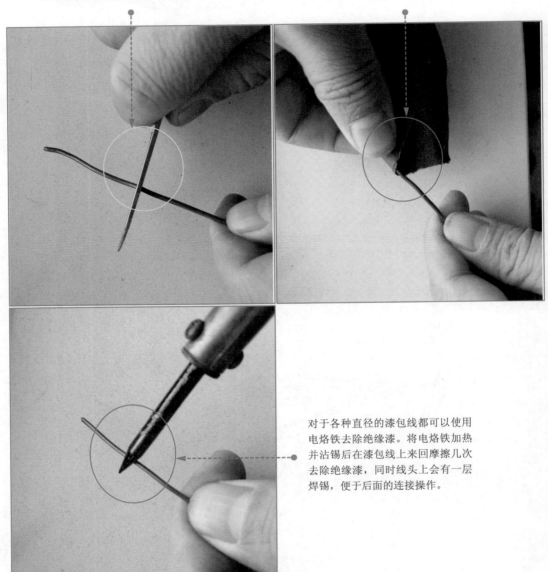

对于各种直径的漆包线都可以使用电烙铁去除绝缘漆。将电烙铁加热并沾锡后在漆包线上来回摩擦几次去除绝缘漆，同时线头上会有一层焊锡，便于后面的连接操作。

图6-4　漆包线绝缘层剥线方法

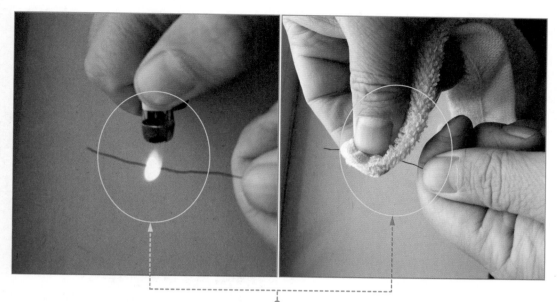

直径在0.15mm以下的漆包线可以用火烧去绝缘漆。这类漆
包线较细，不适合使用电工刀或砂纸去除漆包线，容易导致
线芯损伤。先用火将漆包线加热。等漆包线的漆层经火烧软
化后，用软布轻轻擦去即可。

图6-4　漆包线绝缘层剥线方法（续）

6.2　单股铜芯导线的连接实战

　　导线的连接要求：接触紧密，接头电阻小，稳定性好，与同截面同长度导线
的电阻比应不大于1；接头的机械强度不小于导线机械强度的90％；接头的绝缘强
度应与导线的绝缘强度一样；接头应能耐腐蚀。

（即扫即看）

6.2.1　单股铜芯导线的直线连接实战

　　单股铜芯导线的直线连接方法如图6-5所示。

将两根芯线成
X形相交

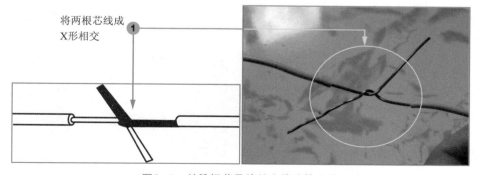

图6-5　单股铜芯导线的直线连接方法

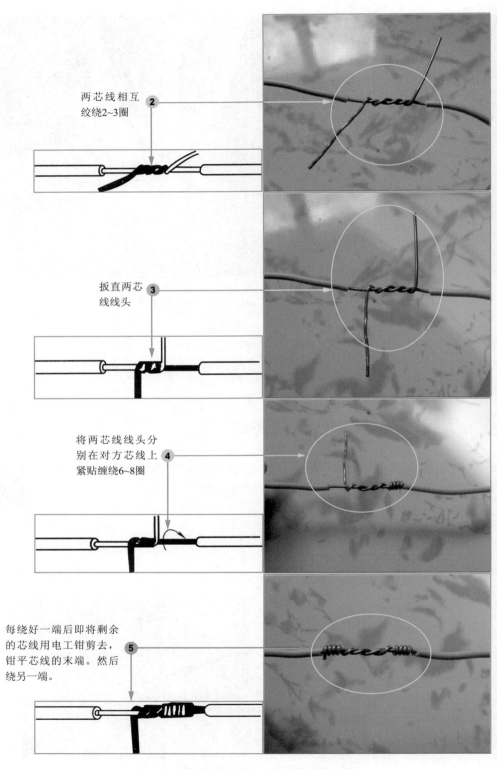

两芯线相互绞绕2~3圈 **2**

扳直两芯线线头 **3**

将两芯线线头分别在对方芯线上紧贴缠绕6~8圈 **4**

每绕好一端后即将剩余的芯线用电工钳剪去，钳平芯线的末端。然后绕另一端。 **5**

图6-5　单股铜芯导线的直线连接方法（续）

6.2.2　单股铜芯导线的T形分支连接实战

单股铜芯导线的T形分支连接方法如图6-6所示。

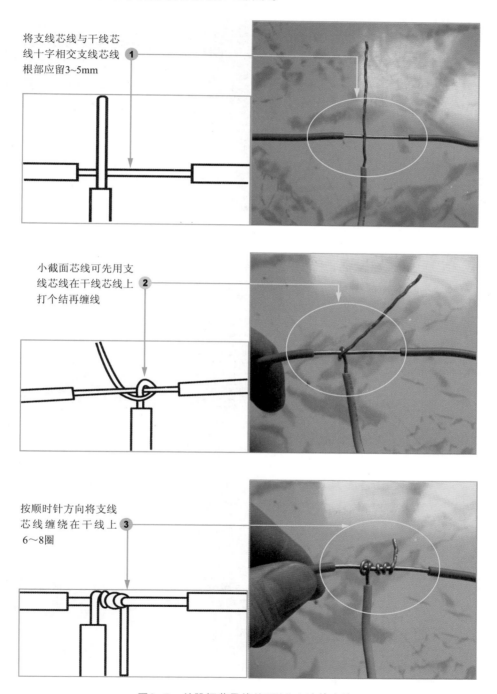

将支线芯线与干线芯线十字相交支线芯线根部应留3~5mm **1**

小截面芯线可先用支线芯线在干线芯线上打个结再缠线 **2**

按顺时针方向将支线芯线缠绕在干线上 **3** 6~8圈

图6-6　单股铜芯导线的T形分支连接方法

将缠绕后余下的支线
芯线用电工钳剪去，**4**
钳平芯线的末端。

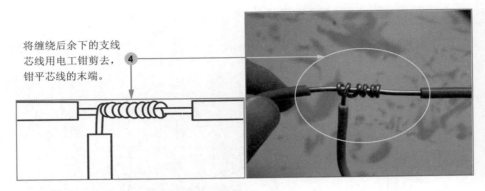

图6-6　单股铜芯导线的T形分支连接方法（续）

6.3　多股铜芯导线的连接实战

6.3.1　多股铜芯导线的直线连接实战

多股铜芯导线的直线连接方法如图6-7所示（以7股铜芯线为例）。

先将剥去绝缘层的芯线头散
开并拉直，再把靠近绝缘层
$\frac{1}{3}$线段的芯线绞紧，然后
把余下的2/3芯线头按下图所
示分散成伞状，并将每根芯
线拉直。　**1**

把两伞骨状线端交叉，
必须相对插到底。　**2**

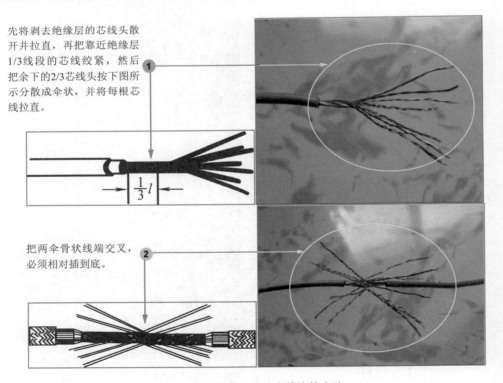

图6-7　多股铜芯导线的直线连接方法

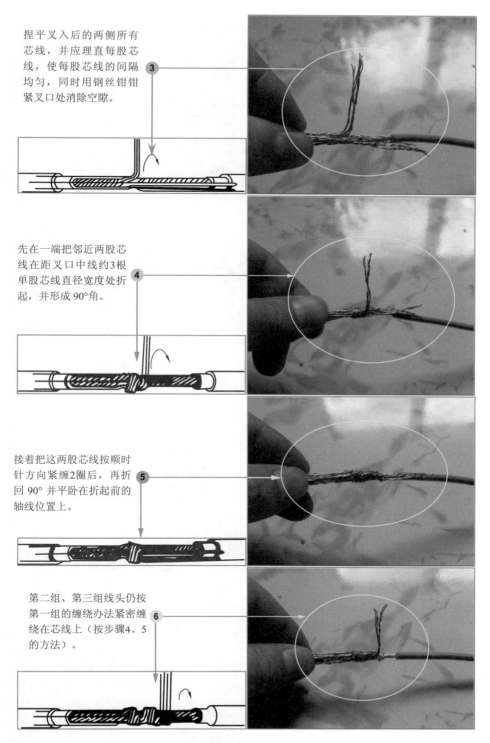

捏平叉入后的两侧所有芯线，并应理直每股芯线，使每股芯线的间隔均匀，同时用钢丝钳钳紧叉口处消除空隙。 **3**

先在一端把邻近两股芯线在距叉口中线约3根单股芯线直径宽度处折起，并形成90°角。 **4**

接着把这两股芯线按顺时针方向紧缠2圈后，再折回90°并平卧在折起前的轴线位置上。 **5**

第二组、第三组线头仍按第一组的缠绕办法紧密缠绕在芯线上（按步骤4、5的方法）。 **6**

图6-7 多股铜芯导线的直线连接方法（续）

把余下的3根芯线按步骤5的方法缠绕至第2圈时，把前4根芯线在根部分别切断，并钳平；接着把3根芯线缠足3圈，然后剪去余端，钳平切口不留毛刺。

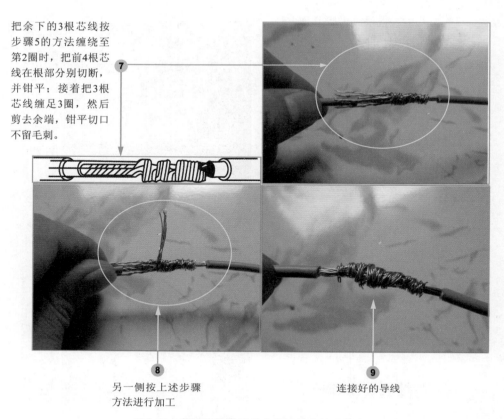

8 另一侧按上述步骤方法进行加工

9 连接好的导线

图6-7 多股铜芯导线的直线连接方法（续）

6.3.2 多股铜芯导线的T形连接实战

（即扫即看）

多股铜芯导线的T形连接方法如图6-8所示。

将分支芯线散开并拉直，再把紧靠绝缘层1/8线段的芯线绞紧，把剩余7/8的芯线分成两组，一组4根，另一组3根，排齐。

1

$\frac{1}{8}l$

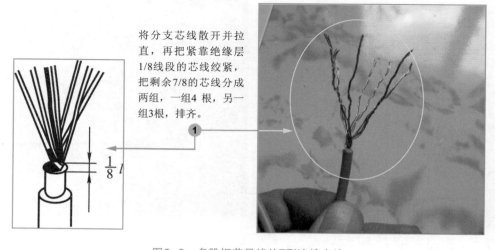

图6-8 多股铜芯导线的T形连接方法

用旋凿把干线的芯线撬开分
为两组，再把支线中4根芯
线的一组插入干线芯线中间，
而把3根芯线的一组放在干
线芯线的前面。

把3根线芯的一组在干线右
边按顺时针方向紧紧缠绕
3~4圈，并钳平线端。

把4根芯线的一组在
干线的左边按逆时
针方向缠绕4~5圈。

剪去多余线头，
钳平毛刺即可。

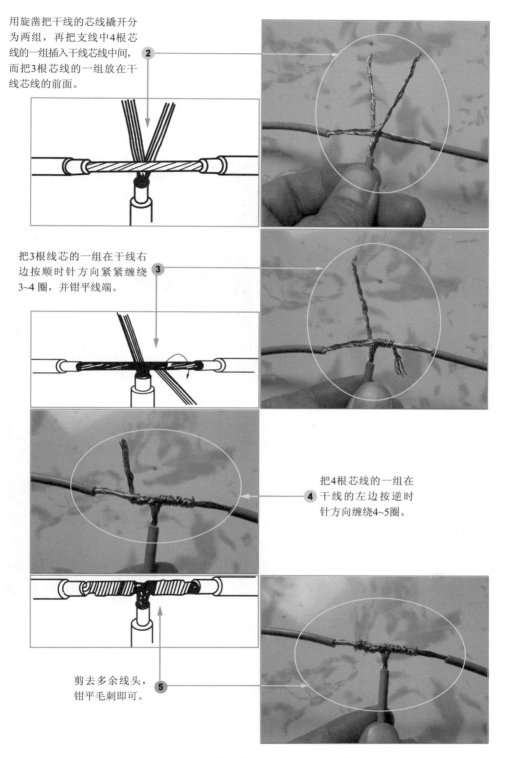

图6-8 多股铜芯导线的T形连接方法（续）

6.4　同一方向的导线盒内封端连接实战

同一方向的导线盒内封端的连接方法如图6-9所示。

对于单股导线，可将一
根导线的芯线紧密缠绕
在其他导线的芯线上。
❶

再将其他芯线的线
头折回压紧即可
❷

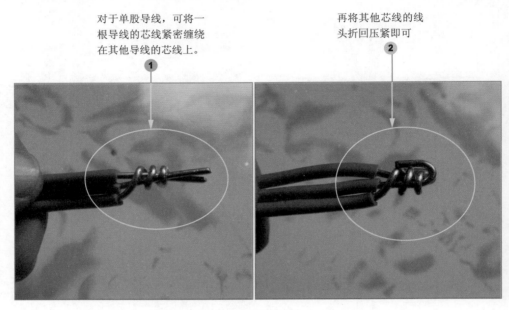

（a）单股导线连接

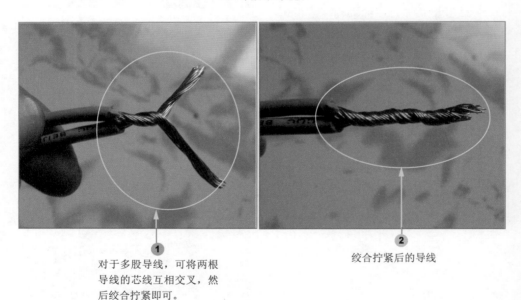

对于多股导线，可将两根
导线的芯线互相交叉，然
后绞合拧紧即可。
❶

绞合拧紧后的导线
❷

（b）多股导线连接

图6-9　同一方向的导线盒内封端连接

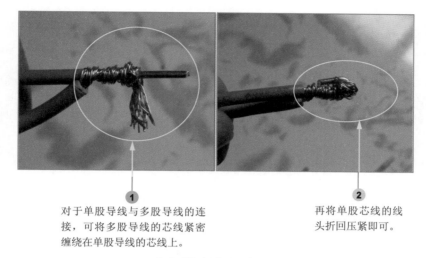

① 对于单股导线与多股导线的连接，可将多股导线的芯线紧密缠绕在单股导线的芯线上。

② 再将单股芯线的线头折回压紧即可。

（c）单股与多股导线连接

图6-9 同一方向的导线盒内封端连接（续）

6.5 多芯电线电缆的连接实战

多芯电线电缆的连接方法如图6-10所示。

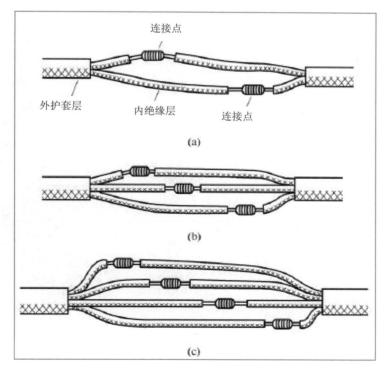

图6-10 多芯电线电缆的连接方法

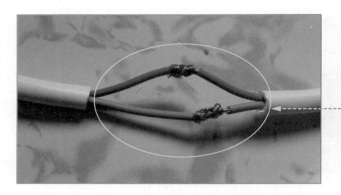

多芯电缆在连接时，应注意尽可能将各芯线的连接点互相错开位置，可以更好地防止线间漏电或短路。

图6-10　多芯电线电缆的连接方法（续）

6.6　线头与接线柱（桩）的连接实战

家装中，开关、插座等的接线部位多是利用针孔附有压接螺钉压住线头完成连接的。线路容量小，可用一只螺钉压接；若线路容量较大，或接头要求较高时，应用两只螺钉压接。

6.6.1　线头与针孔式接线桩的连接实战

线头与针孔式接线桩的连接方法如图6-11所示。

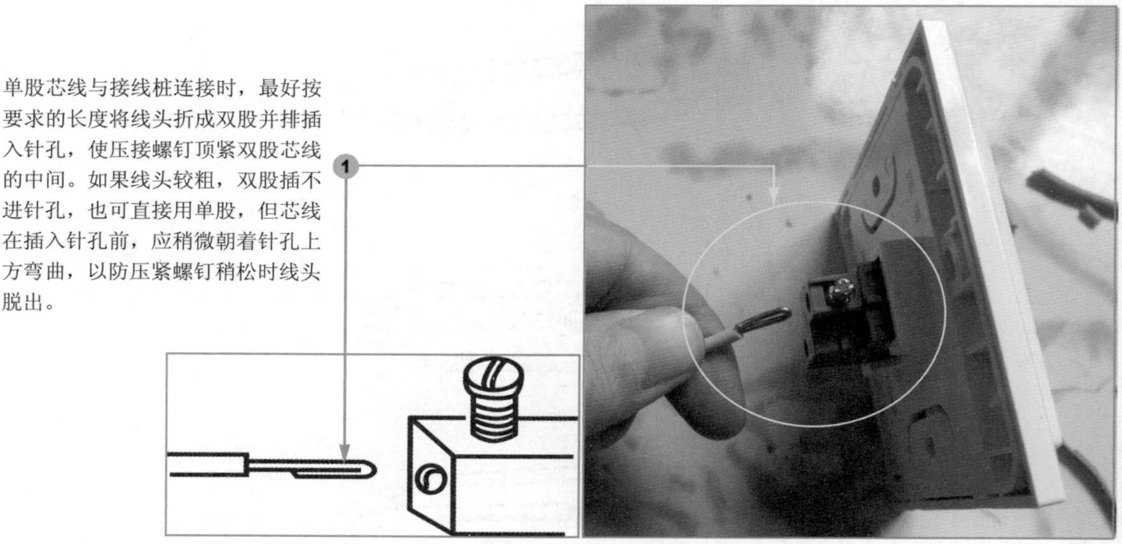

单股芯线与接线桩连接时，最好按要求的长度将线头折成双股并排插入针孔，使压接螺钉顶紧双股芯线的中间。如果线头较粗，双股插不进针孔，也可直接用单股，但芯线在插入针孔前，应稍微朝着针孔上方弯曲，以防压紧螺钉稍松时线头脱出。

图6-11　线头与针孔式接线桩的连接方法

在针孔接线桩上连接多股芯线时，先用钢丝钳将多股芯线进一步绞紧，以保证压接螺钉顶压时不致松散。注意针孔和线头的大小应尽可能配合。

2

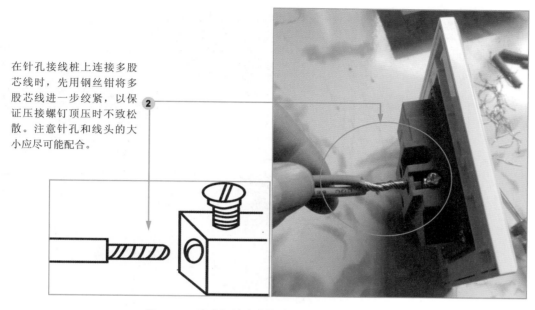

图6-11 线头与针孔式接线桩的连接方法（续）

6.6.2 线头与螺钉平压式接线桩的连接实战

平压式接线桩是利用半圆头、圆柱头或六角头螺钉加垫圈将线头压紧，完成电连接。线头与螺钉平压式接线桩的连接方法如图6-12所示。

对载流量小的单股芯线，先将线头弯成接线圈，再用螺钉压接。

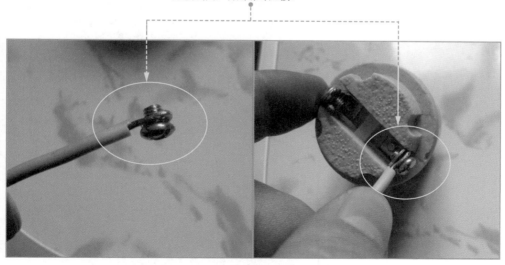

（a）单股铜芯导线的连接

图6-12 线头与螺钉平压式接线桩的连接方法

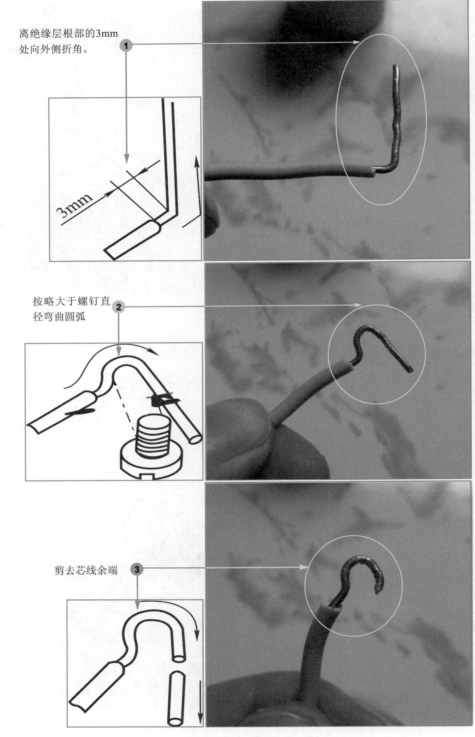

离绝缘层根部的3mm
处向外侧折角。

1

3mm

按略大于螺钉直
径弯曲圆弧

2

剪去芯线余端 **3**

（a）单股铜芯导线的连接（续）

图6-12　线头与螺钉平压式接线桩的连接方法（续）

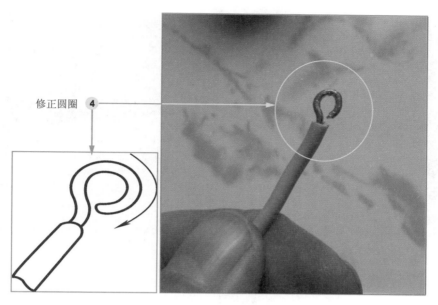

修正圆圈 **4**

（a）单股铜芯导线的连接（续）

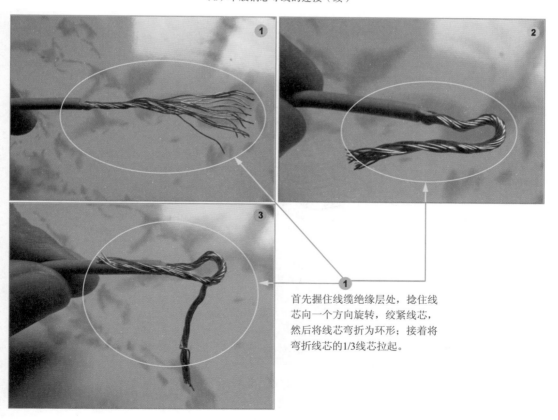

首先握住线缆绝缘层处，捻住线芯向一个方向旋转，绞紧线芯，然后将线芯弯折为环形；接着将弯折线芯的1/3线芯拉起。

（b）多股铜芯导线的连接

图6-12 线头与螺钉平压式接线桩的连接方法（续）

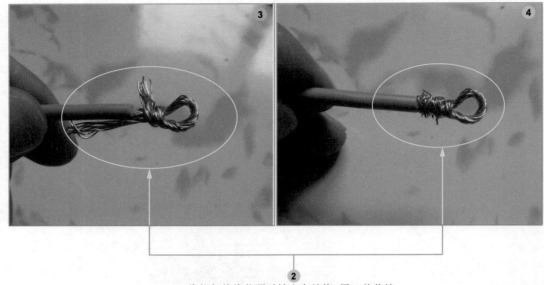

2

将拉起的线芯顺时针方向缠绕2周，并剪掉
多余线芯，完成封端，制作成环形接头。

（b）多股铜芯导线的连接（续）

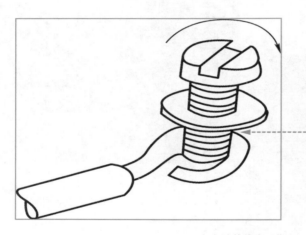

连接线头的工艺要求是：压接
圈和接线耳的弯曲方向应与螺
钉拧紧方向一致，连接前应清
除压接圈、接线耳和垫圈上的
氧化层及污物，再将压接圈或
接线耳在垫圈下面，用适当的
力矩将螺钉拧紧，以保证良好
的电接触。压接时注意不得将
导线绝缘层压入垫圈内。

（c）连接线头工艺

图6-12　线头与螺钉平压式接线桩的连接方法（续）

6.6.3　多芯软线与螺钉平压式接线桩的连接实战

多芯软线与螺钉平压式接线桩的连接方法如图6-13所示。

多芯软线接入接线桩前，
应先将芯线绞紧，并直接
将芯线在垫片下紧绕螺钉
一圈，方向与螺钉旋紧方
向一致。

然后再自缠 1~2 圈；将多
余的线端剪去，最后用
螺钉旋具将螺钉旋紧。

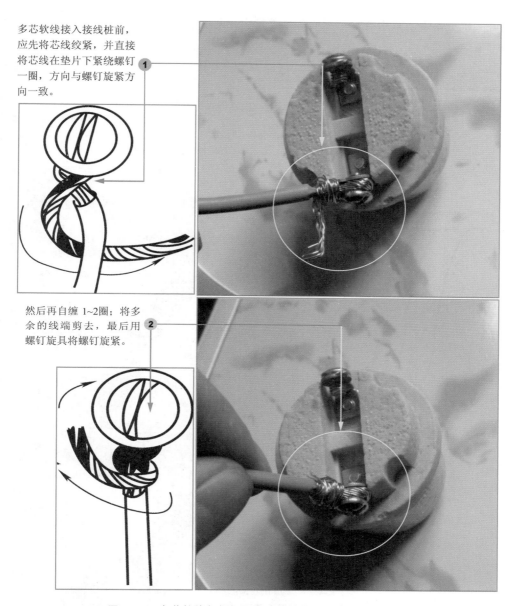

图6-13　多芯软线与螺钉平压式接线桩的连接方法（续）

6.7　导线连接处的绝缘处理实战

导线连接处的绝缘处理通常采用绝缘胶带进行缠裹包扎。一般电工常用的绝缘带有黄蜡带、涤纶薄膜带、黑胶布带、塑料胶带、橡胶胶带等。绝缘胶带的宽度常用20mm的，使用较为方便。

对于380V电压线路，一般先包缠一层黄蜡带，再包缠一层黑胶布带。对于220V电压线路，也可不用黄蜡带，只用黑胶布带或塑料胶带包缠两层。在潮湿场所应使用聚氯乙烯绝缘胶带或涤纶绝缘胶带。

6.7.1　一字形导线接头的绝缘处理实战

一字形连接的导线接头绝缘处理方法如图6-14所示。

先包缠一层黄蜡带，再包缠一层黑胶布带。将黄蜡带从接头左边绝缘完好的绝缘层上开始包缠，包缠两圈后进入剥除了绝缘层的芯线部分。

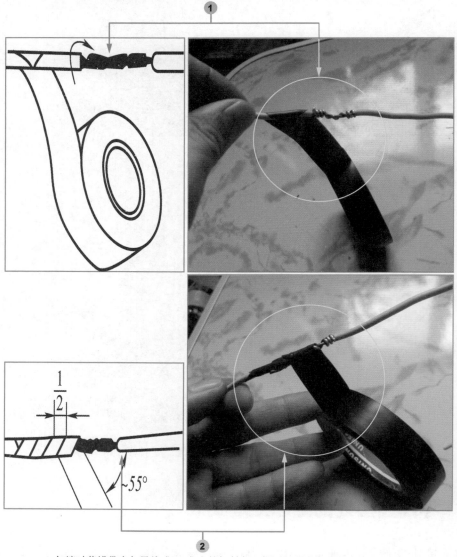

包缠时黄蜡带应与导线成55°左右的倾斜角，每圈压叠带宽的1/2。

图6-14　一字形连接的导线接头绝缘处理方法

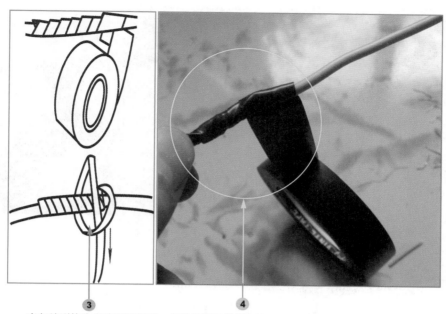

③ 一直包缠到接头右边两圈距离的完好绝缘层处。然后将黑胶布带接在黄蜡带的尾端，按另一斜叠方向从右向左包缠。

④ 仍然每圈压叠带宽的1/2，直至将黄蜡带完全包缠住。包缠处理中应用力拉紧胶带，注意不可稀疏，更不能露出芯线，以确保绝缘质量和用电安全。

图6-14　一字形连接的导线接头绝缘处理方法（续）

6.7.2　T字分支接头的绝缘处理实战

T字分支接头的绝缘处理方法如图6-15所示。

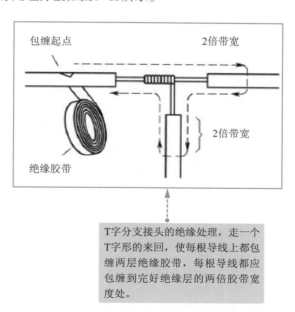

T字分支接头的绝缘处理，走一个T字形的来回，使每根导线上都包缠两层绝缘胶带，每根导线都应包缠到完好绝缘层的两倍胶带宽度处。

图6-15　T字分支接头的绝缘处理方法

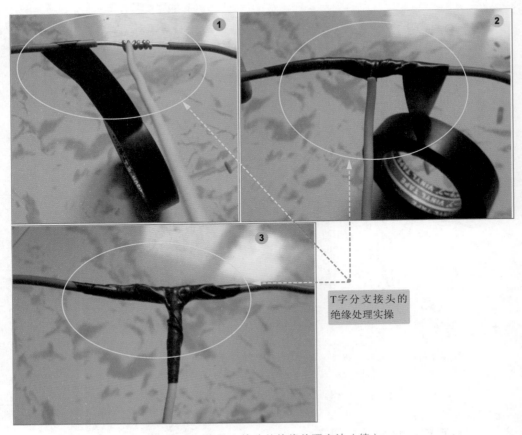

图6-15　T字分支接头的绝缘处理方法（续）

6.7.3　十字分支接头的绝缘处理实战

十字分支接头的绝缘处理方法如图6-16所示。

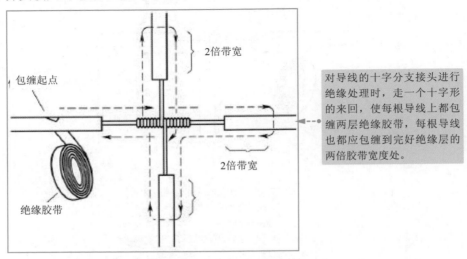

图6-16　十字分支接头的绝缘处理方法

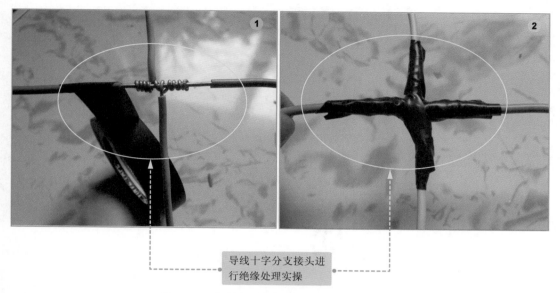

导线十字分支接头进
行绝缘处理实操

图6-16 十字分支接头的绝缘处理方法（续）

第 7 章

交流电动机与直流电动机检修实战

　　电动机是把电能转换成机械能的一种电力拖动设备。它是利用通电线圈（定子绕组）产生旋转磁场并作用于转子形成磁电动力旋转扭矩。电动机按使用电源不同分为直流电动机（有刷直流电动机和无刷直流电动机）和交流电动机（交流异步电动机和交流同步电动机），接下来本章将详细讲解各种电动机的检修方法。

7.1 交流异步电动机

交流异步电动机是指电动机的转动速度与旋转磁场的转速不同步，其转速始终低于同步转速的一种电动机。

根据供电方式不同，交流异步电动机主要分为单相交流异步电动机和三相交流异步电动机两种。

7.1.1 三相交流异步电动机怎样产生动力

三相交流异步电动机是指同时接入380V三相交流电流（相位差120°）供电的一类电动机，由于三相异步电动机的转子与定子旋转磁场以相同的方向、不同的转速成旋转，存在转差率，所以叫三相异步电动机。如图7-1所示。

三相交流异步电动机主要由定子（包括铁芯和绕组）、转子（铁芯和绕组）和外壳（包括前端盖、后端盖、机座、风扇、风扇罩、出线盒及吊环）等构成。

三相交流异步电动机的定子是静止不动的部分，转子是旋转部分。其具有结构简单、运行可靠、价格便宜、过载能力强及使用、安装、维护方便等优点。

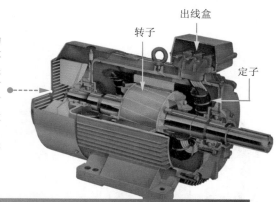

转子由铁芯与绕组组成，转子绕组有鼠笼式和线绕式。鼠笼式转子是在转子铁芯槽里插入铜条，再将全部铜条两端焊在两个铜端环上；线绕式转子绕组与定子绕组一样，由线圈组成绕组放入转子铁芯槽里。鼠笼式与线绕式两种电动机虽然结构不一样，但工作原理是一样的。

图7-1　三相交流异步电动机怎样产生动力

（a）三相交流异步电动机结构

三相异步电动机的工作原理是基于定子产生的旋转磁场和转子切割旋转磁场产生电流的相互作用。当电动机的三相定子绕组，通入三相对称交流电后，将产生一个旋转磁。这是由于三相电源相与相之间的电压在相位上是相差120°的，三相异步电动机定子中的三个绕组在空间方位上也相差120°，这样，当在定子绕组中通入三相交流电源时，定子绕组就会产生一个旋转磁场。

定子绕组产生旋转磁场后，转子导体将切割旋转磁场的磁力线而产生感应电流，转子导条中的电流又与旋转磁场相互作用产生电磁力。电磁力产生的电磁转矩驱动转子沿旋转磁场方向旋转起来，这样电动机就产生了转动的动力。电动机旋转方向与旋转磁场方向相同，但不同步。

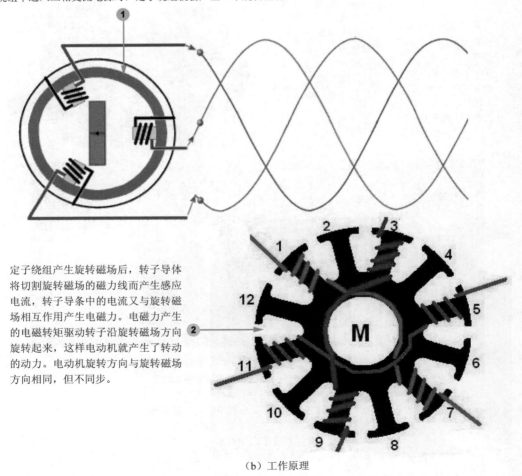

（b）工作原理

图7-1　三相交流异步电动机怎样产生动力（续）

7.1.2 单相交流异步电动机怎样产生动力

单相异步电动机指采用单相交流电源（AC220V）供电的异步电动机。这种电机通常在定子上有两相绕组，转子是普通鼠笼式的。如图7-2所示。

单相异步电动机由于只需要单相交流电，故使用方便、应用广泛，并且有结构简单、成本低廉、噪声小、对无线电系统干扰小等优点，因而常用在功率不大的家用电器和小型动力机械中，如电风扇、洗衣机、电冰箱、空调、抽油烟机、电钻、医疗器械、小型风机及家用水泵等。

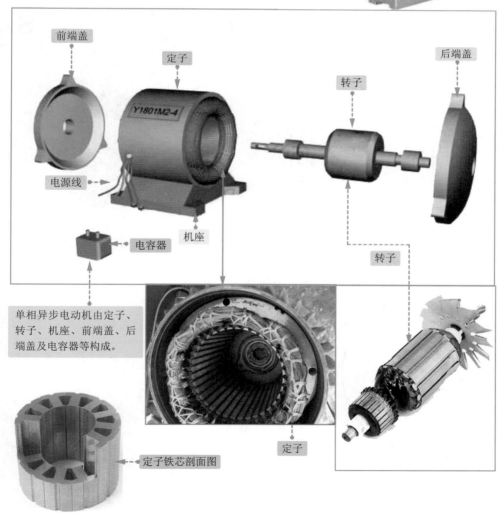

单相异步电动机由定子、转子、机座、前端盖、后端盖及电容器等构成。

图7-2 单相异步电动机怎样产生动力

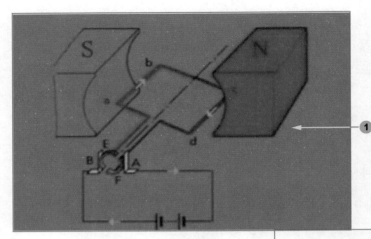

当单相正弦电流通过定子绕组时，电机就会产生一个交变磁场，这个磁场的强弱和方向随时间作正弦规律变化，但在空间方位上是固定的，所以又称这个磁场是交变脉动磁场。这个交变脉动磁场可分解为两个以相同转速、旋转方向互为相反的旋转磁场，当转子静止时，这两个旋转磁场在转子中产生两个大小相等、方向相反的转矩，使得合成转矩为0，所以电机无法旋转。

当我们用外力使电动机向某一方向旋转时（如顺时针方向旋转），这时转子与顺时针旋转方向的旋转磁场间的切割磁力线运动变小；转子与逆时针旋转方向的旋转磁场间的切割磁力线运动变大。这样平衡就打破了，转子所产生的总的电磁转矩将不再是0，转子将顺着推动方向旋转起来。

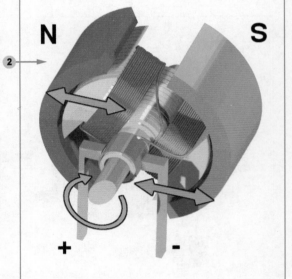

由于单相电不能产生旋转磁场，要使单相电动机能自动旋转起来，我们需要在定子中加上一个起动绕组，起动绕组与主绕组在空间上相差90°，起动绕组要串接一个合适的电容，使得与主绕组的电流在相位上近似相差90°，即所谓的分相原理。这样两个在时间上相差90°的电流通入两个在空间上相差90°的绕组，将会在空间上产生（两相）旋转磁场，在这个旋转磁场作用下，转子就能自动起动。

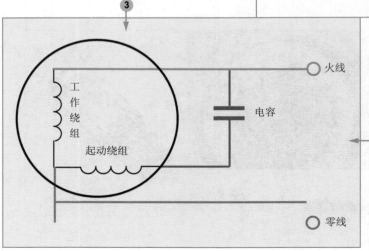

起动后，待转速升到一定时，借助于一个安装在转子上的离心开关或其他自动控制装置将起动绕组断开，正常工作时只有主绕组工作。因此，起动绕组可以做成短时工作方式。但在很多时候，起动绕组并不断开，我们称这种电机为单相电机，要改变这种电机的转向，只要把辅助绕组的接线端头调换一下即可。

图7-2　单相异步电动机怎样产生动力（续）

7.1.3　三相交流异步电动机如何接线

　　三相交流异步电动机的定子绕组由U、V、W三相绕组组成，三相绕组有6个接线端，它们与接线盒的6个接线柱连接。在接线盒上，可以通过将不同的接线柱短接来将三相异步电动机定子绕组结成星形（Y）或三角形（△），通常小功率电动机采用星形接法，大功率电动机采用三角形接法，具体应采用什么接法，参考电动机的铭牌说明，如图7-3所示为三相交流异步电动机铭牌及接线方法。

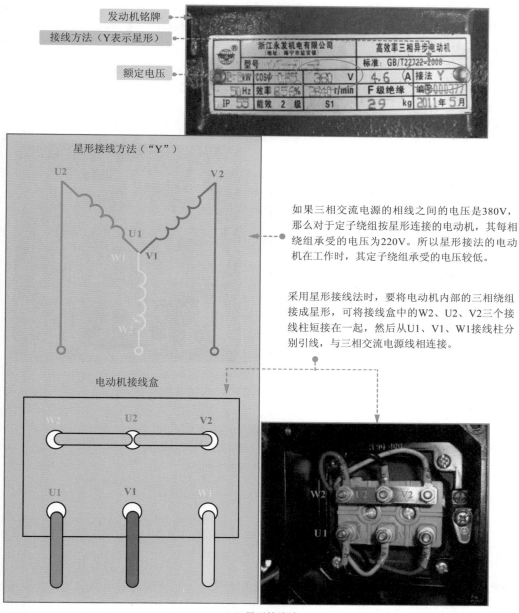

发动机铭牌

接线方法（Y表示星形）

额定电压

星形接线方法（"Y"）

　　如果三相交流电源的相线之间的电压是380V，那么对于定子绕组按星形连接的电动机，其每相绕组承受的电压为220V。所以星形接法的电动机在工作时，其定子绕组承受的电压较低。

　　采用星形接线法时，要将电动机内部的三相绕组接成星形，可将接线盒中的W2、U2、V2三个接线柱短接在一起，然后从U1、V1、W1接线柱分别引线，与三相交流电源线相连接。

电动机接线盒

（a）星形接线法

图7-3　三相交流异步电动机接线方法

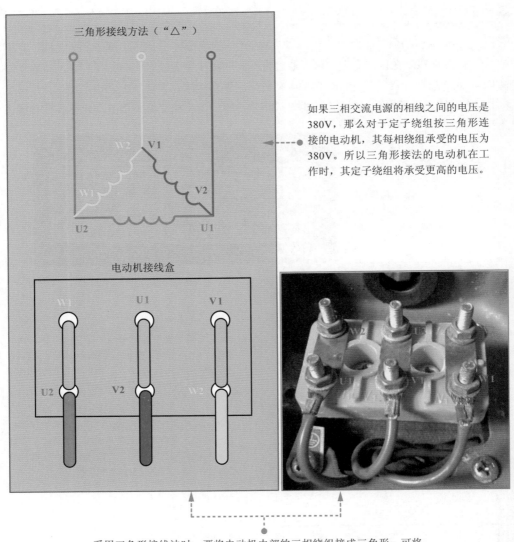

三角形接线方法（"△"）

如果三相交流电源的相线之间的电压是380V，那么对于定子绕组按三角形连接的电动机，其每相绕组承受的电压为380V。所以三角形接法的电动机在工作时，其定子绕组将承受更高的电压。

电动机接线盒

采用三角形接线法时，要将电动机内部的三相绕组接成三角形，可将接线盒中的U1和W2，V1和U2，W1和V2接线柱按图中接线法连接，然后从U1、V1、W1接线柱分别引线，与三相交流电源线相连接。

（b）三角形接线法

图7-3　三相交流异步电动机接线方法（续）

7.1.4　单相交流异步电动机如何接线

单相交流异步电动机有两组绕组，一个起动电容或一个运行电容、离心开关，结构比较复杂，因此接线难度比较大，如果接错，可能烧毁电动机。下面详细讲解单相交流异步电动机的接线方法，如图7-4所示为单电容单相交流异步电动机接线图、如图7-5所示为双电容单相交流异步电动机接线图。

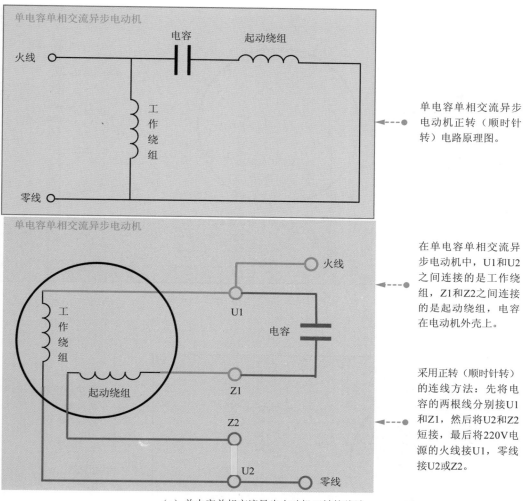

单电容单相交流异步
电动机正转（顺时针
转）电路原理图。

在单电容单相交流异
步电动机中，U1和U2
之间连接的是工作绕
组，Z1和Z2之间连接
的是起动绕组，电容
在电动机外壳上。

采用正转（顺时针转）
的连线方法：先将电
容的两根线分别接U1
和Z1，然后将U2和Z2
短接，最后将220V电
源的火线接U1，零线
接U2或Z2。

（a）单电容单相交流异步电动机正转接线法

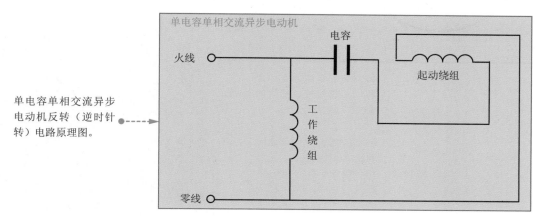

单电容单相交流异步
电动机反转（逆时针
转）电路原理图。

图7-4　单电容单相交流异步电动机接线方法

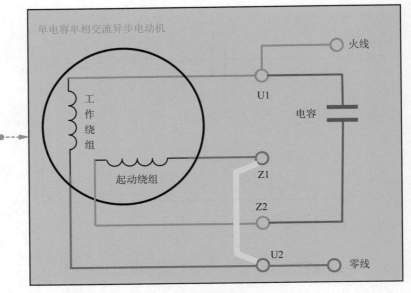

采用反转（逆时针转）的连线方法：先将电容的两根线分别接U1和Z2，然后将U2和Z1短接，最后将220V电源的火线接U1，零线接U2或Z1。

（b）单电容单相交流异常电动机反转接线法

图7-4　单电容单相交流异步电动机接线方法（续）

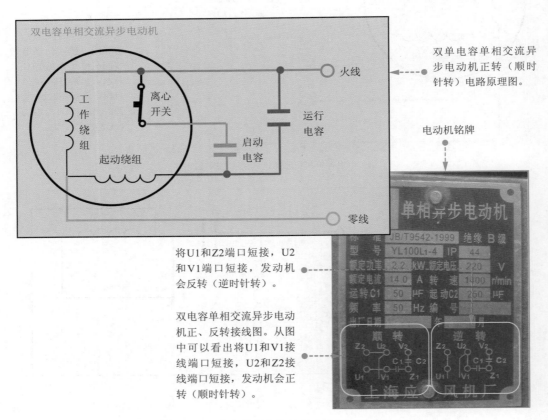

双单电容单相交流异步电动机正转（顺时针转）电路原理图。

电动机铭牌

将U1和Z2端口短接，U2和V1端口短接，发动机会反转（逆时针转）。

双电容单相交流异步电动机正、反转接线图。从图中可以看出将U1和V1接线端口短接，U2和Z2接线端口短接，发动机会正转（顺时针转）。

图7-5　双电容单相交流异步电动机接线方法

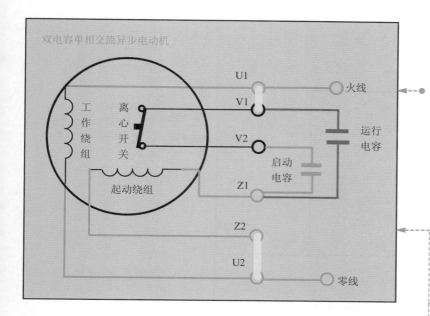

在双电容单相交流异步电动机中，U1和U2之间连接的是工作绕组，Z1和Z2之间连接的是起动绕组，V1和V2之间连接的离心开关，电容在电动机外壳。

采用正转（顺时针）连线方法：先将运行电容的两根线接到V1和Z1，起动电容的两根线接到V2和Z1，然后将U2和Z2短接，将U1和V1短接，最后将220V电源的火线接U1或V1，零线接U2或Z2。

（a）双电容单相交流异步电动机正转接线法

图7-5 双电容单相交流异步电动机接线方法（续）

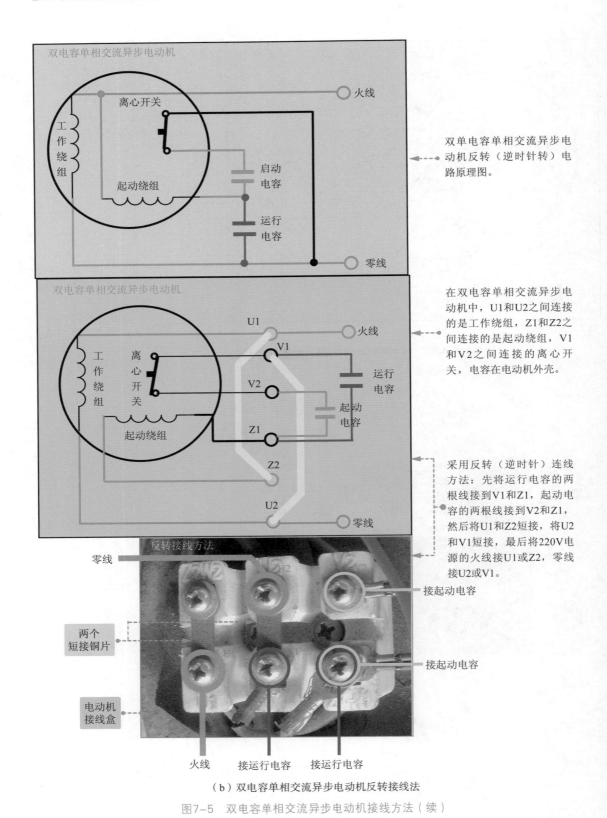

双电容单相交流异步电动机

火线

离心开关

工作绕组

起动绕组

启动电容

运行电容

零线

双单电容单相交流异步电动机反转（逆时针转）电路原理图。

双电容单相交流异步电动机

U1

V1

V2

Z1

Z2

U2

火线

工作绕组

离心开关

起动绕组

运行电容

起动电容

零线

在双电容单相交流异步电动机中，U1和U2之间连接的是工作绕组，Z1和Z2之间连接的是起动绕组，V1和V2之间连接的离心开关，电容在电动机外壳。

反转接线方法

零线

两个短接铜片

电动机接线盒

火线

接运行电容

接运行电容

接起动电容

接起动电容

采用反转（逆时针）连线方法：先将运行电容的两根线接到V1和Z1，起动电容的两根线接到V2和Z1，然后将U1和Z2短接，将U2和V1短接，最后将220V电源的火线接U1或Z2，零线接U2或V1。

（b）双电容单相交流异步电动机反转接线法

图7-5　双电容单相交流异步电动机接线方法（续）

7.2　交流同步电动机

交流同步电动机是指转子旋转速度与定子绕组所产生的旋转磁场的速度相同的交流电机。同步电动机与异步电动机的定子绕组是相同的，区别在于转子结构。交流同步电动机的转子主要有两种：一种是用直流电驱动励磁的转子，一种是不需要励磁的转子，如图7-6所示。

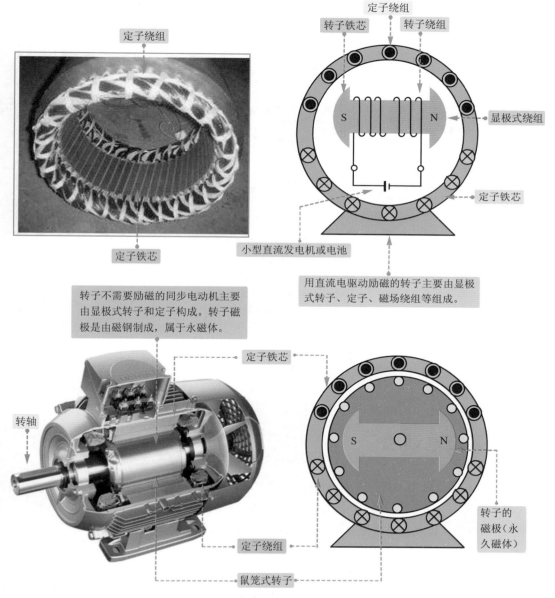

图7-6　交流同步电动机的结构

交流同步电动机的转动原理如图7-7所示。

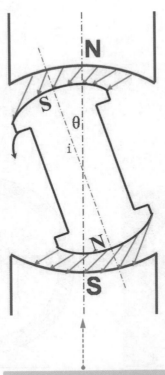

如果交流同步电动机的转子是一个永磁体，具有N、S磁极，当该转子置于定子磁场中时，定子磁场的磁极N吸引转子磁极S，定子磁极S吸引转子磁极N。如果此时使定子磁极转动时，则由于磁力的作用，因此转子也会随之转动，这样交流同步电动机就开始转动了。

图7-7　交流同步电动机的转动原理

7.3　直流电动机

　　直流电动机是指将直流电能转换为机械能的电动机。电动机定子提供磁场，直流电源向转子的绕组提供电流，换向器使转子电流与磁场产生的转矩保持方向不变。根据是否配置有常用的电刷-换向器可以将直流电动机分为两类，包括有刷直流电动机和无刷直流电动机。

7.3.1　有刷直流电动机如何工作

　　有刷直流电机是指内含电刷装置的将直流电能转换成机械能的直流电动机，有刷直流电机主要由定子、转子、电刷和换向器等组成，如图7-8所示。

（3）换向极是安装在两相邻主磁极之间的一个小磁极，它的作用是改善直流电机的换向情况，使电机运行时不产生有害的火花。换向极结构和主磁极类似，是由换向极铁芯和套在铁芯上的换向极绕组构成，并用螺杆固定在机座上。

（4）有刷直流电动机的转子部分主要由转子铁芯、转子绕组等组成。转子绕组按一定规则嵌放在转子铁芯槽内，是直流电机的电路部分，也是感生电动势，产生电磁转矩进行机电能量转换的部分。

（5）电刷是石墨或金属石墨组成的导电块，放在刷握内用弹簧以一定的压力按放在换向器的表面，旋转时与换向器表面形成滑动接触。

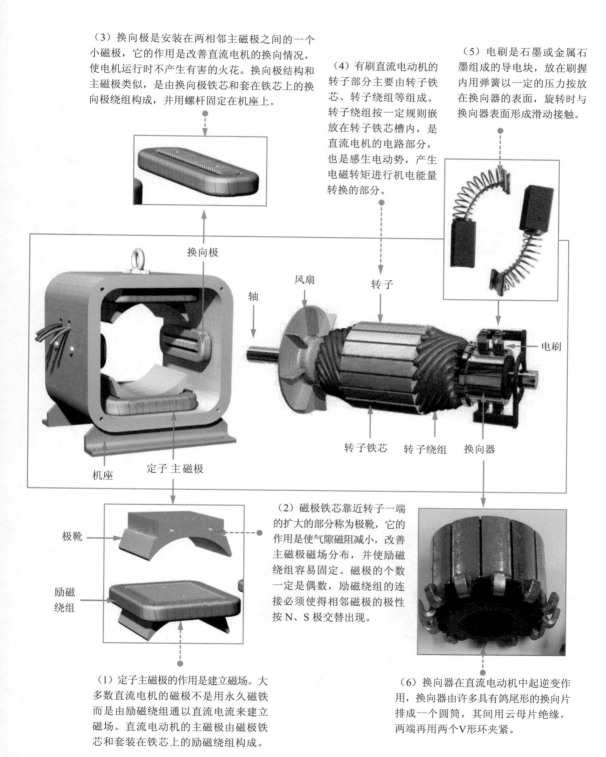

（2）磁极铁芯靠近转子一端的扩大的部分称为极靴，它的作用是使气隙磁阻减小，改善主磁极磁场分布，并使励磁绕组容易固定。磁极的个数一定是偶数，励磁绕组的连接必须使得相邻磁极的极性按 N、S 极交替出现。

（1）定子主磁极的作用是建立磁场。大多数直流电机的磁极不是用永久磁铁而是由励磁绕组通以直流电流来建立磁场。直流电动机的主磁极由磁极铁芯和套装在铁芯上的励磁绕组构成。

（6）换向器在直流电动机中起逆变作用，换向器由许多具有鸽尾形的换向片排成一个圆筒，其间用云母片绝缘，两端再用两个V形环夹紧。

图7-8　有刷直流电动机组成结构

有刷直流电动机工作时，绕组和换向器旋转，定子（主磁极）和电刷不旋转，如图7-9所示。

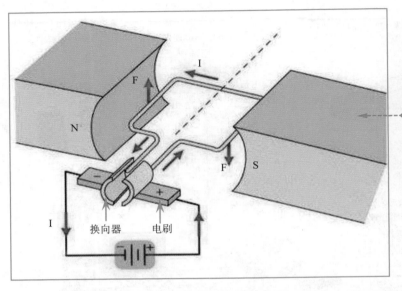

给直流电机电刷加上直流，则有电流流过线圈，在定子磁场的作用下，产生电磁力F。两段导体受到的力形成转矩，于是转子就会逆时针转动。要注意的是，直流电机外加的电源是直流的，但由于电刷和换向片的作用，线圈中流过的电流却是交流的，因此产生的转矩方向保持不变。这样转子就按逆时针旋转起来。

图7-9　有刷直流电动机工作原理

7.3.2　无刷直流电动机如何工作

无刷直流电动机是指没有电刷和换向器的直流电动机，与有刷直流电动机不同，无刷直流电动机线圈部分是不转的，旋转的部分是由永久磁铁组成的转子。如图7-10所示。

永磁铁转子

定子绕组

位置传感器

无刷直流电机主要由用永磁材料制造的转子、带有线圈绕组的定子和位置传感器(可有可无)组成。无刷直流电机没有直流电机中的换向器和电刷，取而代之的是位置传感器。

图7-10　无刷直流电动机结构

位置传感器按转子位置的变化，沿着一定次序对定子绕组的电流进行换流，即检测转子磁极相对定子绕组的位置，并在确定的位置处产生位置传感信号，经信号转换电路处理后去控制功率开关电路，按一定的逻辑关系进行绕组电流切换。

图7-10　无刷直流电动机结构（续）

既然无刷直流电动机的绕组部分是固定的，那怎样才能产生变化的磁场使电动机运转起来呢？那就需要通过不断改变绕组的电流方向来产生变化的磁场，从而驱动永久磁铁转子不停转动。如图7-11所示。

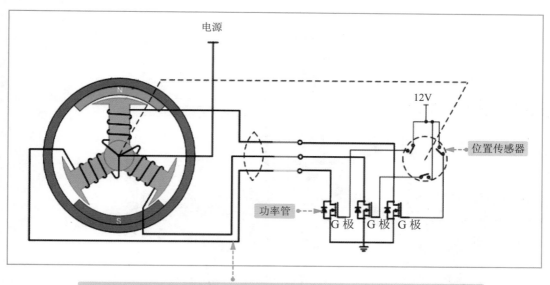

如果只给电机通以固定的直流电流，则电机只能产生不变的磁场，电机不能转动起来，只有实时检测电机转子的位置，再根据转子的位置给电机的不同相通以对应的电流，使定子产生方向均匀变化的旋转磁场，电机才可以跟着磁场转动起来。电机定子的线圈中心抽头接电机电源，各相的端点接功率管，位置传感器导通时12V电源通过位置传感器连接到功率管的G极，使功率管导通，对应的相线圈被通电。由于三个位置传感器随着转子的转动，会依次导通，使得对应的相线圈也依次通电，从而使定子产生的磁场方向也在不断地变化，电机转子也跟着转动起来。

图7-11　无刷直流电动机工作原理

7.4 电动机故障检测实战

电动机发生故障时，通常会出现过热、噪声、外壳带电、不转、三相不平衡等现象。由于电动机的主要部件是绕组，因此可以通过对绕组的检测来判断电动机的好坏。

7.4.1 实战检测三相交流电动机

电动机的绕组是电动机重要部件，其损坏的概率比较高，在对电动机绕组进行检测时，可以使用万用表对其绕组进行测量，若电动机绕组的阻值接近，其不平衡度不超过4%，则电动机绕组正常；若其中一组阻值无穷大或为0，则可能有局部断路、短路或匝数不对称。电动机绕组检测方法如图7-12所示。

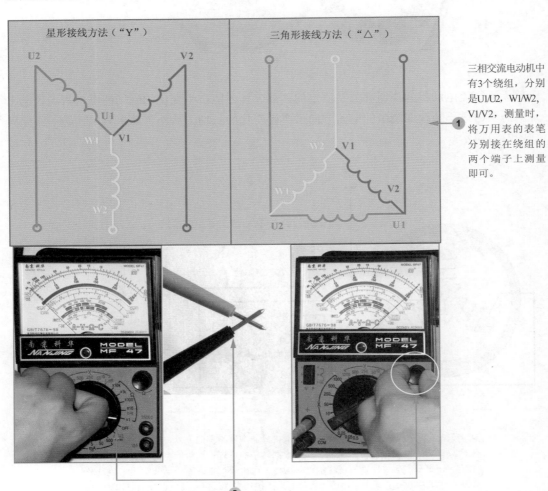

三相交流电动机中有3个绕组，分别是U1/U2，W1/W2，V1/V2，测量时，将万用表的表笔分别接在绕组的两个端子上测量即可。

① 首先将指针万用表的功能旋钮旋至欧姆挡的R×1挡，然后进行调零校正。

② 图7-12 检测电动机绕组阻值

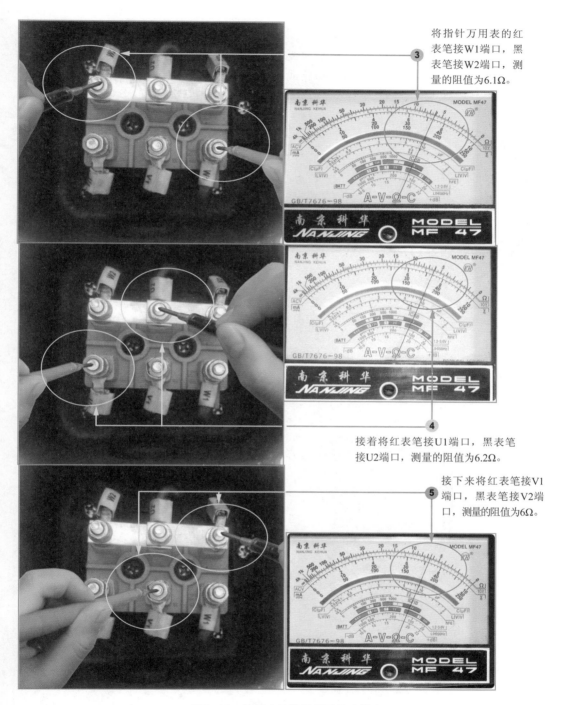

将指针万用表的红表笔接W1端口，黑表笔接W2端口，测量的阻值为6.1Ω。③

接着将红表笔接U1端口，黑表笔接U2端口，测量的阻值为6.2Ω。④

接下来将红表笔接V1端口，黑表笔接V2端口，测量的阻值为6Ω。⑤

图7-12　检测电动机绕组阻值（续）

结论：由于三次测量的阻值相差度为1.6%，没有超过4%，因此三组绕组正常，没有出现断路或短路的情况。

7.4.2 实战检测单相交流电动机

一般单相交流电动机有4根线（一根是地线），用万用表分别检测单相交流电动机绕组的阻值，可以大致判断电动机内部绕组有无短路或断路。如图7-13所示。

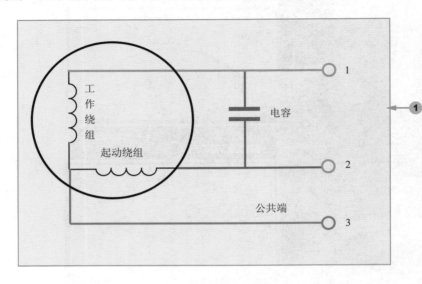

测量时，用万用表分别测量1~3，2~3，1~2端子间的阻值。其中 $R1~3+R2~3=R1~2$，若其中有任何测量值为无穷大或0，则说明电动机绕组有断路或短路。

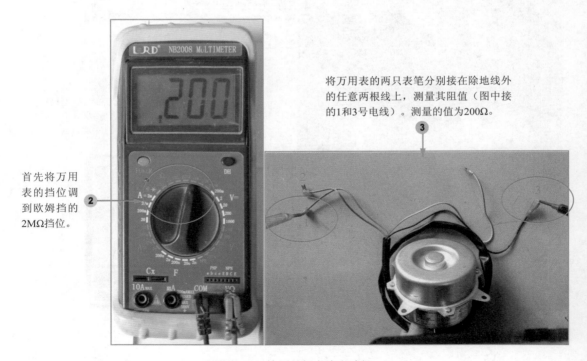

将万用表的两只表笔分别接在除地线外的任意两根线上，测量其阻值（图中接的1和3号电线）。测量的值为200Ω。

首先将万用表的挡位调到欧姆挡的2MΩ挡位。

图7-13 检测单相交流电动机

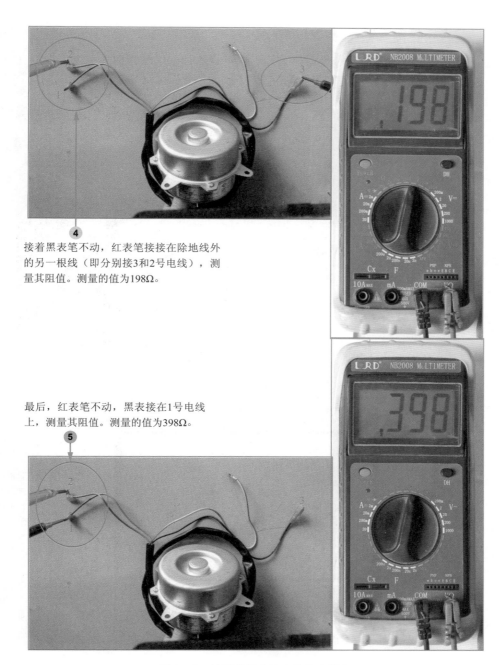

接着黑表笔不动，红表笔接接在除地线外的另一根线（即分别接3和2号电线），测量其阻值。测量的值为198Ω。

最后，红表笔不动，黑表接在1号电线上，测量其阻值。测量的值为398Ω。

图7-13　检测单相交流电动机（续）

结论：由于测量的阻值中没有无穷大或0，且其中两次测量的阻值之和等于第3次测量的，因此电动机绕组正常。

7.4.3　实战检测直流电动机

普通直流电动机是通过电源和换向器为绕组供电，这种电动机有两根引线。检测直流电动机绕组阻值时，直接用电阻挡测量两根线间的阻值即可。如图7-14所示。

测量时用万用表欧姆挡的 R×10挡测量。两只表笔分别接电动机的两只引线。测量的值为172Ω。

测量的值为172Ω。说明电动机绕组正常。

如果测量的阻值为无穷大，说明直流电动机绝缘性不良；如果测量的阻值为0Ω，则说明直流电动机内部导电不动，可能与外壳相连了。

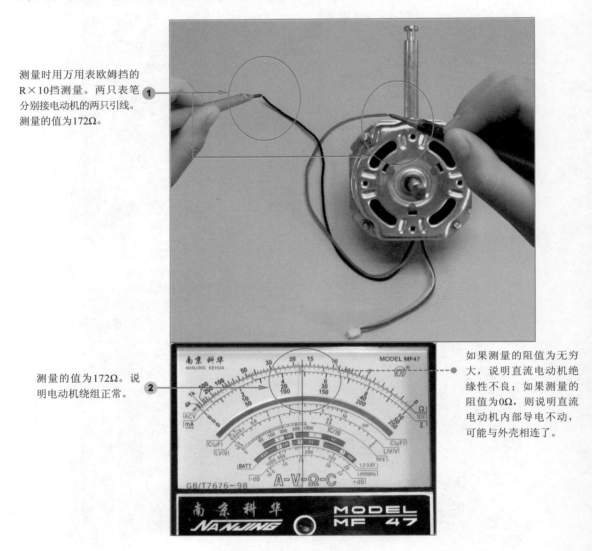

图7-14　检测直流电动机

7.4.4　实战检测电动机绕组的绝缘电阻

电动机绝缘电阻的检测主要用来判断电动机是否存在漏电、绕组间短路等现象。检测电动机绝缘电阻主要是检测电动机绕组与外壳、绕组与绕组间的绝缘性。一般使用兆欧表进行检测。如图7-15所示。

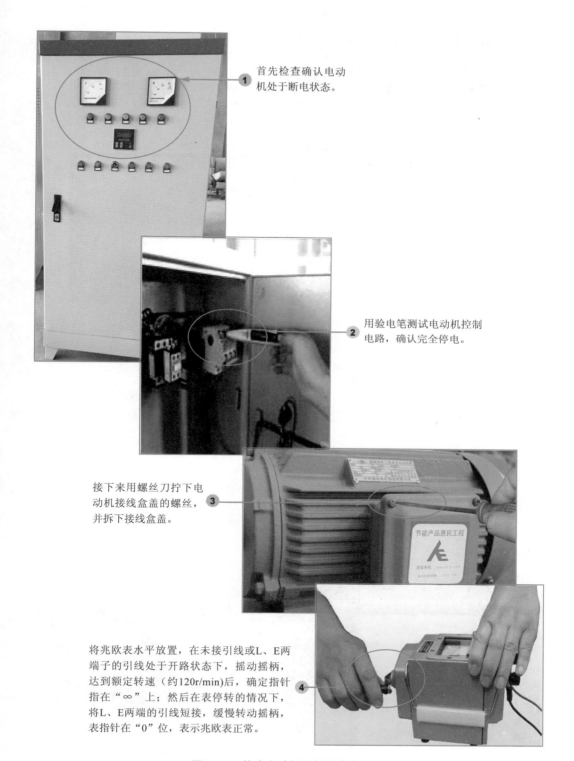

1 首先检查确认电动机处于断电状态。

2 用验电笔测试电动机控制电路，确认完全停电。

接下来用螺丝刀拧下电动机接线盒盖的螺丝，并拆下接线盒盖。**3**

将兆欧表水平放置，在未接引线或L、E两端子的引线处于开路状态下，摇动摇柄，达到额定转速（约120r/min)后，确定指针指在"∞"上；然后在表停转的情况下，将L、E两端的引线短接，缓慢转动摇柄，表指针在"0"位，表示兆欧表正常。**4**

图7-15　检查电动机绕组的绝缘电阻

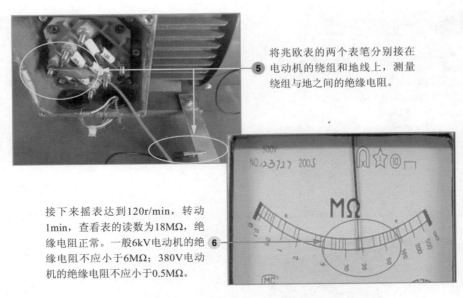

将兆欧表的两个表笔分别接在
⑤ 电动机的绕组和地线上，测量
绕组与地之间的绝缘电阻。

接下来摇表达到120r/min，转动
1min，查看表的读数为18MΩ，绝
缘电阻正常。一般6kV电动机的绝
⑥ 缘电阻不应小于6MΩ；380V电动
机的绝缘电阻不应小于0.5MΩ。

图7-15　检查电动机绕组的绝缘电阻（续）

7.4.5　实战检修直流电动机的碳刷

电刷是有刷直流电动机中的关键部件，由于碳刷会随着使用时间的增长而被磨短，一旦碳刷磨损过大，就会导致电动机工作不正常。对于磨损过大的碳刷可以通过更换碳刷来进行维修。如图7-16所示为电动机碳刷更换方法。

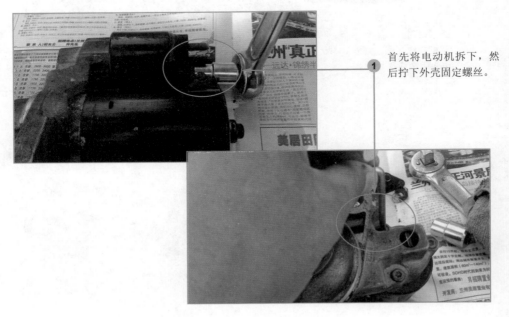

首先将电动机拆下，然
① 后拧下外壳固定螺丝。

图7-16　检修直流电动机的碳刷

② 接下来拆开外壳

拆下电动机转子和碳刷 ③

检查碳刷架，发现碳刷已
经磨损的几乎完了。需要
更换新碳刷。 ④

接下来用电烙铁将旧碳刷的引线
焊开，取下碳刷。然后安装上新
⑤ 碳刷，并将引线焊到碳刷架上。
最后将电动机装好即可。

图7-14 检修直流电动机的碳刷（续）

第 8 章
电动机常用控制电路详解

　　电动机控制是指对电动机的启动、加速、运转、减速及停止进行的控制。根据不同电动机的类型及电动机的使用场合有不同的要求及目的。对于电动机，通过电动机控制，达到电动机快速启动、快速响应、高效率、高转矩输出及高过载能力的目的。下面本章将重点详解常用电动机控制电路。

8.1 三相交流电动机点动运行控制电路

点动控制是指按下按钮，电动机得电启动运转，松开按钮电动机失电直至停转。电动机点动运行控制电路如图8-1所示。

图中，QF为断路器、KM为接触器、FR为热继电器（过载保护）、FU1和FU2为熔断器（短路保护）、SB为常开按钮。

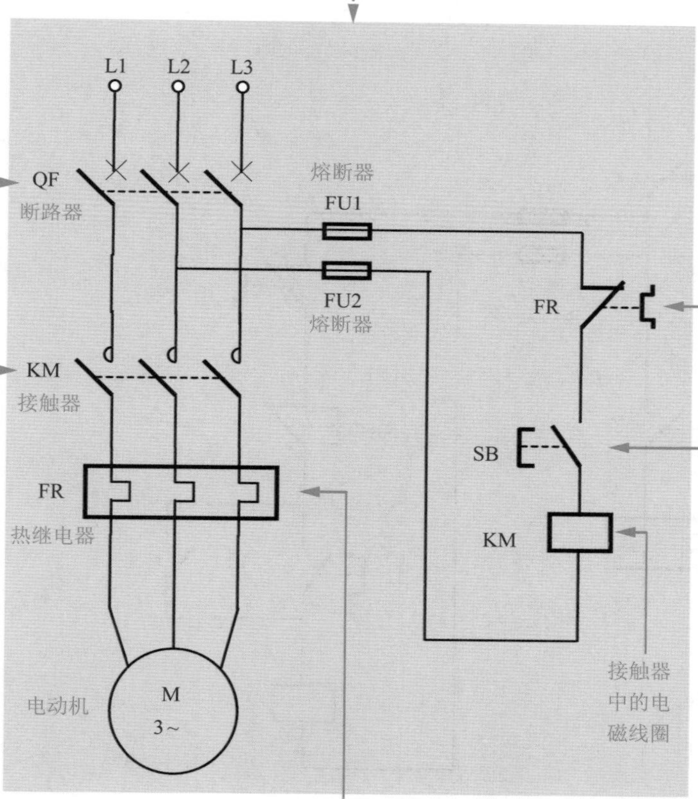

首先合上断路器QF，按下启动按钮SB，接触器KM线圈得电铁芯吸合，主触点闭合，KM的辅助常开触点也同时闭合。此时，三相交流电通过断路器QF、接触器KM和热继电器FR后为电动机供电，电动机开始转动。

热继电器中的常闭触点

当松开启动按钮SB后，SB常开触点又重新断开，接触器KM电磁线圈断电释放，主触点被打开，电动机断电停止转动。

接触器中的电磁线圈

FR为热继电器起过载保护的作用。当电动机过载或因故障使电动机电流增大，热继电器内部的双金属片会温度升高变形，使FR常闭触点打开，致使接触器KM线圈断电释放，主、辅触点被打开，电动机断电停止转动。

图8-1 电动机点动运行控制电路

8.2　三相交流电动机连续运行控制电路

连续控制是指按下按钮，电动机得电启动运转，松开按钮电动机依旧正常运转，按下停止按钮，电动机才失电停转。电动机连续运行控制电路如图8-2所示。

（即扫即看）

图中，QF为断路器、KM为接触器、FR为热继电器（过载保护）、FU1和FU2为熔断器（短路保护）、SB1为常闭按钮、SB2为常开按钮。

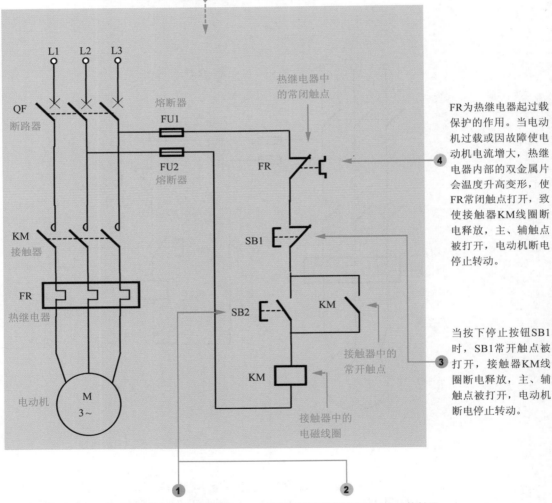

FR为热继电器起过载保护的作用。当电动机过载或因故障使电动机电流增大，热继电器内部的双金属片会温度升高变形，使FR常闭触点打开，致使接触器KM线圈断电释放，主、辅触点被打开，电动机断电停止转动。

④

当按下停止按钮SB1时，SB1常开触点被打开，接触器KM线圈断电释放，主、辅触点被打开，电动机断电停止转动。

③

①　首先合上断路器QF，按下启动按钮SB2，接触器KM线圈得电铁芯吸合，主触点闭合，KM的辅助常开触点也同时闭合。此时，三相交流电通过断路器QF、接触器KM和热继电器FR后为电动机供电，电动机开始转动。

②　当松开启动按钮SB2后，由于接触器常开触点闭合，接触器线圈可以继续得电吸合，从而实现电路的自锁。

图8-2　电动机连续运行控制电路

8.3　三相交流电动机连续运行带点动控制电路

连续运行带点动控制是指既可以让电动机连续运转，也可以让电动机按点动来运转（按下按钮开始运转，松开按钮停止运转）。电动机连续运行带点动控制电路如图8-3所示。

图中，QF为断路器、KM为接触器、FR为热继电器（过载保护）、FU1和FU2为熔断器（短路保护）、SB1为常闭按钮、SB2为常开按钮、SB3为复合按钮。

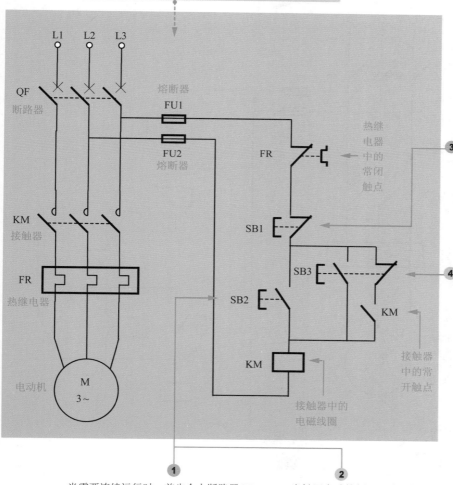

当按下停止按钮SB1时，SB1常开触点被打开，接触器KM线圈断电释放，主、辅触点被打开，电动机断电停止转动。

当需要点动运行时，先按下复合按钮SB3，然后按下SB2按钮，接触器KM线圈得电铁芯吸合，主触点闭合。此时，三相交流电为电动机供电，电动机开始转动。

① 当需要连续运行时，首先合上断路器QF，按下启动按钮SB2，接触器KM线圈得电铁芯吸合，主触点闭合，KM的辅助常开触点也同时闭合。此时，三相交流电通过断路器QF、接触器KM和热继电器FR后为电动机供电，电动机开始转动。

② 当松开启动按钮SB2后，由于接触器常开触点闭合，接触器线圈可以继续得电吸合，从而实现电路的自锁。

图8-3　电动机连续运行带点动控制电路

8.4 三相交流电动机两地控制连续运行电路

两地控制连续运行是指在两个地方分别设置操作按钮来控制一台设备运转。操作人员可以在任何一个地方启动或停止电动机，也可以在一个地方启动电动机，在另一个地方停止电动机。电动机两地控制连续运行电路如图8-4所示。

当在甲地启动电动机时，首先合上断路器QF，按下启动按钮SB3，接触器KM线圈得电铁芯吸合，主触点闭合，KM的辅助常开触点也同时闭合。此时，三相交流电通过断路器QF、接触器KM和热继电器FR后为电动机供电，电动机开始转动。同时接触器常开触点闭合，而实现电路的自锁。

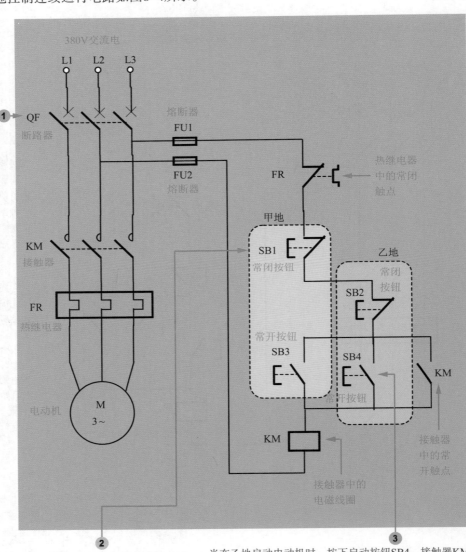

当在甲地按下停止按钮SB1时，SB1常开触点被打开，接触器KM线圈断电释放，主、辅触点被打开，电动机断电停止转动。

当在乙地启动电动机时，按下启动按钮SB4，接触器KM线圈得电铁芯吸合，主触点闭合，KM的辅助常开触点也同时闭合。此时，三相交流电为电动机供电，电动机开始转动。同时接触器常开触点闭合，而实现电路的自锁。当在乙地按下停止按钮SB2或在甲地按下停止按钮SB1时，接触器KM线圈断电释放，主、辅触点被打开，电动机断电停止转动。

图8-4　电动机两地控制连续运行电路

8.5 三相交流电动机正、反向点动运行控制电路

点动控制是指按下按钮电动机得电启动运转，松开按钮电动机失电直至停转。正、反向运动是指可以控制电动机正向转动或反向转动，电动机正、反向点动运行控制电路如图8-5所示。

当需要发动机正转时，首先合上断路器QF，按下启动按钮SB1，接触器KM1线圈得电铁芯吸合，主触点闭合。此时，三相交流电通过路器QF、接触器KM1和热继电器FR后为电动机供电，电动机开始正向转动。同时，接触器KM1中的常闭触点打开，可以防止KM1和KM2同时动作造成电源短路。

当松开启动按钮SB1后，接触器KM1电磁线圈断电释放，主触点被打开，电动机断电停止转动。同时，KM1内部的常闭触点重新闭合。

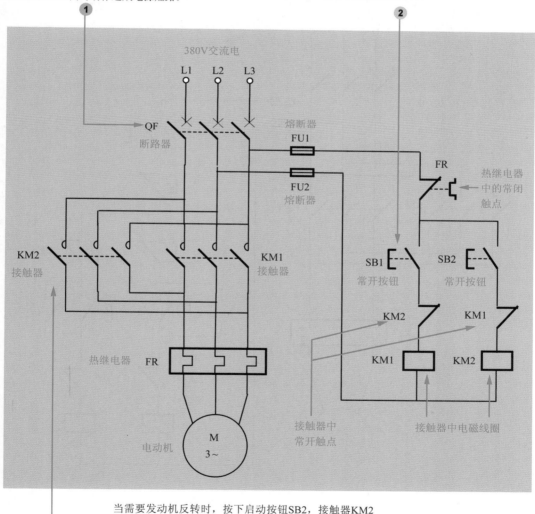

当需要发动机反转时，按下启动按钮SB2，接触器KM2线圈得电铁芯吸合，主触点闭合。此时，三相交流电通过断路器QF、接触器KM2和热继电器FR后为电动机供电，电动机开始反向转动。松开SB2按钮后，接触器KM2线圈释放，主触点打开，发动机断电停止转动。

图8-5 电动机正、反向点动运行控制电路

8.6 三相交流电动机正、反向连续运行控制电路

三相交流电动机的正、反向连续运行是指通过改变电动机电源相序来实现电动机正反转工作状态的控制电路，如图8-6所示。

需要发动机正转时，首先合上断路器QF，按下复合按钮SB2-a，接触器KM1线圈得电铁芯吸合，主触点闭合，KM1的辅助常开触点也同时闭合。此时，三相交流电通过断路器QF、接触器KM1和热继电器FR后为电动机供电，电动机开始正向转动。同时，接触器KM1中的常闭触点打开，可以防止KM1和KM2同时动作造成电源短路。

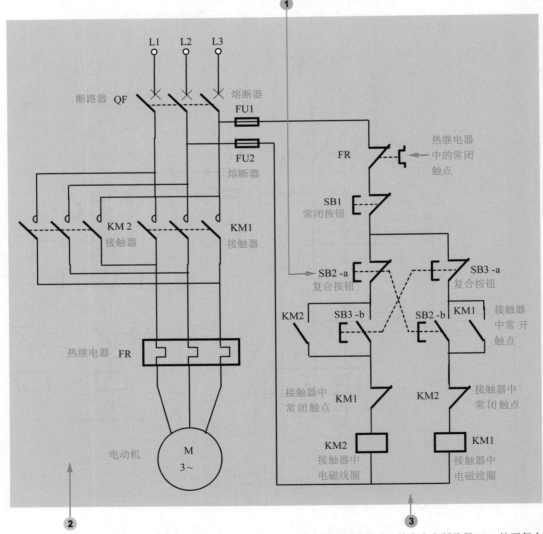

当松开启动按钮SB2-a后，由于接触器KM1常开触点闭合，接触器线圈可以继续得电吸合，从而实现电路的自锁。当按下SB1按钮后，接触器主触点分开，电动机停转。

当需要发动机反转时，首先合上断路器QF，按下复合按钮SB3-a，接触器KM2线圈得电铁芯吸合，主触点闭合，KM2的辅助常开触点也同时闭合。此时，电源通过接触器KM2为电动机供电而实现反转，并自锁。

图8-6 电动机正、反向连续运行控制电路

8.7 三相交流电动机往返带限位控制电路

往返带限位控制电路是一种带位置保护的控制电路，这种电路多用在具有往返机械运动的设备上，为了防止设备在运动时超出运动位置极限，在极限位置装有限位开关SQ。当设备运行到极限位置时，SQ动作使之停止运动，如图8-7所示。

当需要发动机正转时，首先合上断路器QF，按下按钮SB2-a，接触器KM1线圈得电铁芯吸合，主触点闭合，KM1的辅助常开触点也同时闭合。此时，三相交流电通过断路器QF、接触器KM1和热继电器FR后为电动机供电，电动机开始正向转动。同时，接触器KM1中的常闭触点打开，可以防止KM1和KM2同时动作造成电源短路。松开SB2-a后，由于电路自锁，设备继续运转。

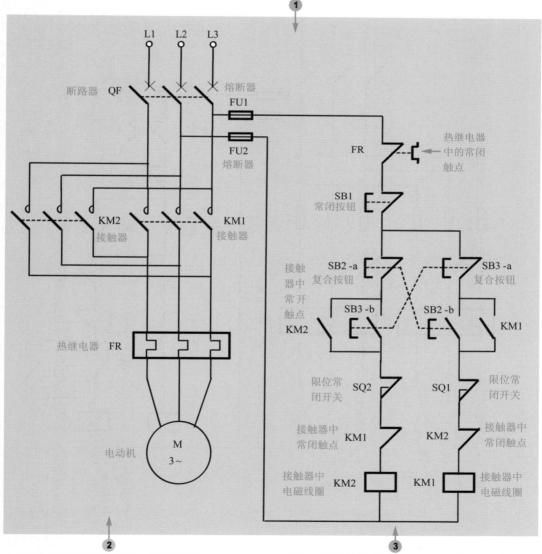

当设备运转到极限位置时，限位开关SQ1动作，接触器KM1线圈断电，主触点分离，发动机停止转动，设备被停止。

同理，当按下复合按钮SB3-a时，接触器KM2主触点吸合，电动机开始反转，设备开始往回运动。在到达极限位置时，SQ2动作，发动机停转。

图8-7 电动机往返带限位控制电路

8.8 两台三相交流电动机顺序启动控制电路

顺序启动控制是指在一个设备启动之后另一个设备才能启动的控制电路，这种控制多用于大型空调、制冷等高功率的设备，如图8-8所示。

首先合上断路器QF，按下常开按钮SB2，接触器KM1线圈得电铁芯吸合，主触点闭合，KM1的辅助常开触点也同时闭合。此时，三相交流电通过断路器QF、接触器KM1和热继电器FR1后为电动机1供电，电动机1开始转动。松开SB2按钮，由于KM1内部常开触点闭合，电路实现自锁。

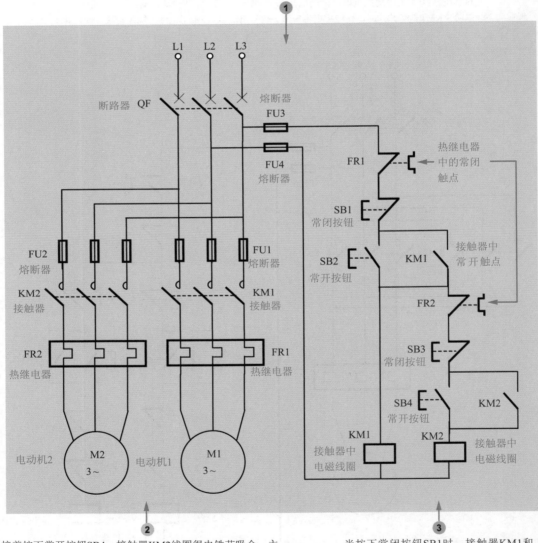

接着按下常开按钮SB4，接触器KM2线圈得电铁芯吸合，主触点闭合，KM2的辅助常开触点也同时闭合。此时，三相交流电通过断路器QF、接触器KM2和热继电器FR2后为电动机2供电，电动机2开始转动。松开SB4按钮，由于KM2内部常开触点闭合，电路实现自锁。

当按下常闭按钮SB1时，接触器KM1和KM2线圈同时断电释放，两个接触器的主、辅触点被打开，两个电动机都断电停止转动。如果只按下SB3按钮，则只有电动机2停止转动，电动机1继续转动。

图8-8　两台电动机顺序启动控制电路

8.9 两台三相交流电动机顺序停止控制电路

顺序停止控制是指两台电动机启动时不分先后，但停止时必须按照顺序停止的控制方法，如图8-9所示。停止时必须先停止电动机2。

首先合上断路器QF，按常开按钮SB2，接触器KM1线圈得电铁芯吸合，主触点闭合，此时，三相交流电通过断路器QF、接触器KM1和热继电器FR1后为电动机1供电，电动机1开始转动。同时，KM1的辅助常开触点也同时闭合，电路实现自锁。

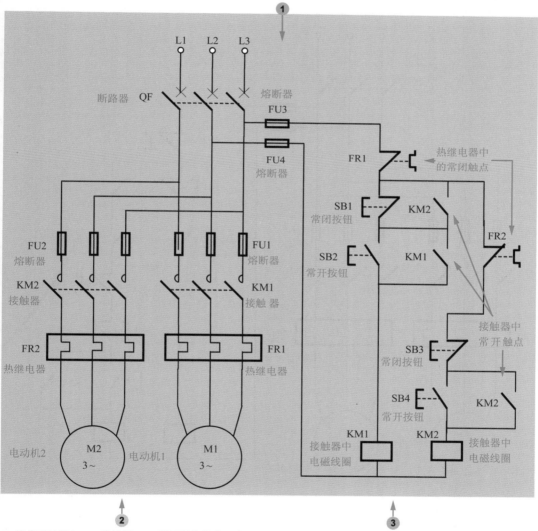

按常开按钮SB4，接触器KM2线圈得电铁芯吸合，主触点闭合，此时，三相交流电通过断路器QF、接触器KM2和热继电器FR2后为电动机2供电，电动机2开始转动。同时，KM2的辅助常开触点也同时闭合，电路实现自锁。

停止电动机时，按常闭按钮SB1，由于接触器KM2辅助常开触点闭合，KM1接触器线圈依旧有电，无法停止电动机1。若先按常闭按钮SB3，接触器KM2线圈断电分离，电动机2断电停转，电动机1继续转动；再按SB1按钮，电动机1断电停止转动。即先按SB3后，SB1才起作用。

图8-9　两台电动机顺序停止控制电路

8.10 两台三相交流电动机顺序启动、顺序停止控制电路

顺序启动、顺序停止控制电路是指一个设备启动之后另一个设备才能启动，停止时，一个设备停止后，另一个设备才能停止，常用于主、辅设备的控制，如图8-10所示。

首先合上断路器QF，按常开按钮SB2，接触器KM1线圈得电铁芯吸合，主触点闭合，此时，三相交流电通过断路器QF、接触器KM1和热继电器FR1后为电动机1供电，电动机1开始转动。同时，KM1的辅助常开触点也同时闭合，松开SB2后，KM1中线圈依旧有电吸合，电路实现自锁。

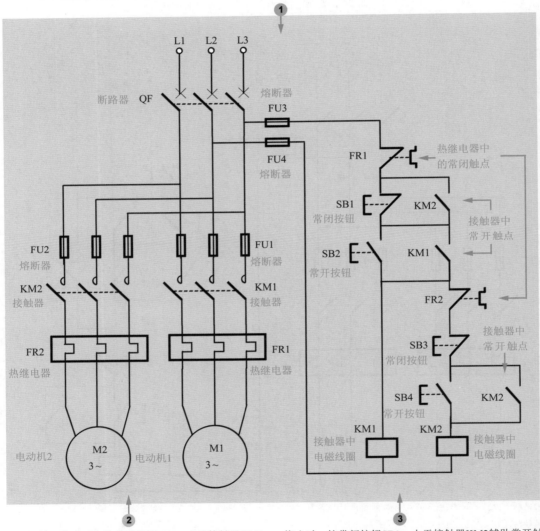

电动机1启动后，按常开按钮SB4，由于接触器KM1常开触点已经吸合，因此接触器KM2线圈得电铁芯吸合，主触点闭合，此时，三相交流电为电动机2供电，电动机2开始转动。同时，KM2的辅助常开触点也同时闭合，电路实现自锁。即要启动电动机2，必须先启动电动机1。

停止时，按常闭按钮SB1，由于接触器KM2辅助常开触点闭合，KM1接触器线圈依旧有电，无法停止电动机1。若先按常闭按钮SB3，接触器KM2线圈断电分离，电动机2断电停转，电动机1继续转动；再按SB1按钮，由于KM2内部常开触点已经分离断开，此时，KM1线圈断电分离，电动机1断电停止转动。即先按SB3后，SB1才起作用。

图8-10 两台电动机顺序启动、顺序停止控制电路

8.11　三相交流电动机调速控制电路

调速控制是指控制电动机低速转动或高速转动，两种转速可以进行切换。高速转动的电路需要按星形接线法接线，低速转动的电路需要按三角形接线法接线，如图8-11所示。

首先合上断路器QF，按复合按钮SB1-a，接触器KM1线圈得电吸合，主触点闭合，此时，三相交流电通过断路器QF、接触器KM1和热继电器FR1后为电动机供电，电动机开始低速转动。同时，KM1的辅助常开触点也同时闭合，松开SB1-a后，KM1中线圈依旧有电吸合，电路实现自锁。

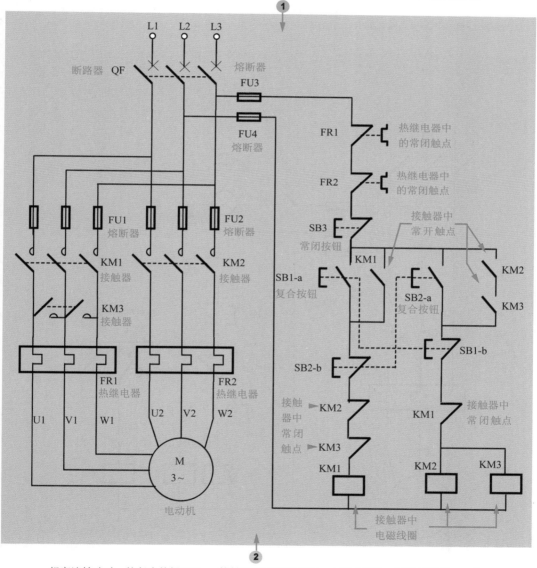

想高速转动时，按复合按钮SB2-a，接触器KM1线圈断电，主触点释放，同时接触器KM2和KM3线圈得电吸合，主触点闭合，三相交流电为电动机供电，电动机开始高速转动。同时，KM2和KM3的辅助常开触点也同时闭合，电路实现自锁。当需要停止电动机时，按下常闭按钮SB3即可。图中，接触器KM3的作用是将U1、V1、W1短接，使电动机按星形接线法连接。

图8-11　电动机调速控制电路

8.12 电动机启动前先发开车信号的控制电路

启动前先发信号的控制电路是指在按下启动按钮后，先发出提示报警信号（提示远离设备），一段时候之后再启动设备的控制电路。如图8-12所示。

首先合上断路器QF，按下常开按钮SB2，时间继电器KT和中间继电器KA的线圈得电，常开触点KA-a闭合，电铃B和指示灯HL得电开始工作，发出报警提示。同时，时间继电器KT中常开触点KT-a延长一段时间后闭合，接触器KM线圈得电吸合，主触点闭合，此时，三相交流电通过断路器QF、接触器KM和热继电器FR后为电动机供电，电动机开始转动。

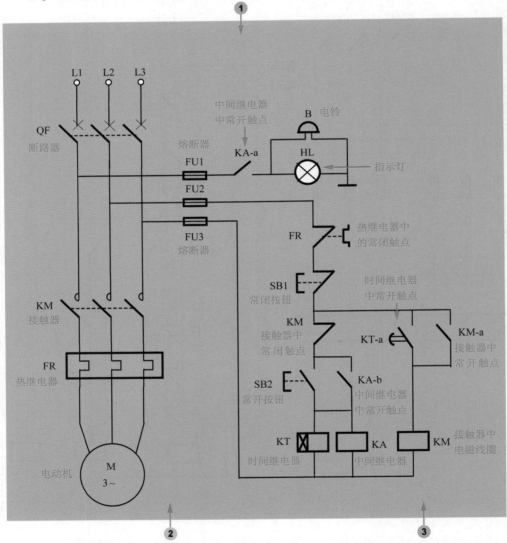

松开常开按钮SB2后，时间继电器KT和中间继电器KA的线圈失电，内部常开触点分离，电铃B和指示灯HL停止工作。同时时间继电器常开触点KT-a分离，由于KM-a的辅助常开触点依旧吸合，电路实现自锁。

当按下常闭按钮SB1时，接触器KM线圈断电释放，接触器的主、辅触点被打开，电动机断电停止转动。

图8-12 电动机启动前先发开车信号的控制电路

8.13 电动机间歇循环运行控制电路

间歇循环运行控制是指按时间控制的自动循环电路，如自动喷泉等，这种电路中主要用时间继电器和中间继电器来实现循环控制，如图8-13所示。

首先合上断路器QF，按下常开按钮SB2，中间继电器KA1得电吸合，常开触点KA1-a闭合使KA1自保；此时接触器KM和时间继电器KT1的线圈得电吸合，KM的主触点闭合，三相交流电通过断路器QF、接触器KM和热继电器FR后为电动机供电，电动机开始转动。

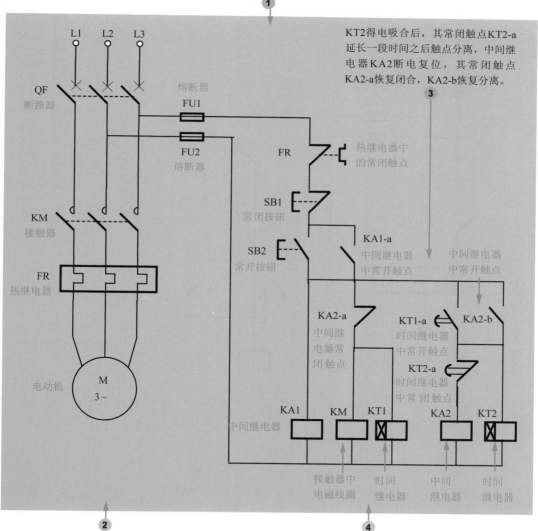

KT2得电吸合后，其常闭触点KT2-a延长一段时间之后触点分离，中间继电器KA2断电复位，其常闭触点KA2-a恢复闭合，KA2-b恢复分离。

与此同时，时间继电器KT1的常开触点KT1-a延长一段时间之后闭合。之后中间继电器KA2和时间继电器KT2得电吸合，其常闭触点KA2-a分离，常开触点KA2-b闭合。然后接触器KM中线圈失电分离，电动机停止转动。

A2-a恢复闭合后，接触器KM得电重新开始转动。时间继电器KT1得电，KT1-a延长一段时间之后再次闭合，反复循环运行。KT1是电动机运行时间计时，KT2是电动机停止运行时间计时。当按下常闭按钮SB1，接触器KM和所有继电器都失电分离，电动机停止循环转动。

图8-13 电动机间歇循环运行控制电路

8.14 单相交流电动机连续运行控制电路

单相交流电动机连续控制与三相交流电动机的控制方法类似，只是电动机的接线略有不同。单相交流电动机连续控制电路如图8-14所示。

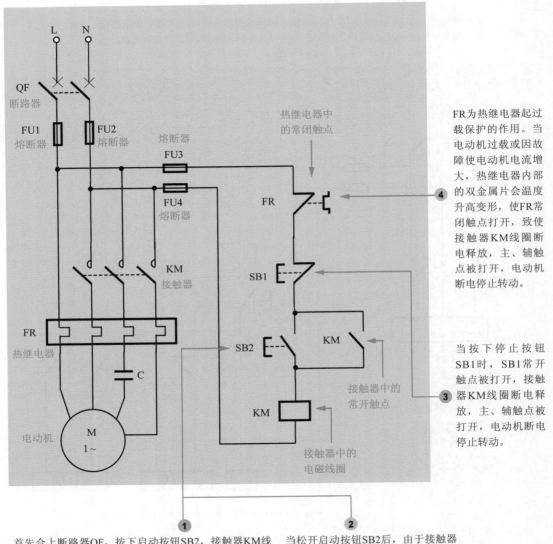

FR为热继电器起过载保护的作用。当电动机过载或因故障使电动机电流增大，热继电器内部的双金属片会温度升高变形，使FR常闭触点打开，致使接触器KM线圈断电释放，主、辅触点被打开，电动机断电停止转动。

当按下停止按钮SB1时，SB1常开触点被打开，接触器KM线圈断电释放，主、辅触点被打开，电动机断电停止转动。

首先合上断路器QF，按下启动按钮SB2，接触器KM线圈得电铁芯吸合，主触点闭合，KM的辅助常开触点也同时闭合。此时，三相交流电通过断路器QF、接触器KM和热继电器FR后为电动机供电，电动机开始转动。

当松开启动按钮SB2后，由于接触器常开触点闭合，接触器线圈可以继续得电吸合，从而实现电路的自锁。

图8-14　电动机连续运行控制电路

8.15　单相交流电动机正、反向连续运行控制电路

单相交流电动机的正、反向连续运行是指通过改变电动机电源相序来实现电动机正反转工作出状态的控制电路，如图8-15所示。

当需要发动机正转时，首先合上断路器QF，按下复合按钮SB2-a，接触器KM1线圈得电铁芯吸合，主触点闭合，KM1的辅助常开触点也同时闭合。此时，三相交流电通过断路器QF、接触器KM1和热继电器FR后为电动机供电，电动机开始正向转动。同时，接触器KM1中的常闭触点打开，可以防止KM1和KM2同时动作造成电源短路。

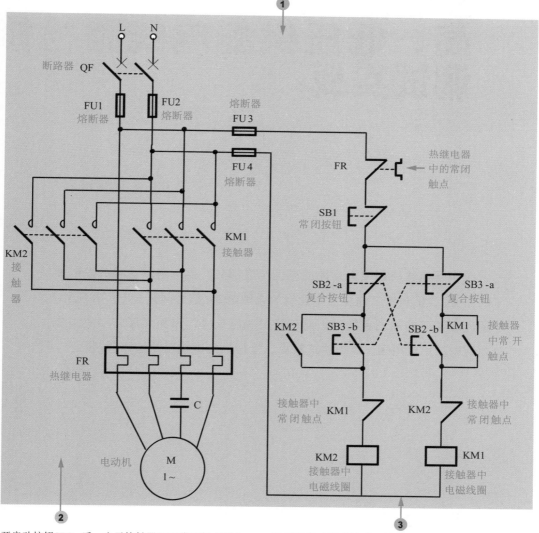

当松开启动按钮SB2-a后，由于接触器KM1常开触点闭合，接触器线圈可以继续得电吸合，从而实现电路的自锁。当按下SB1按钮后，接触器主触点分开，电动机停转。

当需要发动机反转时，首先合上断路器QF，按下复合按钮SB3-a，接触器KM2线圈得电铁芯吸合，主触点闭合，KM2的辅助常开触点也同时闭合。此时，电源通过接触器KM2为电动机供电而实现反转，并自锁。

图8-15　电动机正、反向连续运行控制电路

第 9 章

高、低压供配电线路检修调试实战

供配电线路是电力系统的重要组成部分，担负着输送和分配电能的任务。我们日常工作生活中使用的各种电能，都是通过发电厂升压后，经过超高压传输到目的地，然后经过降压处理，再将高压转换成工作生活中的用电电压。本章将详解高、低压供配电线路的检修调试。

9.1　高、低压供配电线路有何特点

供配电线路是指输送和分配电能的线路，按其所承载电能类型的不同可分为高压供配电线路和低压供配电线路两种。一般通常将1kV以上的供电线路称为高压供配电线路，将380V/220V的供电线路称为低压供配电线路。

9.1.1　供配电线路与一般电工线路有何区别

供配电线路作为一种传输、分配电能的线路，它与一般的电工线路有所区别。如图9-1所示。

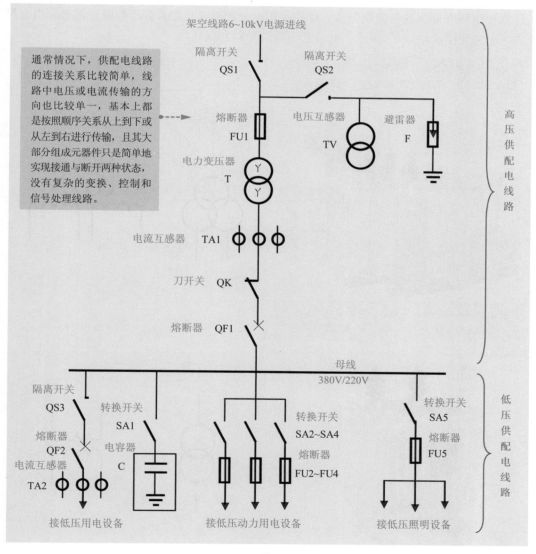

图9-1　供配电线路

在供配电线路中不同图形符号代表不同的组成部件和元器件，它们之间的连接线体现出其连接关系。当线路中的开关类器件断开时，其后级所有线路无供电；当逐一闭合各开关类器件时，电源逐级向后级线路传输，经后级不同的分支线路，即完成对前级线路的分配。

9.1.2　高压供配电线路有哪些重要部件

高压供配电线路是由各种高压供配电元器件和设备组合连接而成的，主要由电源输入端（WL）、电力变压器（T）、电压互感器（TV）、电流互感器（TA）、高压隔离开关（QS）、高压断路器（QF）、高压熔断器（FU）以及避雷器（F），经电缆和母线（WB）构成的。

1. 电力变压器

电力变压器是发电厂和变电所的主要设备之一。变压器不仅能升高电压把电能送到用电地区，还能把电压降低为各级使用电压，以满足用电的需要。总之，升压与降压都必须由变压器来完成。电力变压器用"T"表示，电力变压器如图9-2所示。

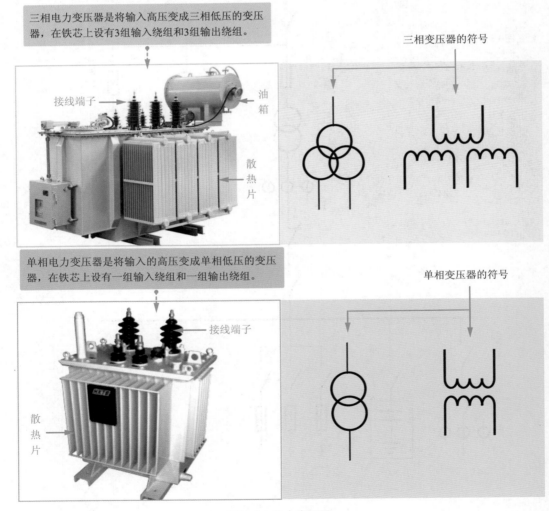

图9-2　电力变压器

2. 高压隔离开关

高压隔离开关是一种主要用于"隔离电源、倒闸操作、用于连通和切断小电流电路"，无灭弧功能的开关器件。高压隔离开关用"QS"表示，如图9-3所示。

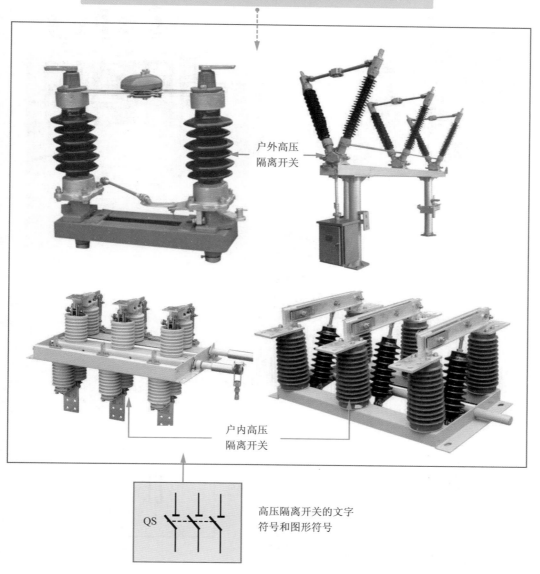

> 高压隔离开关的功能是保证高压电器及装置在检修工作时的安全，起隔离电压的作用。其一般用作额定电压在1kV以上的高压线路，高压隔离开关的主要特点是无灭弧能力，只能在没有负荷电流的情况下分、合电路。

户外高压隔离开关

户内高压隔离开关

QS 高压隔离开关的文字符号和图形符号

图9-3 高压隔离开关

3. 高压断路器

高压断路器在高压电路中起控制作用，它是在正常或故障情况下接通或断开高压电路的专用电器，是高压电路中的重要电器元件之一。高压断路器的符号为"QF"，如图9-4所示。

高压断路器用于在正常运行时，切断或闭合高压电路中的空载电流和负荷电流，而且当系统发生故障时通过继电器保护装置的作用，切断过负荷电流和短路电流，它具有相当完善的灭弧结构和足够的断流能力。

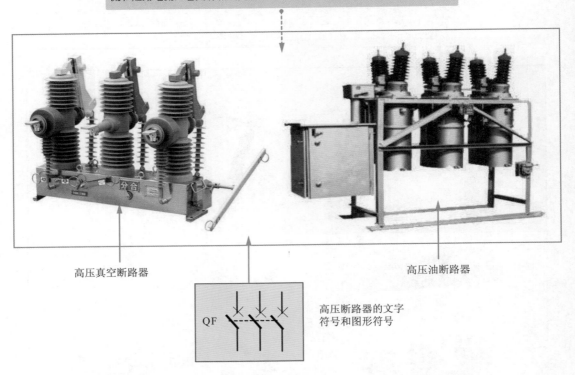

高压真空断路器　　　　　　　　　　　　　　　高压油断路器

QF　　　高压断路器的文字
　　　　符号和图形符号

图9-4　高压断路器

4. 高压熔断器

熔断器是最简单的保护电器，它用来保护电气设备免受过载和短路电流的损害，熔断器的符号为"FU"，如图9-5所示。

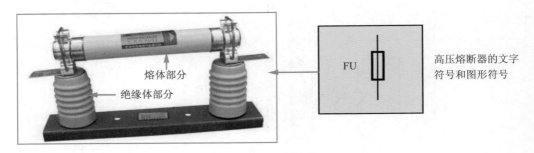

熔体部分
绝缘体部分

FU　　　高压熔断器的文字
　　　　符号和图形符号

图9-5　高压熔断器

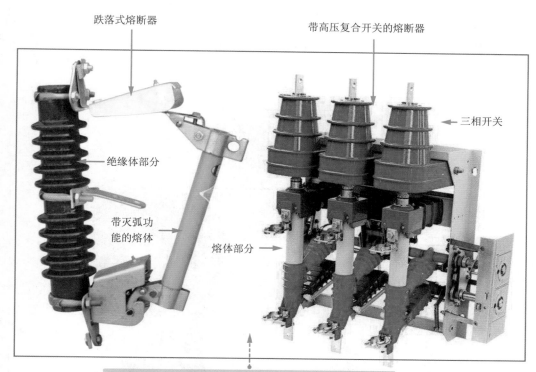

跌落式熔断器

带高压复合开关的熔断器

三相开关

绝缘体部分

带灭弧功能的熔体

熔体部分

高压熔断器是用于保护高压供配电线路中设备安全的装置。当高压供配电线路中出现过电流的情况时，高压熔断器会自动断开线路，以确保高压供配电线路及设备的安全。

图9-5　高压熔断器（续）

5. 高压补偿电容

高压补偿电容用于补偿电力系统的无功功率，提高负载功率因数，减少线路的无功输送。高压补偿电容的符号为"C"，如图9-6所示。

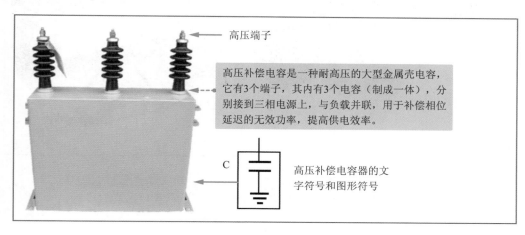

高压端子

高压补偿电容是一种耐高压的大型金属壳电容，它有3个端子，其内有3个电容（制成一体），分别接到三相电源上，与负载并联，用于补偿相位延迟的无效功率，提高供电效率。

C

高压补偿电容器的文字符号和图形符号

图9-6　高压补偿电容

6. 电流互感器

电流互感器是用来检测高压供配电线路流过电流的装置，它通过线圈感应的方法检测出线路中流过电流的大小，以便在电流过大时进行报警和保护。电流互感器的符号为"TA"，如图9-7所示。

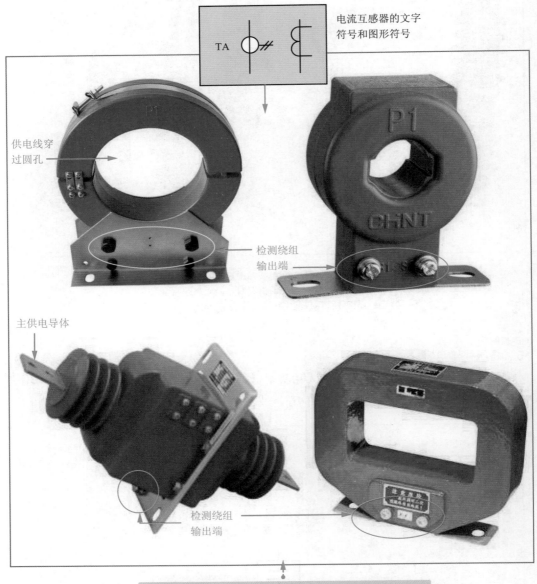

电流互感器的文字符号和图形符号

TA

供电线穿过圆孔

检测绕组输出端

主供电导体

检测绕组输出端

电流互感器是一种将大电流转换成小电流的变压器，是高压供配电线路中的重要组成部分，被广泛应用于继电保护、电能计量、远方控制等方面。

图9-7 电流互感器

7. 电压互感器

电压互感器的作用是把高电压按比例关系变换成100V或更低等级的标准二次电压，供保护、计量、仪表装置取用。电压互感器的符号为"TV"，如图9-8所示。

使用电压互感器可以将高电压与电气工作人员隔离。电压互感器虽然也是按照电磁感应原理工作的设备，但它的电磁结构关系与电流互感器相比正好相反。

接供电线

绕组部分

检测绕组输出端

接供电线

TV

电压互感器的文字符号和图形符号

图9-8　电压互感器

8. 计量变压器

计量变压器主要用于检测高压供电线路的电压和电流，将感应出的信号再去驱动用来指示电压和指示电流的表头，以便观察变配电系统的工作电压和工作电流。如图9-9所示。

计量变压器是采用变压器耦合的方式将高压转换成低压的。

接高压导线

电压表和电流表

变压器

图9-9　计量变压器

9. 避雷器

避雷器是在供电系统受到雷击时的快速放电装置，可以保护变配电设备免受瞬间过电压的危害。避雷器通常用于带电导线与地之间，与被保护的变配电设备呈并联状态。避雷器的符号为"F"，如图9-10所示。

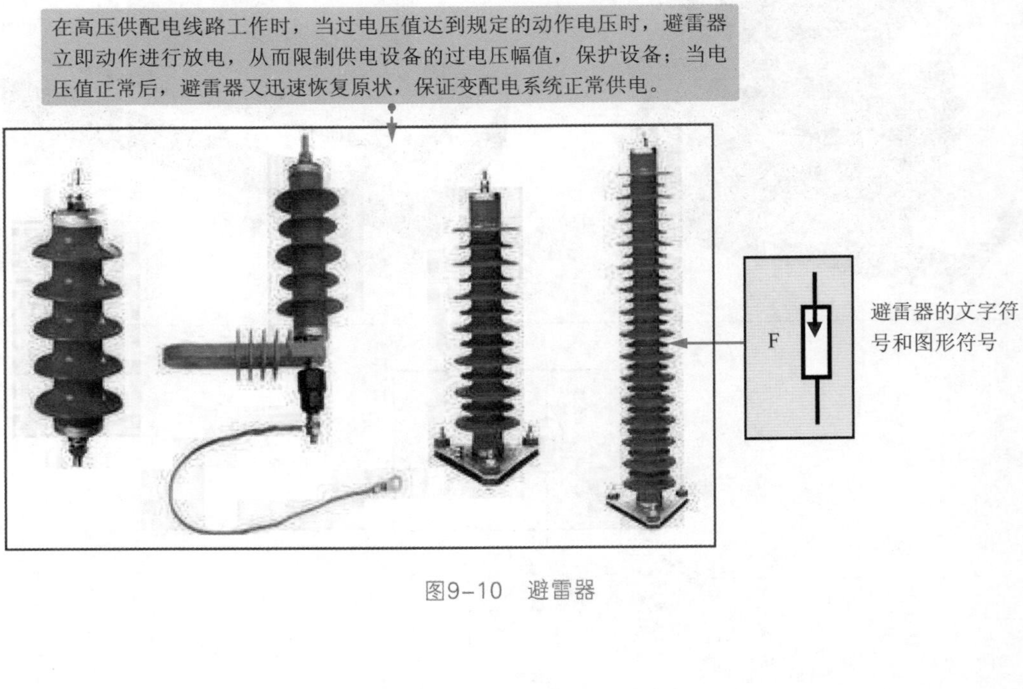

在高压供配电线路工作时，当过电压值达到规定的动作电压时，避雷器立即动作进行放电，从而限制供电设备的过电压幅值，保护设备；当电压值正常后，避雷器又迅速恢复原状，保证变配电系统正常供电。

F

避雷器的文字符号和图形符号

图9-10　避雷器

10. 母线

母线是一种汇集、分配和传输电能的装置，主要应用于变电所中各级电压配电装置、变压器与相应配电装置的连接等。如图9-11所示。

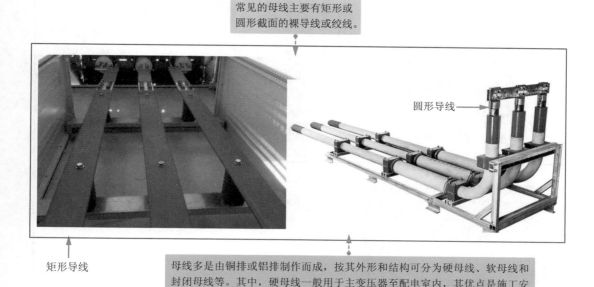

常见的母线主要有矩形或圆形截面的裸导线或绞线。

圆形导线

矩形导线

母线多是由铜排或铝排制作而成，按其外形和结构可分为硬母线、软母线和封闭母线等。其中，硬母线一般用于主变压器至配电室内，其优点是施工安装方便，运行中变化小，载流量大，但造价较高。软母线用于室外，因空间大，导线有所摆动也不至于造成线间断路。软母线施工简便，造价低廉。

图9-11　母线

9.1.3　低压供配电线路有哪些重要部件

低压供配电线路主要是将380V/220V低压经过配电设备按照一定的接线方式连接起来的线路。低压供配电线路主要由电度表（Wh）、隔离开关（QS）、熔断器、接触器、断路器（QF）等构成。如图9-12所示。

（即扫即看）

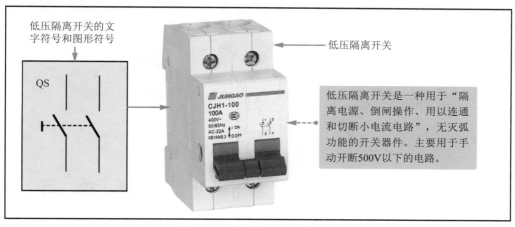

低压隔离开关的文字符号和图形符号

QS

低压隔离开关

低压隔离开关是一种用于"隔离电源、倒闸操作、用以连通和切断小电流电路"，无灭弧功能的开关器件。主要用于手动开断500V以下的电路。

图9-12　低压供配电线路部件

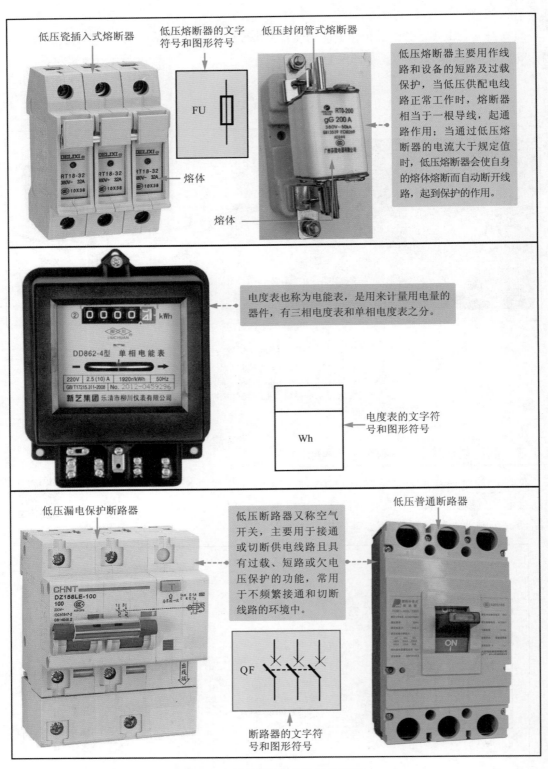

低压瓷插入式熔断器

低压熔断器的文字符号和图形符号

低压封闭管式熔断器

FU

熔体

熔体

低压熔断器主要用作线路和设备的短路及过载保护，当低压供配电线路正常工作时，熔断器相当于一根导线，起通路作用；当通过低压熔断器的电流大于规定值时，低压熔断器会使自身的熔体熔断而自动断开线路，起到保护的作用。

电度表也称为电能表，是用来计量用电量的器件，有三相电度表和单相电度表之分。

Wh

电度表的文字符号和图形符号

低压漏电保护断路器

低压普通断路器

低压断路器又称空气开关，主要用于接通或切断供电线路且具有过载、短路或欠电压保护的功能，常用于不频繁接通和切断线路的环境中。

QF

断路器的文字符号和图形符号

图9-12　低压供配电线路部件（续）

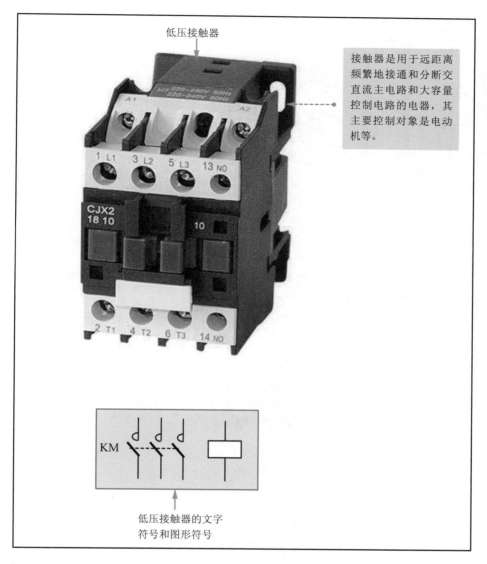

图9-12　低压供配电线路部件（续）

9.2 供配电系统如何选择

常用的供配电系统由多种，如380V/220V供电系统、6~10kV供电系统、35~110kV供电系统等，用户可根据需要来选择供电方式。

9.2.1 如何确定供电电压

对于工厂企业供电电压的确定主要是由其用电容量大小和输送距离决定，如图9-13所示。

（1）一般输送功率在10000~50000kW或供电距离在50~150km以内的采用110kV高压供电系统。

（2）一般输送功率在1000~10000kW或供电距离在20~70km以内的采用35kV高压供电系统。

（3）一般输送功率在1000~10000kW或供电距离在20~70km以内的采用35kV高压供电系统。

（3）一般输送功率在200~2000kW或供电距离在6~20km以内的采用10kV高压供电系统。

（4）一般输送功率在100~1200kW或供电距离在4~15km以内的采用6kV高压供电系统。

（5）一般输送功率在100kW以下或供电距离在0.6km以内的采用380V/220V高压供电系统。

图9-13　确定供电电压

9.2.2　如何选择供电方式

供电方式有多种，对于6kV及以上的供电电压选择高压供电方式，对于380V及以下供电电压选择低压供电方式。另外还可以按其他方式来选择，如图9-14所示。

单相供电方式。如果是供给照明、电热等单相负荷，则采用一条相线和一条零线的单相制供电方式。

三相供电方式。如果是供给电动机、电焊机、水泵等，则采用三条相线的三相制供电方式。

架空线引入。如果工厂周围环境空旷，可以采用架空线引入供电。

电缆引入。如果周围环境拥挤，架空线引入不安全，或对供电可靠性有要求，则选择电缆引入供电。

图9-14　选择供电方式

9.2.3　工厂供电系统组成

工厂供电系统就是将电力系统的电能降压再分配电能到各个厂房或车间中去，它由总降压变电所、高压配电线路、工厂变电所、低压配电线路及用电设备组成。如图9-15所示。

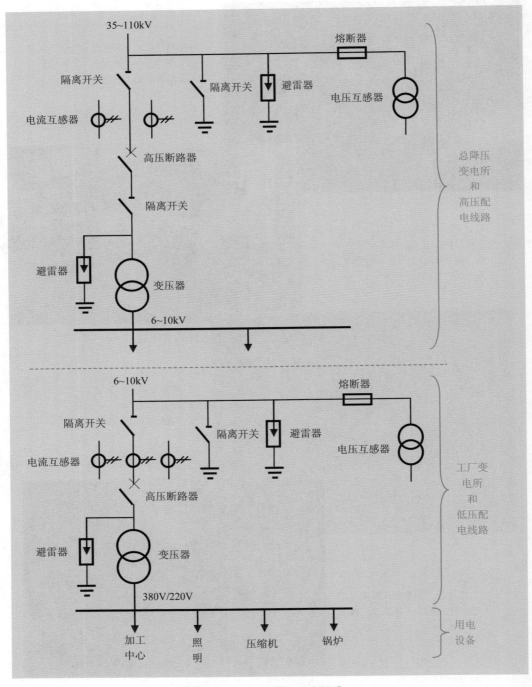

图9-15　工厂供电系统组成

总降压变电所负责将35～110kV的外部供电电压变换为6～10kV的厂区高压配电电压，给厂区各车间变电所或高压电动机供电。①

工厂变电所将6～10kV的电压降为380/220V。②

然后通过车间低压配电线路，给车间用电设备供电。③

图9-15　工厂供电系统组成（续）

9.3　常见高压供配电线路

高压供配电线路是指将超高压或高压经过的变配电设备按照一定的接线方式连接起来的线路，其主要作用是将发电厂输出的高压电进行传输、分配和降压后输出，并使其作为各种低压供配电线路的电能来源。下面本节将介绍几种常见的高压供电线路。

9.3.1　变配电所高压线路接线方式选择

变配电所高压线路有多种接线方式，如单回路放射式、双回路放射式等，如图9-16所示。

单回路放射式接线是由总降压变电所母线上引出一回路线直接接在下级变电所或用电设备，沿线路无分支的接法。优点是接线简单，维护方便；缺点是线路出现故障后，负荷断电，可靠性不高。

单电源双回路放射式接线是由总降压变电所母线上引出两回路线接两个下级变电线路，两回路相连接。优点是可靠性高，一条线路出现故障，另一条线路继续供电。缺点是投入较大。

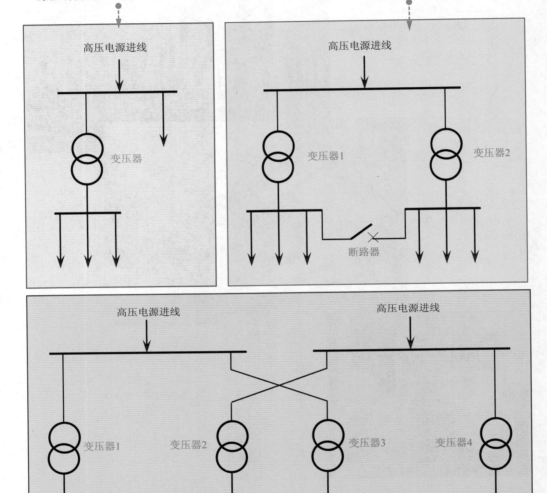

双电源双回路交叉式接线是两条回路分别连接在不同的母线上，在任何一条线路发生故障时，均能保证供电的不中断。这种接线方式从电源到负荷都是双套设备，可靠性很高，适用于一级负荷。缺点是投入大，维护困难。

图9-16 变配电所高压线路接线方式选择

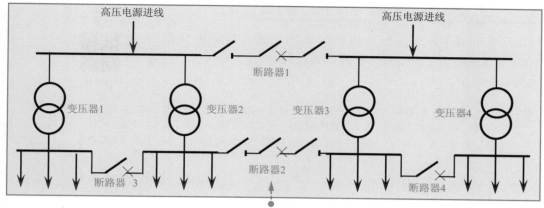

双电源双回路放射式接线是两条回路分别连接在不同的母线上，在任何一个供电电源发生故障或任何一条线路发生故障时，均能保证供电的不中断。这种接线方式电源进线端有连接，负荷端也有连接，更好地保证了供电的可靠性，适用于一级负荷。缺点是投入大，出线和维修困难。

图9-16　变配电所高压线路接线方式选择（续）

9.3.2　总降压变电所供配电线路

总降压变电所供配电线路主要将35~110kV高压降为6~10kV高压，供给后级配电线路，如图9-17所示。

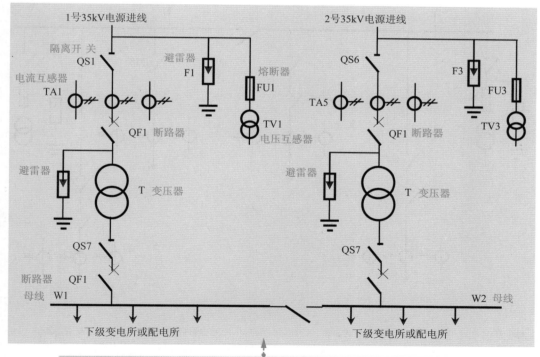

该供配电线路采用了双路电源进行的方式，并且将两供配电线路的母线通过断路器进行桥接，这样在其中一路电源出现故障停电后，另一路电源可以为所有支路供电。

图9-17　总降压变电所供配电线路

9.3.3 工厂6~10kV高压配电所供配电线路

工厂6~10kV高压配电所供电线路主要将总变电所输送的6~10kV高压电将为工厂车间需要的380V/220V低压。此线路运行过程如图9-18所示。

（即扫即看）

① 1号高压电源进线分为两路，一路连接到避雷器F1和电压互感器TV1，另一路经高压隔离开关QS1加到电流互感器，用来连接电能表、电流表等测量仪器。接着再经过断路器QF1后送到母线W1上。

② 母线W1与W2通过高压断路器QF5桥接，在其中一路10kV供电出现故障后，另一路提供备用电源。

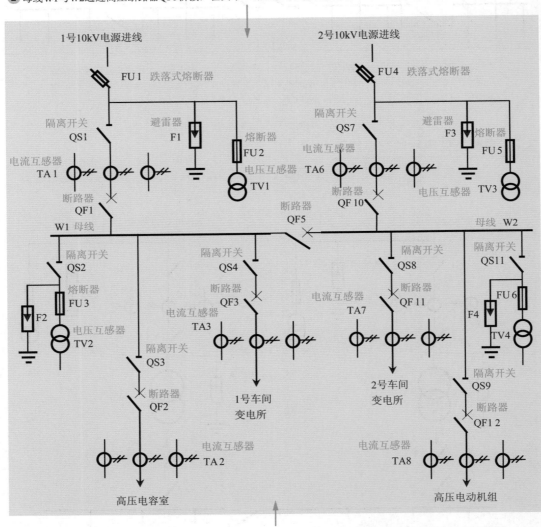

③ 10kV高压电源在送入母线后被分为多路。一路经过隔离开关QS2后连接到电压互感器TV2及避雷器。一路经高压隔离开关QS3、高压断路器QF2和电流互感器TA2后，送入高压电容室，用于接高压补偿电容。

④ 第三路经高压隔离开关QS4、高压断路器QF3和电流互感器TA3后，输送到1号车间变电所。

图9-18 工厂6~10kV高压配电所供配电线路

1号10kV高压电源输送到1号车间后，进入电力变压器T中，然后从变压器T出来的380V/220V低压电源经电流互感器TA4、低压断路器QF4、隔离开关QS5后被送入低压母线W3中。

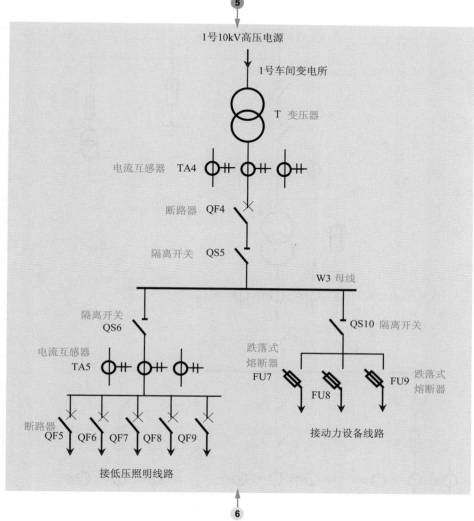

接着380V/220V低压电源被分为多路，一路经隔离开关QS6、电流互感器TA5后接入各路照明线路中；一路经隔离开关QS10、熔断器FU7、FU8、FU9后为电动机等设备提供三相交流电。

图9-18 工厂6~10kV高压配电所供配电线路（续）

9.3.4 小型配电所供配电线路

小型配单锁供电线路一般应用在小区、写字楼、商场等地方，主要将6~10kV高压变为380V/220V低压的供配电线路，如图9-19所示。

高压电源进线分为两路，一路连接到避雷器F1和电压互感器TV1，另一路经高压隔离
开关QS1、高压断路器QF1加到电流互感器，用来连接电能表、电流表等测量仪器。

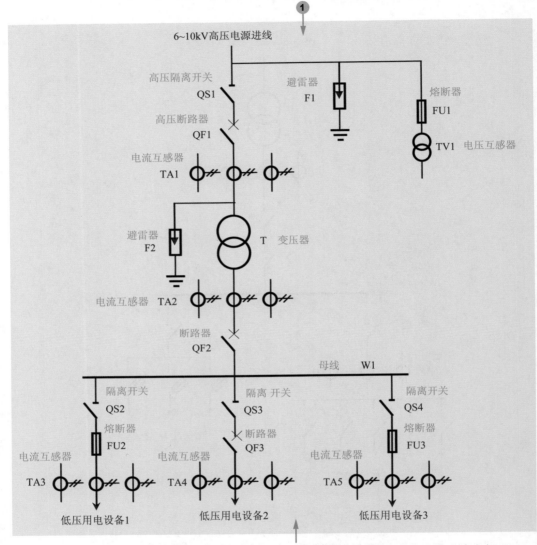

❷ 6~10kV高压电经高压隔离开关QS1、高压断路器QF1、电流互感器TA1加到电力变压
器T的输入端上后，T的输出端输出380V/220V低压交流电。

❸ 380V/220V低压电经过电流互感器TA2，断路器QF2加到低压母线W1上。低压母线再
将低压电分为多路，为不同的低压设备供电。

图9-19　小型配电所供配电线路

9.3.5　城市35kV变电所配电线路

城市35kV变电所配电线路采用双电源单回路设计，当一路供电电源出现故障时，可用另一
路供电电源为其供电。同时，两个下级变电线路也相连，用正常的一路供电线路为所有下级线
路供电。如图9-20所示。

首先35kV电源1经过熔断器FU1后分成三路，一路经过避雷器F1和电压互感器TV1，另一路经高压隔离开关QS1、高压断路器QF1加到电流互感器TA1，用来连接电能表、电流表等测量仪器。第三路经过开关QS5、QS6、断路器QF4与另一路供配电线路相连。

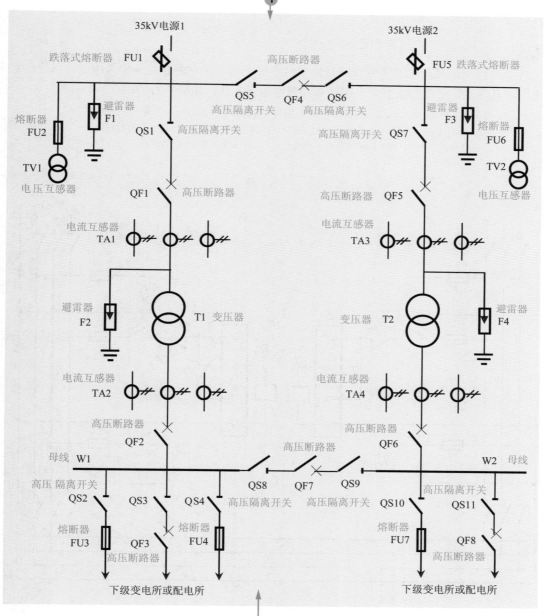

图9-20 城市35kV变电所配电线路

2 35kV高压电经电流互感器TA1加到电力变压器T1的输入端上后，T1的输出端输出6~10kV高压电。再经过电流互感器TA2，断路器QF2加到高压母线W1上。高压母线再将高压电分为多路，为下级变电所提供电源。

3 同时母线W1和母线W2通过隔离开关QS8、QS9和断路器QF7相连，当其中一路供配电线路出现故障时，另一路供配电线路可为其提供备用供电。

9.4 常见低压供配电线路

日常的工作生活主要使用的是低压电，低压供电必须经过低压供配电线路来提供，本节将重点讲解常见的低压供配电线路。

9.4.1 三相电源双路互备自动供电线路

三相电源双路互备自动供电线路是采用两个供电电源，它们相互备份为用电设备提供稳定的电源。低压供配电线路主要通过接触器和节电器来实现，如图9-21所示。

首先合上开关QS1和QS2，电源1和电源2分别送至接触器KM1和KM2的上端，黄色指示灯HY1和HY2点亮。合上开关K1，接触器KM1线圈得电吸合，主触点闭合，电源1开始为功用电设备供电。同时KM1-b闭合，HR1点亮；KM1-c分离防止电源2接通。

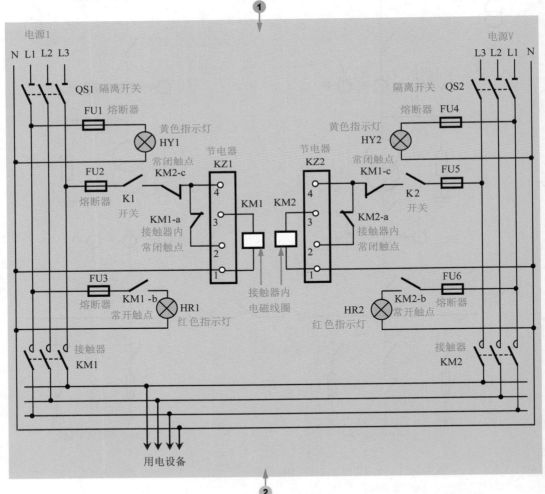

合上开关K2，由于KM1-c已经断开，接触器KM2的线圈无法通电。当电源1停电时，接触器KM1的线圈失电分离，KM1-c复位闭合，此时接触器KM2的线圈得电吸合，主触点闭合，电源2开始为用电设备供电。同时KM2-b闭合，HR2被点亮；KM2-c分离，防止电源1接通。

图9-21　三相电源双路互备自动供电线路

9.4.2　小区楼宇供配电线路

　　小区楼宇供配电线路主要为小区的用户、照明、电梯等供电，它由高压供配电线路变压后经小区配电线路分配给各个住宅楼及楼中的每层用户。小区供配电线路如图9-22所示。

❶ 当6kV高压电源经小区变压器T变压后，变为0.4kV的低压电源，然后经过总断路器QF1后进入小区供配电的母线W1上。

❷ 经过母线W1后分为多个支路为每个楼供电，每个支路可作为一个单独的低压供电线路使用。

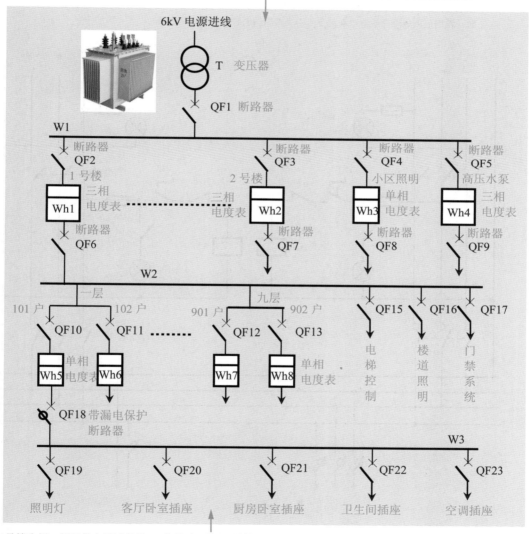

❸ 以1号楼为例，低压供电经过母线W1分配后，进入1号楼配电箱。首先经过断路器QF2，进入三相电度表Wh1，然后经过断路器QF6后，进入1号楼的供电母线W2上，为各个楼层用户及电梯、楼道照明、门禁系统等供电。

❹ 接下来低压供电经W2母线后，进入一层的总断路器QF10，然后进入Wh5电度表，再经过带漏电保护断路器QF18后，进入101用户的配电箱中。

❺ 最后在用户配电箱中，经过各支路断路器，分配给用户家中的照明灯、插座、空调等用电设备。

图9-22　小区楼宇供配电线路

9.4.3 工厂低压供配电线路

工厂低压供配电线路主要用来传输和分配低电压，为低压用电设备（电动机、照明灯等）供电。该线路共有两路电源，一路作为常用电源，另一路作为备用电源。当电源正常时，黄色指示灯亮，当电源接通时，红色指示灯亮。如图9-23所示。

① 当HY1和HY2黄色灯亮时，说明常用低压电源和备用低压电源均正常，此时合上断路器QF1和QF3，进入准备阶段。

② 接通开关SB1，接触器KM1的线圈得电吸合，其主触点和内部常开触点KM1-a闭合，使接触器KM1实现自锁，红色指示灯HR1点亮。同时内部常闭触点KM1-b分离，防止备用电源接通。此时，常用低压电源开始给电动机及照明线路等供电。

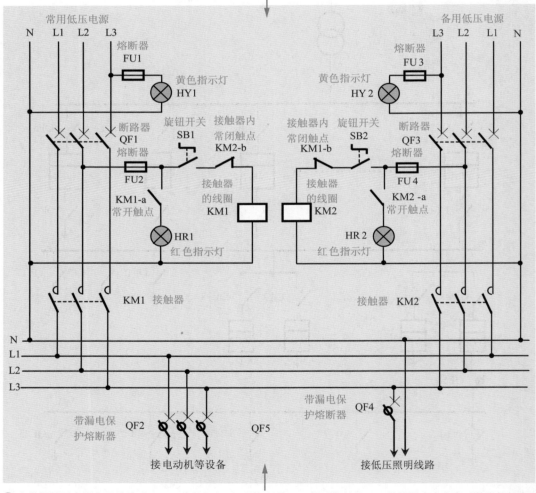

③ 当常用低压电源出现故障时，HY1黄色灯和HR1红色灯熄灭。此时接触器KM1的线圈失电分离，其常闭触点KM1-b恢复闭合。

④ 此时接通SB2开关，接触器KM2的线圈得电吸合，其主触点和内部常开触点KM2-a闭合，使接触器KM2实现自锁，红色指示灯HR2点亮。同时内部常闭触点KM2-b分离，防止常用电源接通。此时，备用低压电源开始给电动机及照明线路等供电。

图9-23 工厂低压供配电线路

9.5 供配电线路检修调试实战

9.5.1 电网倒闸操作调试

倒闸操作是指通过操作隔离开关（闸刀）、断路器（开关）以及挂、拆接地线将电气设备从一种状态转换为另一种状态（运行状态、备用状态、检修状态）的操作。

1. 倒闸操作流程

电网倒闸操作流程如图9-24所示。

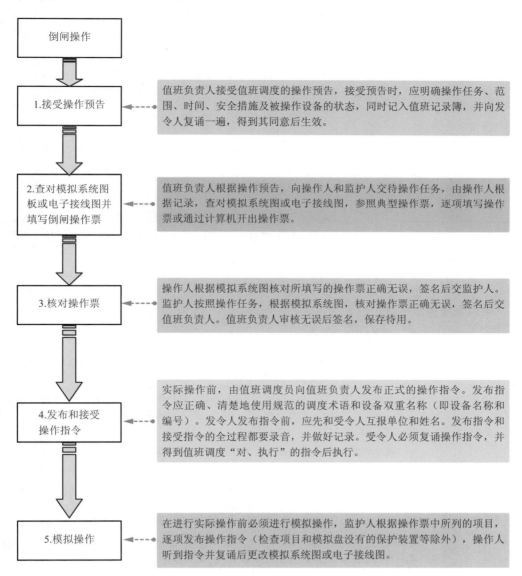

倒闸操作

1.接受操作预告 ← 值班负责人接受值班调度的操作预告，接受预告时，应明确操作任务、范围、时间、安全措施及被操作设备的状态，同时记入值班记录簿，并向发令人复诵一遍，得到其同意后生效。

2.查对模拟系统图板或电子接线图并填写倒闸操作票 ← 值班负责人根据操作预告，向操作人和监护人交待操作任务，由操作人根据记录，查对模拟系统图或电子接线图，参照典型操作票，逐项填写操作票或通过计算机开出操作票。

3.核对操作票 ← 操作人根据模拟系统图核对所填写的操作票正确无误，签名后交监护人。监护人按照操作任务，根据模拟系统图，核对操作票正确无误，签名后交值班负责人。值班负责人审核无误后签名，保存待用。

4.发布和接受操作指令 ← 实际操作前，由值班调度员向值班负责人发布正式的操作指令。发布指令应正确、清楚地使用规范的调度术语和设备双重名称（即设备名称和编号）。发令人发布指令前，应先和受令人互报单位和姓名。发布指令和接受指令的全过程都要录音，并做好记录。受令人必须复诵操作指令，并得到值班调度"对、执行"的指令后执行。

5.模拟操作 ← 在进行实际操作前必须进行模拟操作，监护人根据操作票中所列的项目，逐项发布操作指令（检查项目和模拟盘没有的保护装置等除外），操作人听到指令并复诵后更改模拟系统图或电子接线图。

图9-24 电网倒闸操作流程

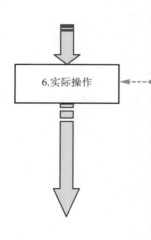

（1）监护人手持操作票，携带开锁钥匙，操作人应戴绝缘手套，拿安全工具，一起前往被操作设备位置。核对设备名称、位置、编号及实际运行状态与操作票要求一致后，操作人在监护人监护下，做好操作准备。

（2）操作人和监护人面向被操作设备的名称编号牌，由监护人按照操作票的顺序逐项高声唱票。操作人应注视设备名称编号，按所唱内容独立地、并用手指点这一步操作应动部件后，高声复诵。监护人确认操作人复诵无误后，发出"对、执行"的操作指令，并将钥匙交给操作人实施操作。在操作中发生疑问时，应立即停止操作，向发令人汇报，待发令人再行许可后再进行操作，不准擅自更改操作票，不准随意解除闭锁装置。

（3）监护人在操作人完成操作并确认无误后，在该操作项目上打"√"。对于检查项目，监护人唱票后，操作人应认真检查，确认无误后再复诵，监护人同时也进行检查，确认无误并听到操作人复诵，在该项目上打"√"。严禁操作项目与检查项一并打"√"。

（4）如需在计算机监控屏上进行遥控操作，操作人、监护人应单独输入自己的操作密码，分别核对鼠标单击处的设备名称、编号正确，监护人确认操作人鼠标单击处的设备名称编号正确，复诵无误后，发出"对，执行"的操作指令，操作人实施操作。在计算机监控屏上执行的任何倒闸操作不得单人操作，不得使用他人的操作密码。

7.复核

全部操作项目完毕后，应复核被操作设备的状态、表计及信号指示等是否正常、有无漏项等。

8.汇报完成

完成全部操作项目后，监护人在操作票的结束处盖"已执行"章，并在操作票上记录操作结束时间后交值班负责人，值班负责人向调度汇报操作任务已完成。

图9-24　电网倒闸操作流程（续）

2. 电网倒闸操作经验

电网倒闸操作经验如表9-1所示。

表9-1　电网倒闸操作经验

设 备 名 称	操 作 经 验
隔离开关（手动）	手动合闸刀先慢后快，先解除闸刀定位销，放置好操作工具，站位站好（拉闸刀而不是推闸刀），慢慢开始操作，检查动触头是否动作，操作有无卡滞情况，当感觉操作顺畅后，迅速合上闸刀
	手动操作闸刀、接地闸刀时，有时定位销卡得过紧，前后晃动操作杆可以让定位销松动。定位销被拉起后，操作杆离开分位/合位后，即可松开定位销，用两只手操作操作杆
	闸刀合上后，定位销、挂锁等不急于复位或上锁，检查闸刀位置，需特别注意闸刀触头的咬合情况（闸刀连杆是否水平不是判断闸刀是否到位的依据，触头咬合的情况是否良好才是重点）、检查主刀与地刀机械连锁情况。检查无误后再将定位销、挂锁等复位或上锁
	手动分闸刀开始时，应先快后慢，当动触头刚离开静触头时，应迅速拉开后检查动、静触头断开情况。注意检查相应的机械闭锁是否开放。检查无误后再将定位销、挂锁等复位或上锁

续表

设备名称	操作经验
隔离开关（手动）	在操作闸刀过程中，要特别注意若绝缘子有断裂等异常时应迅速撤离现场
	闸刀在操作过程中，如有卡阻现象时，应进行相应的检查（设备是否正确、定位销有无开放、电气闭锁、机械闭锁有无开放、连杆是否变形等），若检查均无问题则是触头咬合较紧的原因，多次反复操作闸刀连杆并用力。不能不用力，但不可用蛮力，因为可能导致连杆变形。需具体设备具体分析
接地闸刀（手动）	合接地闸刀时，先操作动触头稍微动一点点，检查接地闸刀的操作是否正确后再迅速合上，通过操作的冲力使静触头咬合，但不可过于用力，因接地闸刀操作不频繁，太过用力容易导致触头卡死，无法分闸
	接地闸刀分闸后特别注意检查主刀与地刀机械连锁开放情况
电动闸刀（现场）	电动闸刀的操作按钮按一下即可，无须常按（只需触发，其有自保持回路）
	分、合闸按钮操作完毕后，操作人应随时准备按"停止"按钮
	通过按接触器的按钮进行操作时，躲过了所有的电气五防，此操作方法严禁使用
电动闸刀（遥控）	220kV变电站电动闸刀一般在其控制回路中串有测控闭锁节点，因此在现场电动操作也是满足五防要求，特殊情况下，可以在现场进行电动操作
	闸刀遥控操作过程中，现场的操作人员应远离此闸刀
	闸刀遥控操作后，注意现场位置的检查及后台位置遥信的变化
开关	断路器的操作最重要的是检查位置，可通过后台机遥信变化、潮流变化、操作箱上红绿灯位置指示、现场机械指示牌、现场断路器连杆进行位置的检查判断。至少要有两个及以上不同源的变化量才能做出判断
压板	取压板操作时，注意压板取下后，底部的固定端要拧紧
	测量压板两端电压时，注意选择万用表的直流挡及相应的量程
	压板取放操作时防止误碰周边低压带电设备
	投退压板操作完毕后检查保护装置上相应的报文信息
电流端子	操作过程中操作人将电流端子放上，监护人检查电流端子是否拧紧后，操作人再将连接件的电流端子取下
	操作过程中注意检查电流端子有无破损（通过端子实现回路的通断）
熔丝	熔丝放上之前注意检查完好情况，熔丝更换后注意检查型号的匹配
	熔丝操作过程中注意防止误碰周边低压带电设备
小开关	小开关操作过程中注意防止误碰周边低压带电设备
	操作过程中若合上小开关后其自动断开，切不可强行再合，应进行检查后再操作
	投切小空开时应单手进行，另一只手不能扶着箱门，以免漏电在两手间形成回路
KK切换开关	KK切换开关操作时触发一下即可，无须长期保持在切换的位置
	操作完毕后注意KK开关的复位
电磁锁	应尽量迅速按下励磁按钮并打开锁销，不可长时励磁，以免烧坏电磁锁
其他	不受供电调度所调度的双电源（包括自发电）用电单位严禁并路倒闸（倒路时应先停常用电源，后送备用电源）

续表

设 备 名 称	操 作 经 验
其他	10kV双路电源允许合环倒路的调度户，为防止倒闸过程中过电流保护装置动作跳闸，经调度部分同意，在并路过程中自行停用进线过流保护装置，调度值班员不再下令
	用绝缘棒拉、合隔离开关或经传动机构拉、合隔离开关和断路器或手车拉出、推入，均应戴绝缘手套；雨天操作室外高压设备时，绝缘棒应有防雨罩，还应穿绝缘靴。接地网电阻不符合要求的，晴天也应穿绝缘靴。雷电时，禁止进行倒闸操作
	带电装卸高压（10kV级）熔丝管时，应使用绝缘夹钳或绝缘杆、戴防护眼镜、戴绝缘手套、穿绝缘靴，并应站在绝缘垫（台）上
	操作中，操作人员与带电导体应保持足够的安全距离，同时应穿长袖上衣和长裤
	送电时，先合闸刀，后合开关（断路器）。停电时，顺序相反
	开关两侧有闸刀，闸刀的操作顺序为：停电时，先拉负荷侧闸刀，后拉电源侧闸刀。送电时，则相反。因为开关时有继电保护，停电时，开关因某种原因未断开，如果先拉负荷侧闸刀造成带负荷拉闸刀，形成三相短路事故，但保护动作将开关断开，事故点被切除。虽然是带负荷拉闸刀，但未造成事故扩大。否则，先拉电源侧闸刀会造成带负荷拉闸刀，因短路点在此开关的电源侧，所以上级开关保护动作掉闸，造成越级掉闸，扩大停电范围。所以操作应按顺序规定进行
	单极闸刀及跌落式熔断器的操作顺序为：停电时，应先拉中相，后拉边相。送电时操作顺序则相反。其目的是减少拉合中间相熔断器时，变压器励磁电流产生的弧光在拉合熔断器时造成短路事故

9.5.2 电力变压器操作调试

1. 变压器操作调试方法

电力变压器操作调试方法如表9-2和表9-3所示。

表9-2 变压器送电操作调试方法

操 作 步 骤	操 作 说 明
1. 送电前检查	（1）外观检查。变压器本体应干净无积尘，无异物，无裂纹等现象，导体连接处无过热现象，接地良好。 （2）冷却风扇能正常运转
2. 变压器空载送电	（1）核对变压器负荷侧开关处在断开位置。防止变压器带荷送电，产生冲击电流，因此变压器必须空载受电。 （2）合上变压器电源侧开关，变压器上电
3. 检查变压器空载运行参数	核对变压器的空载电流值、三相电流是否平衡。空载电流一般为额定电流的2%~10%
4. 变压器带负荷	合上变压器负荷侧开关。核对变压器负荷侧电压是否平衡
5. 带负载后监护	（1）每天至少检查一次变压器运行情况。记录变压器温度，三相电流、电压值。 （2）测量变压器连接处的温度。 （3）变压器运行声音是否正常。 （4）每次增加20%负荷时，需加强检查。 （5）干式变压器温控器正常情况下设在自动模式，运行温度超过90°C冷却风扇启动，70°C自动停止，130°C报警

表9-3　变压器停电操作调试方法

操 作 步 骤	操 作 说 明
1. 断开变压器负荷侧开关	（1）将变压器负荷降到最低。 （2）拉开负荷侧全部开关。 （3）操作后核对负荷侧已断电
2. 记录变压器空载参数	记录变压器空载电流是否平衡，与历次的空载电流有无变化
3. 断开变压器进电源开关。	拉开变压器电源侧开关。拉开后核对开关柜指示，变压器确实断电，进行变压器放电处理

2. 变压器跳闸故障检修调试

对于变压器出现故障后的处理方法如表9-4所示。

表9-4　变压器跳闸故障检修调试

变压器跳闸检修调试	
单台变压器	1. 如果出现重瓦斯保护动作，可以断定是变压器内部故障，不能试发并立即报告有关部门
	2. 差动或变压器速断保护动作，基本可判断为电压器故障，应检查变压器差动及速断保护范围内的设备，将故障处理完后才能送电
	3. 过流保护动作或轻瓦斯发出信号，可能是变压器低压侧有故障或变压器内部匝间短路，应对变压器进行检查
多台变压器	1. 有两台变压器，一台运行，当运行的变压器发生故障跳闸时，应先投入使用备用电压器，检查负荷情况，然后处理故障变压器
	2. 两台变压器同时运行，其中一台因故障跳闸后，应防止过负荷

9.5.3　高压断路器掉闸故障检修调试

高压断路器掉闸后按图9-25所示的方法进行检修调试。

1. 高压断路器跳闸有高压故障信号指示的，应禁止合闸，排除故障后才可合闸，也可根据实际情况采用低压母联；高压断路器跳闸，低压进线主断路器跳闸，各出线柜未跳闸，应考虑故障在低压柜内，排除故障后恢复供电。

2. 低压进线主断路器及某分路断路器跳闸，应考虑此分路有外部故障，应禁止合此分路断路器，但可恢复这一段其他分路的供电，带故障原因查明后可恢复此分路断路器的供电。

3. 失电后再恢复供电操作前，应检查每一分路断路器是否处于分离状态，防止带负荷操作。恢复供电后，根据用户情况合上相应的分路断路器，模拟屏应反映当前设备运行状态，二小时内值班电工应注意观察，以防止再度失电。

图9-25　高压断路器掉闸处理

9.5.4 电压、电流互感器异常故障检修调试

电压互感器、电流互感器异常故障检修调试方法如图9-26所示。

1.电压互感器一次侧熔体熔断而二次侧熔体未熔断时，应遥测绝缘电阻值。如绝缘电阻值合格，可更换熔体后试送电，如再次熔断则应进行试验。

2.电压互感器二次侧熔体熔断时，可更换合格的熔体后试送电。如再次熔断，应立即查找线路上有无短路现象。

3.电流互感器发生异响，表计指示异常，二次回路有打火现象，应立即停电检查二次侧是否开路或减少负荷进行处理。

4.瓷套管表面发生放电或瓷套管破裂、漏油严重及冒烟等现象，应立即停电处理。

图9-26　电压、电流互感器异常故障检修调试

9.5.5 供配电线路检修实战

某供配电所供配电线路检修实战如图9-27所示。

填写工作票。按照断开联络柜隔离→低压隔离开关→补偿柜隔离开关→高压断路器→高压隔离的步骤进行停电操作，并悬挂禁止合闸标识牌，并检查发电机切换是否正常。

图9-27　配电所供配电线路检修

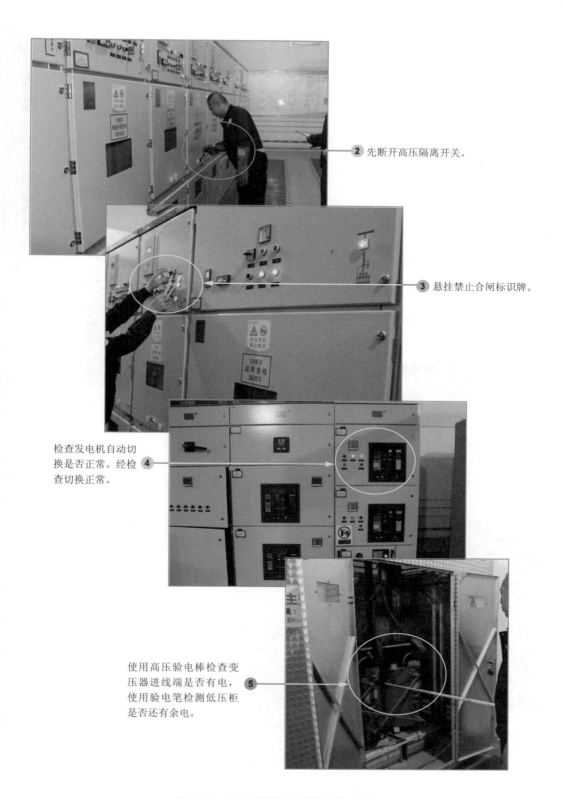

图9-27 配电所供配电线路检修（续）

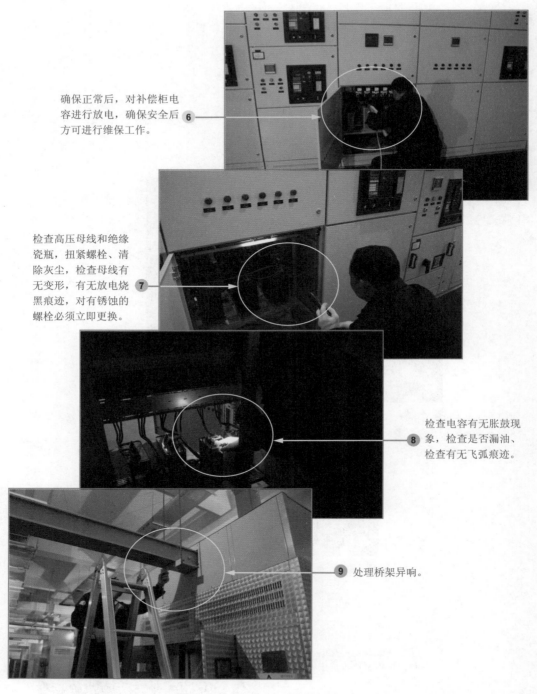

确保正常后，对补偿柜电容进行放电，确保安全后方可进行维保工作。 **6**

检查高压母线和绝缘瓷瓶，扭紧螺栓、清除灰尘，检查母线有无变形，有无放电烧黑痕迹，对有锈蚀的螺栓必须立即更换。 **7**

检查电容有无胀鼓现象，检查是否漏油、检查有无飞弧痕迹。 **8**

处理桥架异响。 **9**

图9-27 配电所供配电线路检修（续）

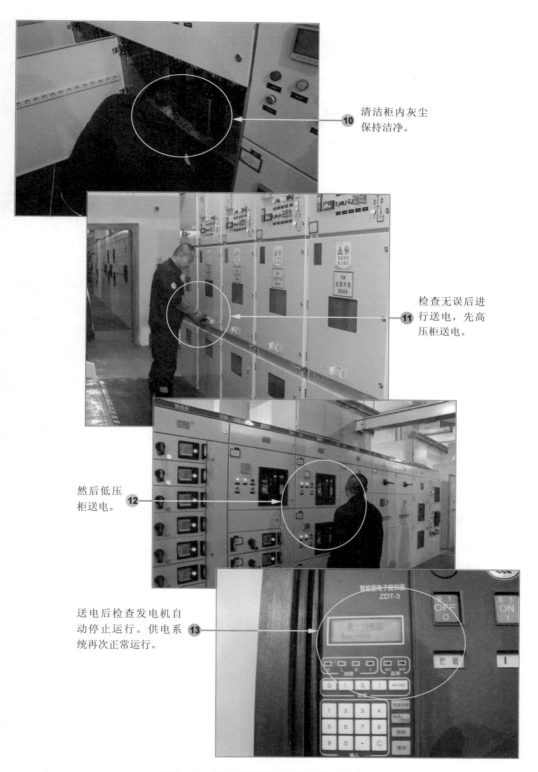

清洁柜内灰尘
保持洁净。 10

检查无误后进
行送电，先高 11
压柜送电。

然后低压 12
柜送电。

送电后检查发电机自
动停止运行。供电系 13
统再次正常运行。

图9-27　配电所供配电线路检修（续）

第 10 章

照明控制电路的安装与检修实战

照明电路是我们生活中接触最为频繁的电路，日常工作、生活中会遇到各种各样的照明需求，这就需要设计不同的照明电路，并将各种设备安装连接规则弄明白。下面本章将重点讲解各种照明设备的连接安装方法，不同功能的照明控制电路的连接方法等。

10.1　室内照明电路的组成特点

通常来说照明电路由电度表、断路器、闸刀开关、连接导线、开关、插座及照明灯具（吸顶灯、吊灯、射灯等）组成。如图10-1所示。

电度表是用于测量电路中电源输出的电能的仪表。其原理是内部电流线圈和电压线圈产生的涡流，推动铝盘转动带动计数器而实现计量用电量。

断路器，也叫空气开关，是一种电路中电流超过额定电流就会自动断开的开关。其能对电路或电气设备发生的短路、严重过载及欠电压等进行保护。

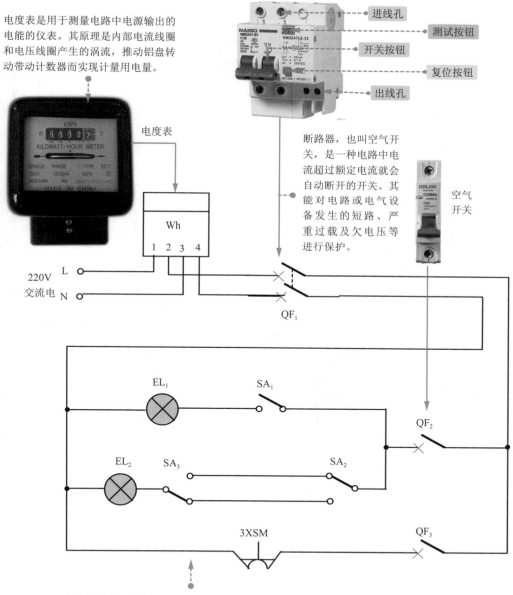

家庭中常用的电路主要三种：照明电路（用于家中的照明灯和装饰灯）、空调电路（用于空调等大电流的设备）、插座线路（用于家中各种插座的供电使用）。为了避免在日常生活中三种线路互相影响，常将这三种线路分开安装布线，并根据需要来选择相应的断路器（空气开关）。

图10-1　室内照明控制电路的组成

开关是安装在墙壁上使用
的电器（灯具）开关。家
庭常用的有单控、双控和
三控等。

照明电路中的火线一般用红色导线，零线
一般用蓝色导线，地线一般用黄绿双色导
线。导线的截面积一般根据用电器的功率
选择，常用的有1.5mm²、2.5mm²、4mm²、
6mm²等几个规格的铜线。

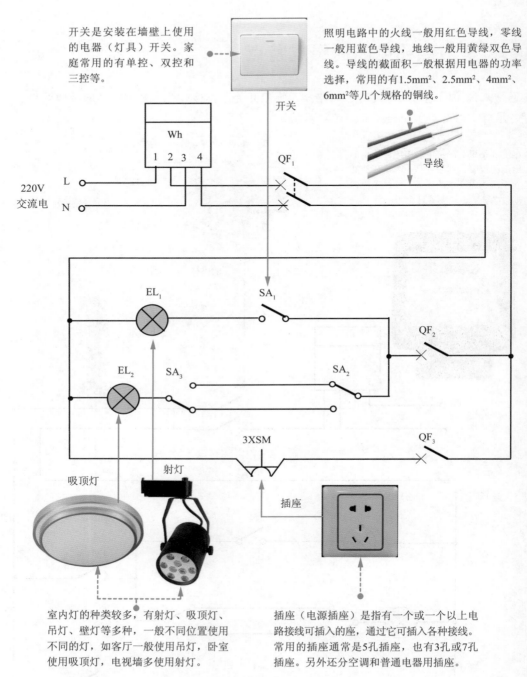

开关

导线

220V
交流电

Wh

L

N

QF₁

EL₁

SA₁

QF₂

EL₂

SA₃

SA₂

3XSM

QF₃

吸顶灯

射灯

插座

室内灯的种类较多，有射灯、吸顶灯、
吊灯、壁灯等多种，一般不同位置使用
不同的灯，如客厅一般使用吊灯，卧室
使用吸顶灯，电视墙多使用射灯。

插座（电源插座）是指有一个或一个以上电
路接线可插入的座，通过它可插入各种接线。
常用的插座通常是5孔插座，也有3孔或7孔
插座。另外还分空调和普通电器用插座。

图10-1　室内照明控制电路的组成（续）

10.2 室内照明电路基本连接方法

在照明电路中需要将常用的电度表、断路器、开关、插座、照明灯等设备连接起来，每个设备的连接方法都不相同。本节将重点讲解各种设备的连接方法。

10.2.1 电源与电度表的连接

在实际用电过程中，为了按用电量缴费，一般每户都会装一个电度表，所以在每户家庭的电路中，首先连接的是电度表。电度表的接线其实比较简单，主要遵循"1、3进线，2、4出线"的原则即可，如图10-2所示。

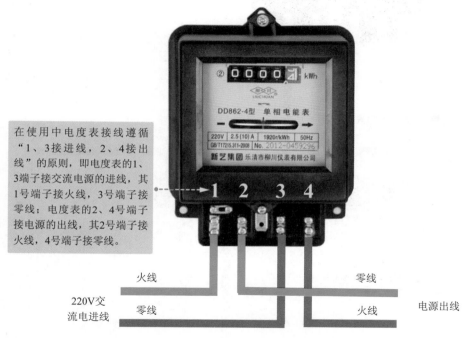

在使用中电度表接线遵循"1、3接进线，2、4接出线"的原则，即电度表的1、3端子接交流电源的进线，其1号端子接火线，3号端子接零线；电度表的2、4号端子接电源的出线，其2号端子接火线，4号端子接零线。

火线　　　　　　　零线

220V交流电进线　　零线　　　　　　火线　　　电源出线

图10-2 电源与电度表连接方法

10.2.2 电度表与空气开关的连接

经过学习我们已经了解空气开关（断路器）主要起到开关、短路保护、过载保护、欠电压保护等功能，所以一般用空气开关作为电路的总开关。其接线方法如图10-3所示。

（即扫即看）

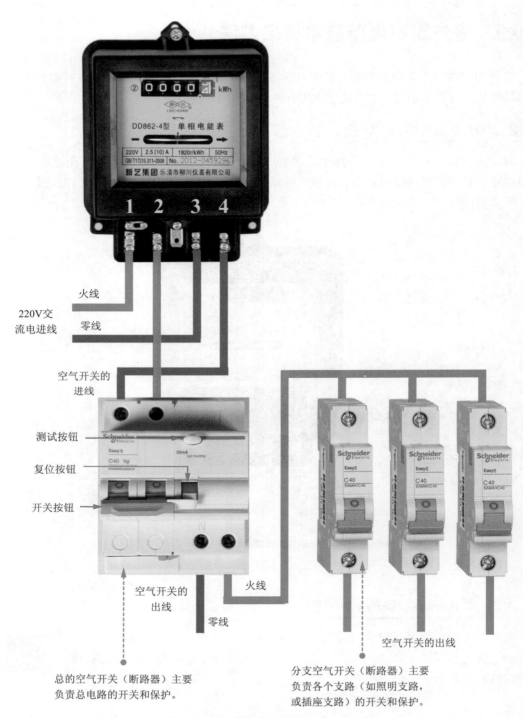

火线

220V交
流电进线

零线

空气开关的
进线

测试按钮

复位按钮

开关按钮

空气开关的
出线

火线

零线

空气开关的出线

总的空气开关（断路器）主要
负责总电路的开关和保护。

分支空气开关（断路器）主要
负责各个支路（如照明支路，
或插座支路）的开关和保护。

图10-3　电度表与空气开关的连接

10.2.3　电路中的开关连接

开关主要用来控制灯具的开关，开关的连接主要遵循"火线进开关，零线进灯头"的原则，即开关在使用中要将火线接入开关中，以达到控制灯具通断的目的，如图10-4所示。

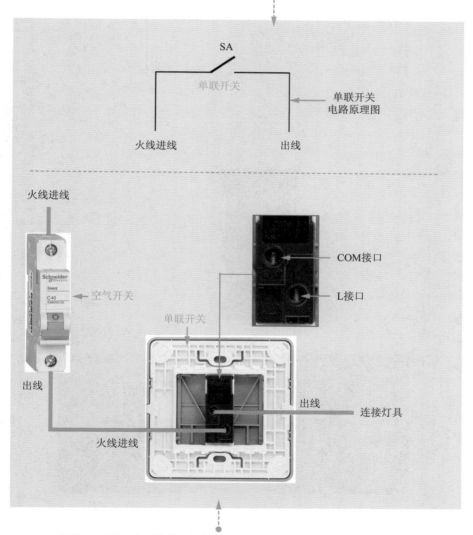

单联开关共有两个接柱，分别接入进线和出线。在按动开关按钮时，存在接通或断开两种状态，从而把电路变成通路或断路。在照明电路中，为了安全用电，单联开关要接在火线上。

SA

单联开关

单联开关
电路原理图

火线进线　　　　　出线

火线进线

空气开关

出线

COM接口

L接口

单联开关

出线

连接灯具

火线进线

单联开关的连接比较简单，从断路器或闸刀开关出来的火线直接接入单联开关的L接口，然后从COM接口引出导线，连接到照明灯上即可。

图10-4　电路中的开关连接

双联是指一盏灯有两个开关(可以在不同的地方控制开关同一盏灯,比如卧室进门一个,床头一个,同时控制卧室灯)。但是双联必须在当初布线的时候就设计好,如果布的是单联的线,即使买了双联开关也没法实现双控。

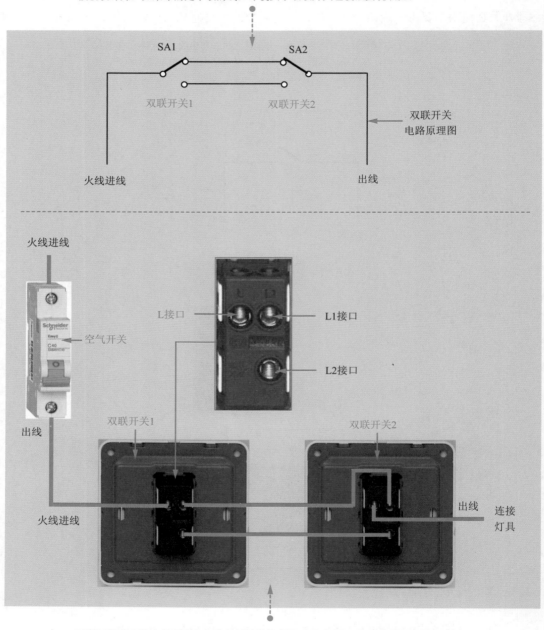

双联开关在电路中需要两个配套使用才能控制电路的通断。双联开关连接时,从断路器或闸刀开关出来的火线直接接入双联开关1的L接口,然后从L1接口引出导线连接到双联开关2的L1接口上,从双联开关1的L2接口引出导线连接到双联开关2的L2接口上,然后从双联开关2的L接口上引出导线,连接到照明灯上即可。

图10-4　电路中的开关连接(续)

10.2.4 照明灯在电路中的连接

照明灯接在电路中必须有火线、有零线。在接线中要注意灯座上的标号，将火线接在标有L的接线端口上，将零线接在标有N的接线端口上。如图10-5所示。

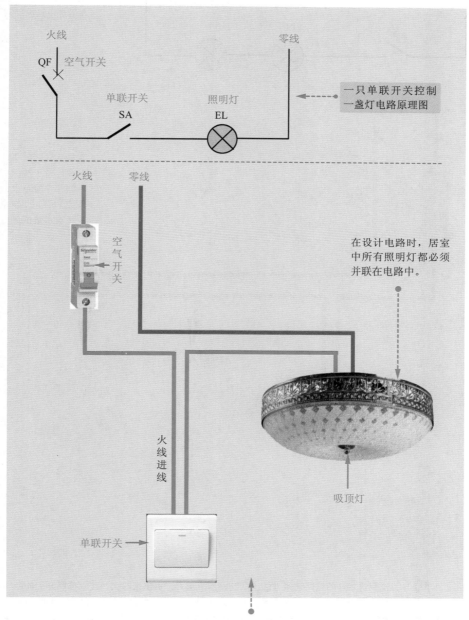

一只单联开关控制一盏灯的电路连接方法：从断路器或闸刀开关出来的火线接入单联开关的L接口，并从COM口引出导线，连接到灯的L端口上，最后将零线接在灯的N口上。

（a）一只单联开关控制一盏灯电路

图10-5 照明灯在电路中的连接

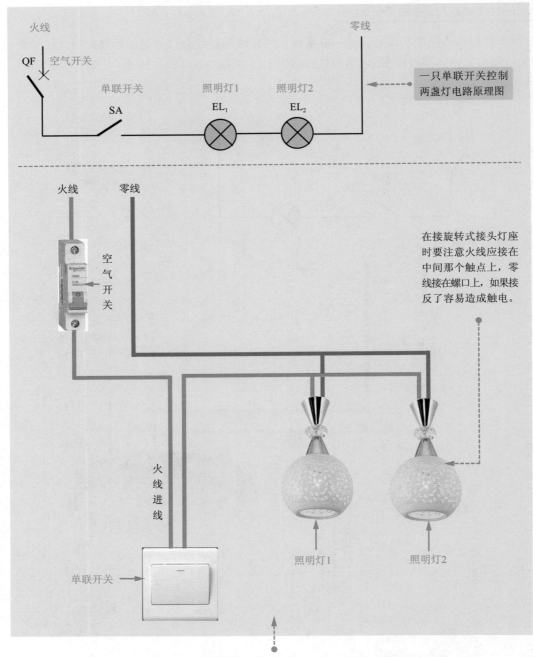

一只单联开关控制两盏灯的电路连接方法：从断路器或闸刀开关出来的火线接入单联开关的L接口，并从COM口引出导线，连接到照明灯1的L端口上，并将零线接在照明灯1的N口上。同时将从单联开关出来的火线连接到照明灯2的L端口上，再将零线接在照明灯2的N口上。

（b）一只单联开关控制两盏灯电路

图10-5　照明灯在电路中的连接（续）

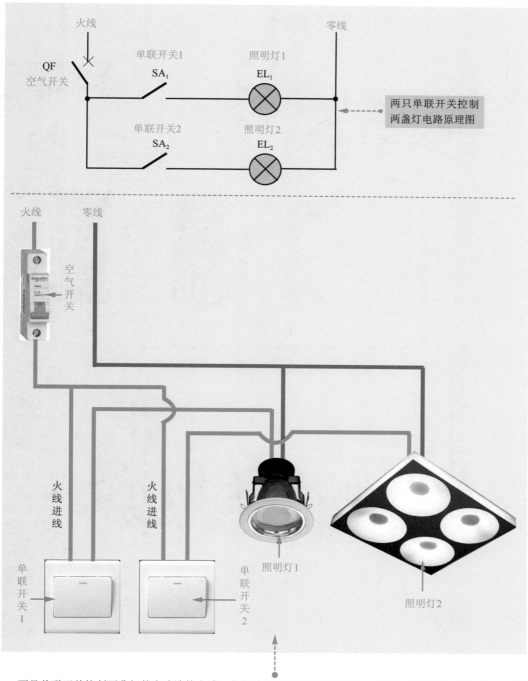

两只单联开关控制两盏灯的电路连接方法：从断路器或闸刀开关出来的火线接入单联开关1的L接口，并从COM口引出导线，连接到照明灯1的L端口上，并将零线接在照明灯1的N口上。同时将从断路器出来的火线接入单联开关2的L接口，并从COM口引出导线，连接到照明灯2的L端口上，并将零线接在照明灯2的N口上。

（c）两只单联开关控制两盏灯电路

图10-5　照明灯在电路中的连接（续）

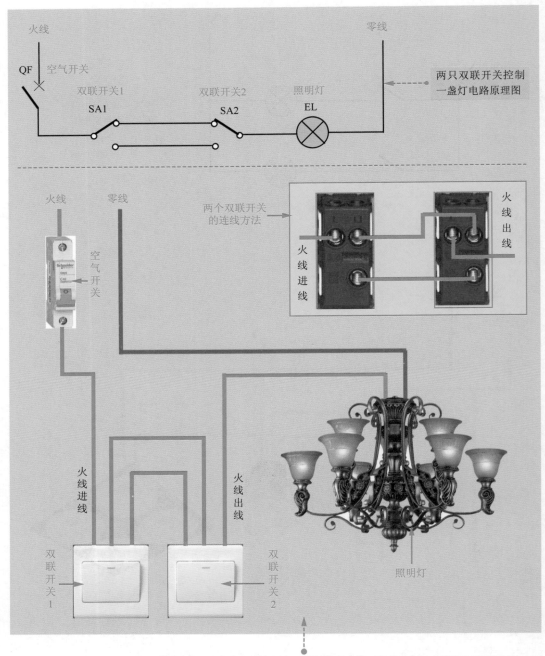

（d）两只双联开关控制一盏灯电路

两只双联开关控制一盏灯的电路连接方法：从断路器或闸刀开关出来的火线接入双联开关1的L接口，然后分别从双联开关1的L1、L2口引出导线连接双联开关2的L1、L2口，接着从双联开关的L口引出导线连接到照明灯的L端口上，并将零线接在照明灯的N口上。

图10-5 照明灯在电路中的连接（续）

10.2.5　插座在电路中的连接

常用的插座主要有3孔插座和5孔插座，对于三孔插座来说，通常按"左零右火"的原则来接线；对于5孔插座按"上地左零右火"的原则接线。如图10-6所示。

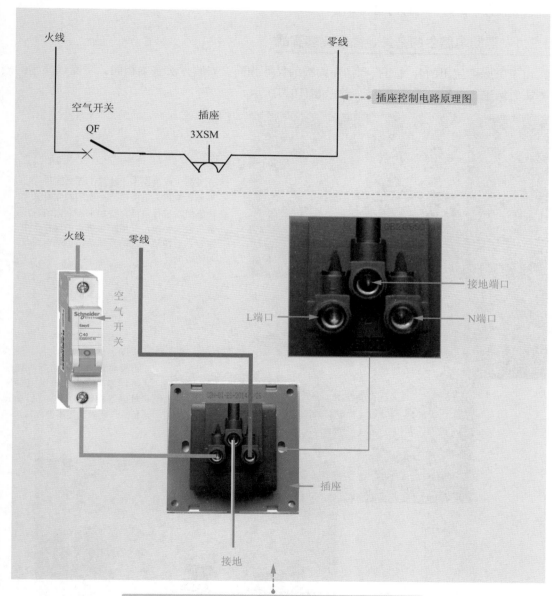

图10-6　插座在电路中的连接

10.3 照明线路安装实战

家用照明电路安装中，会涉及各种开关插座的安装、各种照明灯的安装，下面将讲解开关插座、吸顶灯、吊灯、射灯的安装方法。

10.3.1 照明电路中的开关、插座安装实战

由于家庭中使用的开关面板和插座面板的尺寸相同，安装方法基本相同，下面以插座的安装方法为例进行讲解。插座的安装方法如图10-7所示。

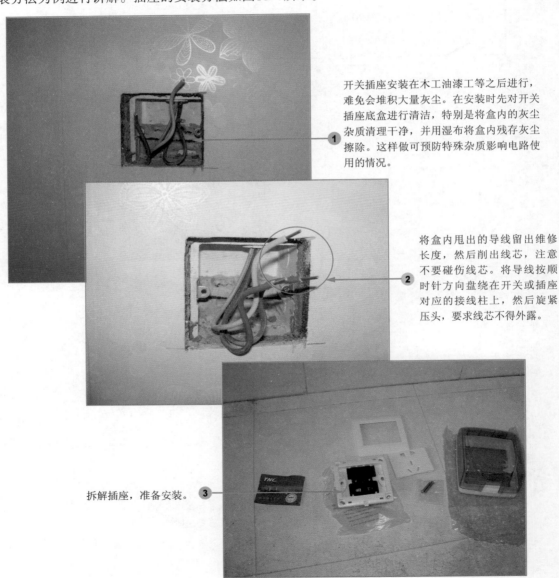

① 开关插座安装在木工油漆工等之后进行，难免会堆积大量灰尘。在安装时先对开关插座底盒进行清洁，特别是将盒内的灰尘杂质清理干净，并用湿布将盒内残存灰尘擦除。这样做可预防特殊杂质影响电路使用的情况。

② 将盒内甩出的导线留出维修长度，然后削出线芯，注意不要碰伤线芯。将导线按顺时针方向盘绕在开关或插座对应的接线柱上，然后旋紧压头，要求线芯不得外露。

③ 拆解插座，准备安装。

图10-7 照明电路中的开关、插座的安装

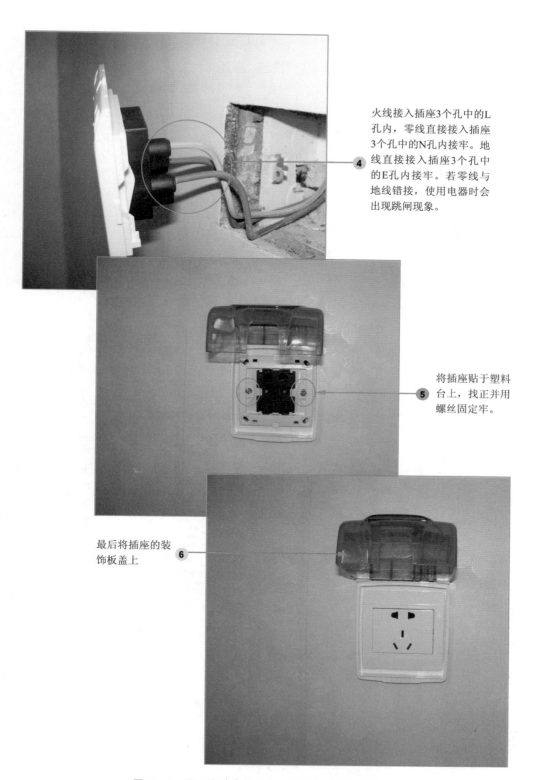

④ 火线接入插座3个孔中的L孔内，零线直接接入插座3个孔中的N孔内接牢。地线直接接入插座3个孔中的E孔内接牢。若零线与地线错接，使用电器时会出现跳闸现象。

⑤ 将插座贴于塑料台上，找正并用螺丝固定牢。

⑥ 最后将插座的装饰板盖上

图10-7　照明电路中的开关、插座的安装（续）

10.3.2　吸顶灯安装实战

吸顶灯多以扁平外形为主，紧贴与屋顶安装，就像吸附在天花板上，因而得名，吸顶灯的安装方法如图10-8所示。

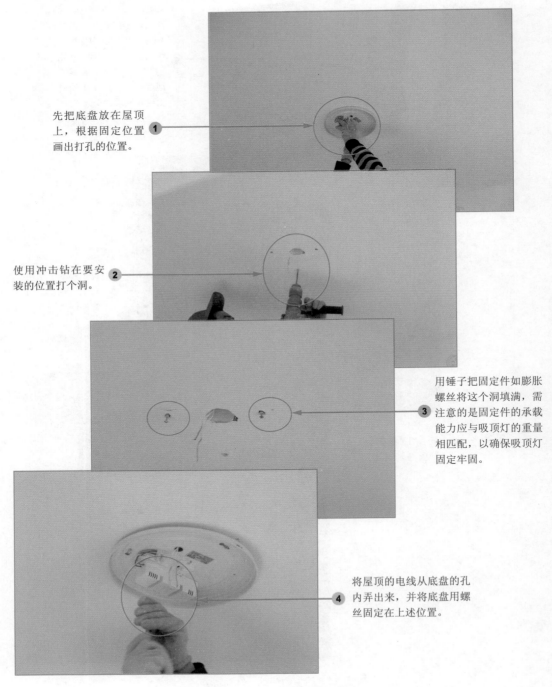

先把底盘放在屋顶上，根据固定位置画出打孔的位置。 ①

使用冲击钻在要安装的位置打个洞。 ②

③ 用锤子把固定件如膨胀螺丝将这个洞填满，需注意的是固定件的承载能力应与吸顶灯的重量相匹配，以确保吸顶灯固定牢固。

④ 将屋顶的电线从底盘的孔内弄出来，并将底盘用螺丝固定在上述位置。

图10-8　吸顶灯安装方法

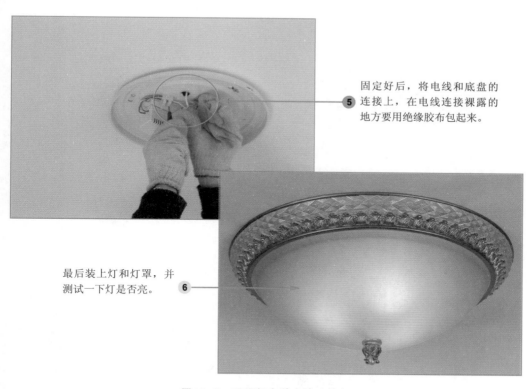

固定好后，将电线和底盘的连接上，在电线连接裸露的地方要用绝缘胶布包起来。 **5**

最后装上灯和灯罩，并测试一下灯是否亮。 **6**

图10-8 吸顶灯安装方法（续）

10.3.3 吊灯安装实战

吊灯是在室内天花板上使用的高级装饰用照明灯，其大气高贵的造型能彰显房屋的富丽堂皇。使用吊灯要求房子有足够的层高，由于吊灯的重量原因要求固定更为牢固。如图10-9所示为房间中的吊灯。

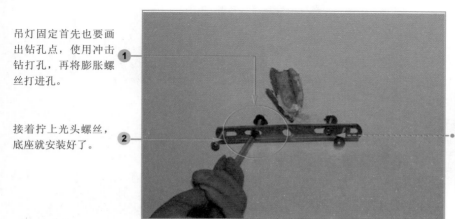

吊灯固定首先也要画出钻孔点，使用冲击钻打孔，再将膨胀螺丝打进孔。 **1**

接着拧上光头螺丝，底座就安装好了。 **2**

由于吊灯的负重一般大于吸顶灯，要先使用金属挂板或吊钩固定顶棚，再连接吊灯底座，这样能使吊灯的安装更牢固。

图10-9 吊灯安装方法

连接电源电线，铜线外露部分
使用绝缘胶布包裹。最后将吊
灯的灯罩与灯泡安装即可。

然后将吊杆与底座连接，
调整到合适的高度。

开始组装吊
灯的组件

图10-9　吊灯安装方法（续）

继续组装吊灯的组件。

6

灯具安装最基本的要求是必须牢固。安装各类灯具时，应按灯具安装说明的要求进行安装。如灯具重量大于3kg时，应采用预埋吊钩或从屋顶用膨胀螺栓直接固定支吊架安装。

图10-9　吊灯安装方法（续）

10.3.4　射灯安装实战

　　射灯是一种安装在较小空间中的照明灯，由于它是依靠反射作用，所以只需耗费很少的电能就可以生产很强的光。射灯可以用来突出室内某一块地方，还可以增加立体感，营造出特别的气氛。射灯安装方法如图10-10所示。

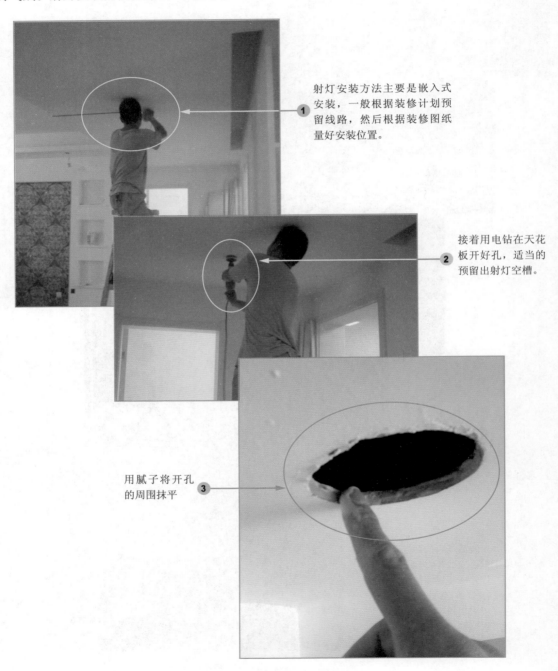

射灯安装方法主要是嵌入式安装，一般根据装修计划预留线路，然后根据装修图纸量好安装位置。

接着用电钻在天花板开好孔，适当的预留出射灯空槽。

用腻子将开孔的周围抹平

图10-10　射灯的安装方法

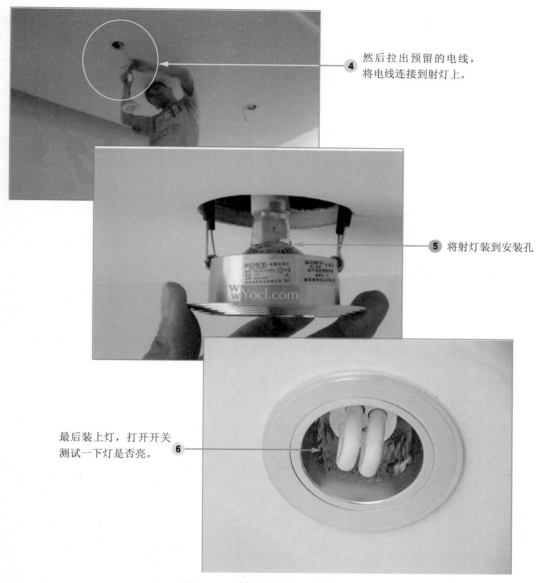

④ 然后拉出预留的电线，将电线连接到射灯上。

⑤ 将射灯装到安装孔

⑥ 最后装上灯，打开开关测试一下灯是否亮。

图10-10 射灯的安装方法（续）

10.4 常见照明控制电路详解

　　不同的照明控制电路可以实现不同的控制效果和功能，在日常工作和生活中经常会遇到各种各样的情况，需要对照明灯进行不同的控制。本节将提供一些电工最常见照明灯接线电路图，供大家参考。

10.4.1 一个单控开关控制一盏照明灯电路

一个单控开关控制一盏灯的电路是最常用的一种电路，这种电路连接简单，控制方便，如图10-11所示。

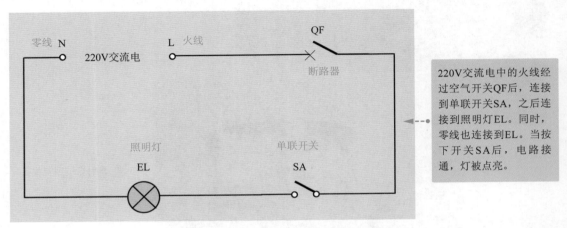

220V交流电中的火线经过空气开关QF后，连接到单联开关SA，之后连接到照明灯EL。同时，零线也连接到EL。当按下开关SA后，电路接通，灯被点亮。

图10-11 一个单控开关控制一盏照明灯电路

10.4.2 两个单控开关分别控制两盏照明灯电路

两个单控开关分别控制两盏照明灯电路是室内电路中常用的一种电路，一般在客厅有吊灯、射灯等多种灯，每种灯需要用一个开关分别来控制。如图10-12所示。

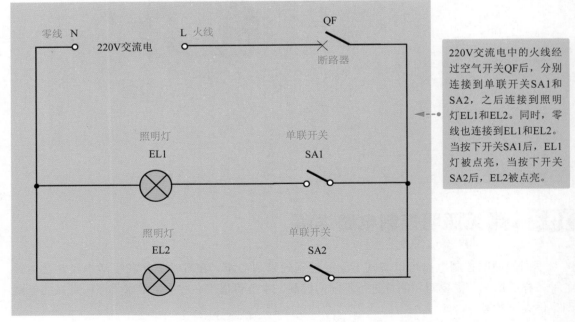

220V交流电中的火线经过空气开关QF后，分别连接到单联开关SA1和SA2，之后连接到照明灯EL1和EL2。同时，零线也连接到EL1和EL2。当按下开关SA1后，EL1灯被点亮，当按下开关SA2后，EL2被点亮。

图10-12 两个单控开关分别控制两盏照明灯电路

10.4.3　两个双控开关共同控制一盏照明灯电路

两个双控开关共同控制一盏照明灯电路一般用在卧室中，门口一个开关，床头一个开关可以实现两个地方控制一盏照明灯开关的功能。如图10-13所示。

（即扫即看）

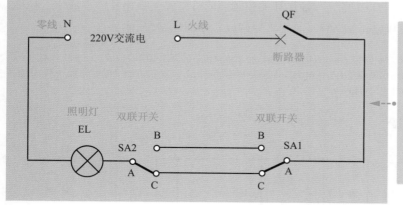

火线经过空气开关QF后，连接到双联开关SA1和SA2，再连接到照明灯EL。同时，零线也连接到EL。当按下开关SA1后（A和C连接），由于SA2的触点A和C相连，电路导通EL被点亮。当按下开关SA1或SA2时，所按开关的A和C触点断开，电路被断开，EL熄灭。

图10-13　两个双控开关共同控制一盏照明灯电路

10.4.4　两个双联开关三方控制照明灯电路

三方控制照明灯电路是指在不同位置的三个开关可控制一个照明灯。该电路由两个双控开关，一个双控联动开关组成，如图10-14所示。

① 先合上断路器QF，当SA1的A点与B点连接，联动开关SA2-a的A点与B点连接，开关SA3的A点与B点连接，照明电路断路，照明灯EL不亮。

② 当开关SA1的A与C连接，照明电路接通，照明灯EL被点亮，此时，若按动开关SA2或SA3，照明电路断路，灯EL熄灭。

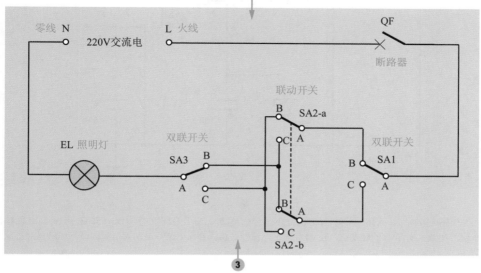

③ 当开关SA1、SA3不动作，SA2动作时，SA-a和SA-b的A与C连接，照明电路被接通，灯EL被点亮。此时若按动开关SA1或SA3，照明电路断路，灯EL熄灭。

图10-14　两个双联开关三方控制照明灯电路

10.4.5　触摸开关控制照明灯电路

触摸开关控制照明灯电路是指利用触摸开关来控制照明灯开关的电路。该电路可划分为电源电路和触摸控制电路两块。电源电路为触摸控制电路供电；触摸控制电路利用触摸开关控制晶闸管的通断，从而控制照明灯EL亮灭。触摸开关控制照明灯电路主要由桥式整流堆、稳压二极管、电容、触摸开关、集成电路NE555、晶闸管等构成，如图10-15所示。

1 当触摸开关未被按下时，220V交流电经VD1~VD4组成的桥式整流堆整流后，再由电阻R2限流，产生6V左右直流电压。此电压为芯片NE555提供工作电源。由于此时NE555的第3脚为低电平，晶闸管VT处于截止状态，这时通过桥式整流堆的电流很小，无法启动照明灯EL。

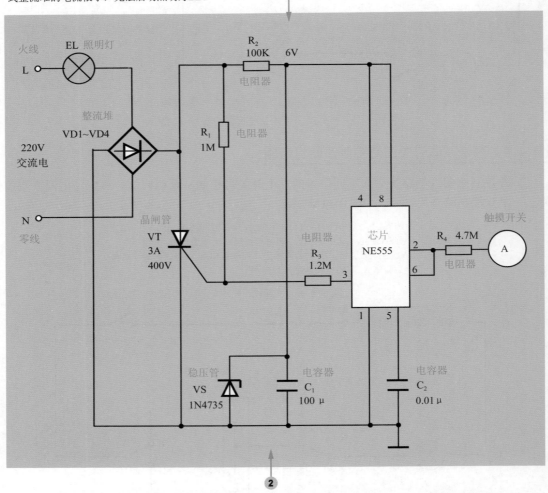

当有人触摸感应按键时，人体感应信号加到芯片NE555的第2脚。由于第2脚的作用使NE555的第3脚输出高电平。高电平信号加到晶闸管VT的触发端，使VT导通，电流经过桥式整流电路和晶闸管形成回路，灯EL被点亮。

图10-15　触摸开关控制照明灯电路

10.4.6　两室一厅室内照明灯电路

　　一般两居房子的照明灯电路主要包括客厅吊灯及射灯、卧室吊灯、书房顶灯、厨房顶灯、卫生间顶灯和射灯、玄关顶灯、阳台顶灯等。由于灯比较多，线路比较复杂，不过总体原则不变，火线进开关，零线进灯，如图10-16所示。

各支路供电线路采用并联的方式连接。所有的照明灯电路都采用火线进开关然后连接照明灯，零线直接接照明灯。

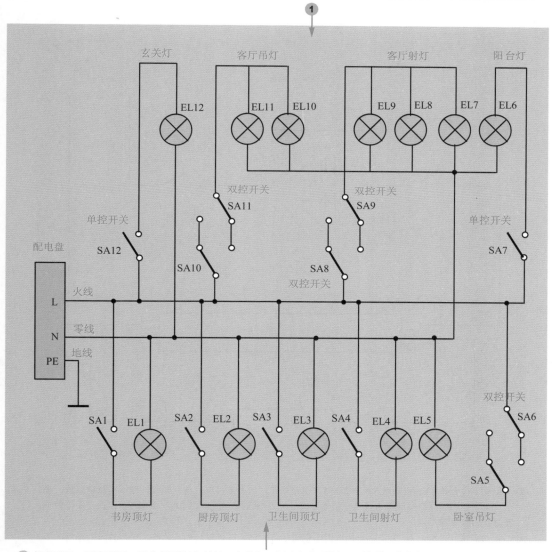

❷ 书房顶灯、厨房顶灯、卫生间顶灯和射灯、玄关灯、阳台灯都采用一开单联开关控制一盏照明灯的结构。

❸ 客厅吊灯和射灯、卧室吊灯采用一开双联开关控制，可实现两个地方控制一盏灯或一组灯。

图10-16　两室一厅室内照明灯电路

10.4.7 日光灯调光控制电路

日光灯调光控制电路主要利用电容器与控制开关组合来控制日光灯的亮度，当控制开关的挡位不同时，日光灯的发光程度也随之改变。如图10-17所示。

首先合上断路器QF，当扳动多位开关SA，将触点A和B相连时，电路不通，日光灯无法启动。当扳动多位开关SA，将触点A和C相连时，电路联通，日光灯可以启动。此时，电压经过断路器、多位开关、电容C_1、镇流器启辉器为日光灯供电。由于电容器C_1的电容量较小，阻抗较大，产生压降较高，日光灯发出较暗的光。

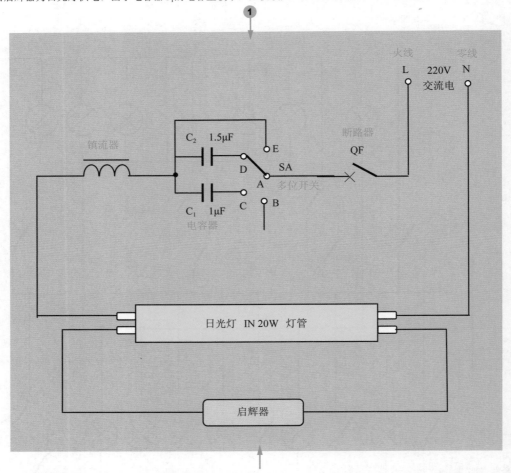

❷ 当扳动多位开关SA，将触点A和D相连时，电路联通，日光灯可以启动。此时，电压经过断路器、多位开关、电容C_2、镇流器启辉器为日光灯供电。由于电容器C_2的电容量比C_1大，阻抗较小，产生压降较低，日光灯发出较亮的光。

❸ 当扳动多位开关SA，将触点A和E相连时，电路联通，日光灯可以启动。此时，电压经过断路器、多位开关、镇流器启辉器为日光灯供电。此时电路中没有了阻抗，日光灯在额定电压下工作，发出最亮的光。

图10-17 日光灯调光控制电路

10.4.8 声控照明灯控制电路

为了节省电，一些楼道通常使用声控电路控制照明灯的开关。当有声音时，照明灯自动点亮，过一段的时间后，又自动熄灭。没有声音时，照明灯不亮。如图10-18所示。

① 当合上断路器QF，接通220V交流电。220V交流电经过变压器T进行降压后，经过二极管D整流和电容器C1滤波后变为直流电压。此电压通过第8脚为芯片NE555提供工作电压。

② 当无声音时，声音传感器BM不输出信号，芯片NE555的第2脚为高电平，第3脚输出低电平。第3脚连接到双向晶闸管VT控制端，因此VT处于截止状态，照明灯EL不通电无法点亮。

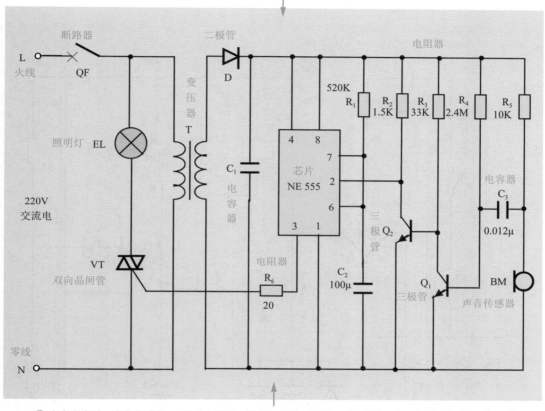

③ 当有声音时，声音传感器BM输出电信号，该信号送往三极管Q1的B极使Q1导通，之后三极管的Q2的B极也变为高电平导通。

④ 此时，芯片NE555的第2脚变为低电平，第3脚开始输出高电平。此高电平控制双向晶闸管VT导通，照明灯电路被接通，照明灯EL被点亮。

⑤ 当声音停止后，由于之前电容器C2被充电，致使NE555第6脚电压逐渐升高，当升高到一定值后（8V以上），NE555内部复位。

⑥ 复位后，NE555的第3脚又重新输出低电平。此时双向晶闸管的控制端电压变低变为截止状态。照明灯电路被断开，照明灯EL熄灭。

图10-18 声控照明灯控制电路

10.4.9 光控照明灯控制电路

光控照明灯控制电路的光控部分主要由光敏电阻器及一些控制电路组成。该电路可根据光照自动控制照明灯的开关。即白天照明灯自动关闭，夜晚或光照较弱时，自动点亮。如图10-19所示。

❶ 交流220V电压经桥式整流堆整流，再经过稳压管VS1稳压和电容C2和C3滤波后，输出12V直流电压。

❷ 白天光敏电阻MG受强光照射呈低阻状态，由光敏电阻MG、电阻器R5形成分压电路，电阻器R5上的压降较高，分压点A点的电压偏低，所以稳压管VS2无法导通。三极管Q3的B极为低电平，Q3处于截止状态。三极管Q2的B极也为低电平，也处于截止状态。同理三极管Q1也处于截止状态，因此继电器K断电线圈分离，其常开触点也处于断开状态，照明电路不通，照明灯EL不亮。

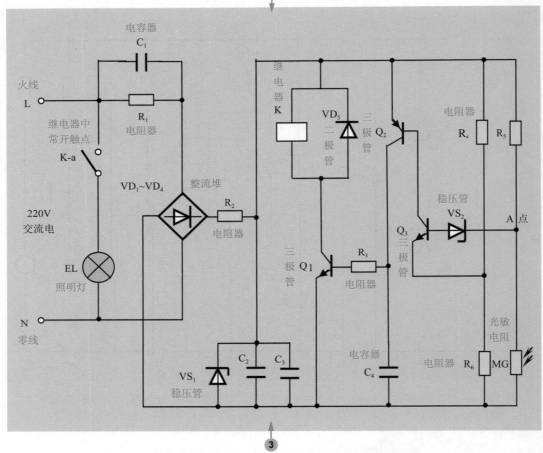

当光线变暗时，光敏电阻MG阻值增大，其压降变高，电阻器R5上的压降较低，分压点A点的电压变高，所以稳压管VS2导通。三极管Q3的B极变为高电平，Q3导通。接着三极管Q2和Q1也导通，继电器K得电内部线圈吸合，其常开触点闭合，照明电路导通，照明灯EL变亮。

图10-19 光控照明灯控制电路

10.4.10 楼道延时关灯控制电路

为了节省电能，有些楼道的照明灯设计成手动按开关按钮打开照明灯，松开开关按钮后，延时一段时间自动关闭照明灯。

（即扫即看）

楼道延时关灯控制电路主要由开关按钮、时间继电器（断电延时动作）、照明灯等组成，如图10-20所示。

1 当按下开关按钮SB1后，时间继电器KT得电内部线圈吸合，内部常开触点KT-a闭合。此时电路接通，照明灯EL1和EL2通电变亮。

2 当松开开关按钮SB1后，时间继电器KT失电内部线圈分离开始计时，内部常开触点KT-a延时一段时间后关闭。此时电路被断开，照明灯EL1和EL2断电熄灭。

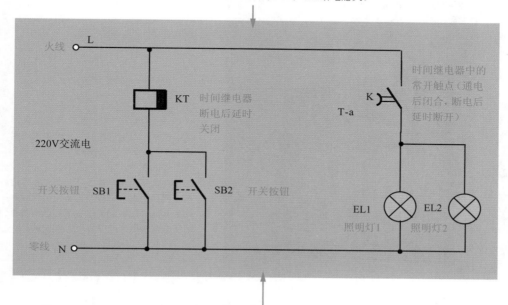

3 当按下开关按钮SB2后，时间继电器KT得电内部线圈吸合，内部常开触点KT-a闭合。此时电路接通，照明灯EL1和EL2通电变亮。

4 当松开开关按钮SB2后，时间继电器KT失电内部线圈分离开始计时，内部常开触点KT-a延时一段时间后关闭。此时电路被断开，照明灯EL1和EL2断电熄灭。

图10-20　楼道延时关灯控制电路

10.5　照明控制电路检修实战

照明控制电路在使用时免不了会出故障而导致用户不能用电，照明电路的故障检修并不复杂，下面详细讲解如何维修照明电路故障。

10.5.1　常见照明电路故障有哪些

常见的照明电路主要有：开路、短路、过载、电路接触不良、连接错误。线路漏电等。如图10-21所示。

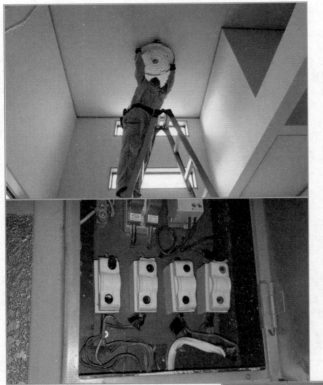

（1）开路故障。电灯不亮，用电器不工作，表明电路中出现开路。开路时电路中无电流通过，该故障可用测电笔查出。如灯丝断了；电线接头断开了、灯座、开关、拉线盒开路；熔丝熔断或进户线开路等。开路会造成用电器无电流通过而无法正常工作。

（2）短路就是指电流没有经过用电器而直接构成通路。发生短路时，电路中的电阻很小，电流很大，保险丝自动熔断。若保险丝不合适，导线会因发热，温度迅速升高，而引发火灾。如接在灯座内两个接线柱的火线和零线相碰；插座或插头内两根接线相碰；火线和零线直接连接而造成短路。短路会把熔丝熔断而使整个照明电路断电，严重者会烧毁线路引起火灾。

（3）过载。电路中用电器过多或总功率过大，导致通过导线的总电流大于导线规定的安全电流值。出现这种情况，轻者导致用电器实际功率下降；重者则是导线会因过热而引发火灾。产生的现象和后果如同短路。（加速线路老化）。

（4）电路接触不良。如灯座、开关、挂线盒接触不良；熔丝接触不良；线路接头处接触不良等。这样会使灯忽明忽暗，用电器不能连续正常工作。（最为常见，俗称虚连打火，烧毁了家用电器，为家庭电气火灾隐患的源头）。

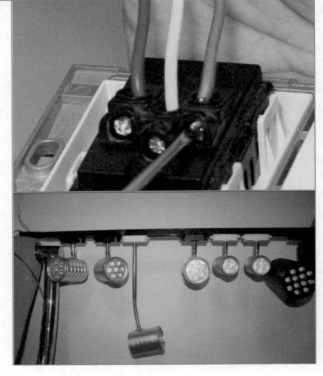

图10-21　常见照明电路故障

（5）电路本身连接错误而引起故障。如插座的两个接线柱全部接在火线或零线上；开关误接在主线中的火线上；灯泡串联接在电路中等。热水器插座没有地线、开关控制了零线、关灯还频闪、零线地线接反了、一用电就漏电开关也会跳闸。

（6）线路漏电。如果导线外层或用电器的绝缘性能下降，则电流不经用电器而直接"漏"入地下，漏电会造成用电器实际功率下降，也能造成人体触电。使用漏电保护器的则会在漏电时产生保护作用而自动跳闸。

图10-21　常见照明电路故障（续）

10.5.2　照明电路开路故障检修实战

查找开路故障时可用试电笔、万用表等进行测试，分段查找与重点部位检查相结合。对较长线路可采用对分法查找开路点。照明控制电路开路故障检修方法如图10-22所示。

（即扫即看）

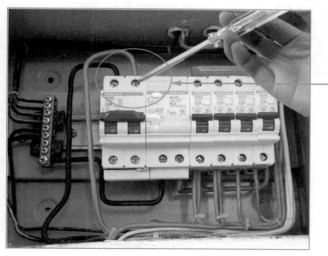

① 先用测电笔检查总闸刀上面火线接线柱，如果验电笔灯亮，说明进户线的火线正常。若不亮，说明进户线开路，应修复接通进户线。

图10-22　照明电路开路故障检修

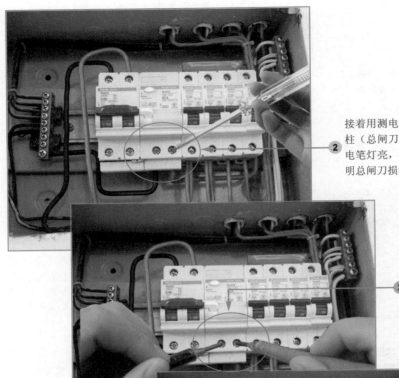

接着用测电笔检查总闸刀下面火线接线柱（总闸刀开关闭合后测量），如果验电笔灯亮，说明火线正常。若不亮，说明总闸刀损坏，需要更换。②

接下来将万用表挡位调到交流电压750V挡，然后将万用表红表笔接闸刀下面的火线接线柱，黑表笔接零线接线柱测量其电压。若电压为220V左右，则说明进户线的零线正常。否则说明零线开路。③

接下来用测电笔检查分支断路器下面的火线接线柱，如果验电笔灯亮，说明分支中的火线正常；若不亮，则为分支火线开路，应修复接通火线。④

如果分支火线正常，接着用万用表交流电压750V挡，两只表笔接分支的火线接线柱和零线接线柱测量其电压。若电压为220V左右，则说明分支的零线正常。否则就是分支零线开路，应修复接通零线。⑤

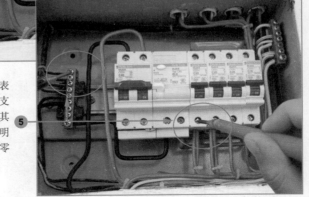

图10-22　照明电路开路故障检修（续）

如果个别灯或插座出现开路无电的故障，就用验电笔和万用表测量故障部件的接线头，顺藤摸瓜，就可以找到开路点。

图10-22　照明电路开路故障检修（续）

10.5.3　照明电路短路故障检修实战

电路短路故障维修，需要电工师傅用到专业工具（万用表或钳型电流表、摇表等）来检测，如图10-23所示。

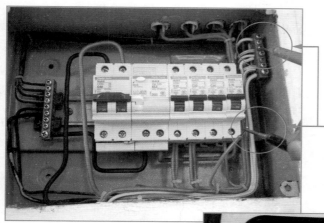

首先打开配电箱，然后拆卸下分支断路器负载端（即出线端电线），将万用表的挡位调到欧姆挡的R×10挡，然后将红表笔接地线，黑表笔分别接火线和零线，可以测出火线的对地阻值和零线的对地阻值。

如果测量的阻值无穷大，说明线路完好，（如图测得的对地阻值为无穷大）。如测量的阻值接近0，说明线路绝缘有损坏，最好换线。

图10-23　照明电路短路故障检修

10.5.4 照明电路漏电故障检修实战

照明线路的漏电主要是由于相线与零线间绝缘受潮气侵袭或被污染造成绝缘不良，产生相线与零线间的漏电；相线与零线之间的绝缘受到外力损伤，因而形成相线与地之间的漏电。照明电路漏电故障检修方法如图10-24所示。

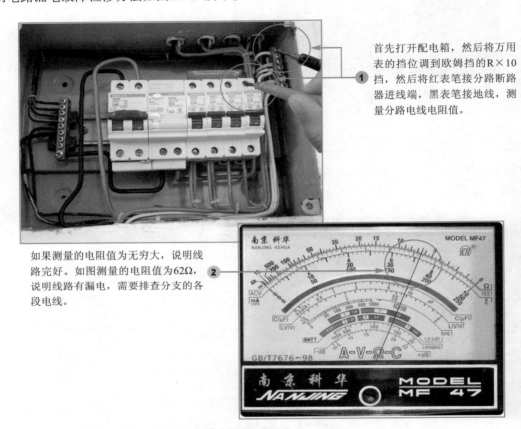

首先打开配电箱，然后将万用表的挡位调到欧姆挡的R×10挡，然后将红表笔接分路断路器进线端，黑表笔接地线，测量分路电线电阻值。

如果测量的电阻值为无穷大，说明线路完好。如图测量的电阻值为62Ω，说明线路有漏电，需要排查分支的各段电线。

图10-24 照明电路漏电故障检修

第 11 章
电工安全与触电急救方法

从事电气工作的人员为特种作业人员，经常会碰到触电、电器火灾这些事故，威胁生命安全，所以电工安全知识非常重要。本章将重点讲解电工安全措施及触电救助方法等。

11.1 这些安全常识要注意

电流对人体的伤害很大，会破坏人体心脏、肺及神经系统的正常功能，触电还容易因剧烈痉挛而摔倒，导致电流通过全身并造成摔伤、坠落等二次事故，而电弧烧伤、熔化金属溅出烫伤、电气起火等更是严重事故，所以电工首先要掌握基本的安全常识。

11.1.1 安全电压要记牢

安全电压是指不使人直接致死或致残的电压。

（1）行业规定安全电压为不高于36V，持续接触安全电压为24V，在非常潮湿的场所或容易大面积触电的场所安全电压为12V，安全电流为10mA。

（2）能引起人感觉到的最小电流值称为感知电流，交流为1mA，直流为5mA；人触电后能自己摆脱的最大电流称为摆脱电流，交流为10mA，直流为50mA。

（3）电击对人体的危害程度，主要取决于通过人体电流的大小和通电时间长短。电流强度越大，致命危险越大；持续时间越长，死亡的可能性越大。

（4）在较短的时间内危及生命的电流称为致命电流，如100mA的电流通过人体1秒，足以致人死亡，因此致命电流为50mA。

11.1.2 电流对人体的伤害

人体触及带电体时，电流通过人体，对人体造成伤害，其伤害的形式主要有电击和电伤两种。

1. 电击伤害

电击伤害主要是伤害人体的心脏、呼吸和神经系统，因而破坏人的正常生理活动，甚至危及人的生命。

（1）当人体将要触及1kV以上的高压电气设备带电体时，高电压能将空气击穿，使其成为导体，这时电流通过人体而造成电击。

（2）低压单相（线）触电、两线触电会造成电击。

（3）接触电压和跨步电压触电会造成电击。

2. 电伤

电伤是指电流对人体外部（表面）造成的局部伤害。电伤往往在肌肤上留下伤痕（如灼伤、电烙印、皮肤金属化），严重时，也可导致人的死亡。

通过人体的电流越大，人体的生理反应越明显，感觉越强烈，引起心室颤动或窒息的时间越短，致命的危险性越大，因而伤害也越严重。如图11-1所示。

表1　通过电流大小与人体伤害程度的关系（mA）★

名称	定义	对成年男性		对成年女性
感知电流	引起人有感觉的最小电流	工频	1.1	0.7
		直流	5.2	3.5
摆脱电流	人体触电后能自主地摆脱电源的最大电流	工频	16	10.5
		直流	76	51
摆脱电流	在较短时间内危机生命的最小电流	工频	30～50	
		直流	1300（0.3S）、50（3S）	

一般来说，通过人体的交流电（工频50H1Z）超10mA、直电超过50mA时，触电者自己难以摆脱电流，这时就有生命危险。

图11-1　电流大小与伤害程度的关系

除了以上介绍的影响伤害程度的因素外，还有一些因素也会影响电流流过人体后的伤害程度。

（1）时间长短对伤害程度的影响：电流对人体的伤害与电流作用于人体的时间长短有密切关系。通电时间越长，流过人体的电流就越大，对人体组织的破坏就越厉害；通常时间越长，电击能量积累增加，越容易引起心室的颤动。

（2）电流频率对伤害程度的影响：电流频率不同，对人体伤害程度也不同，一般来说，常用的50～60Hz工频交流电的伤害最严重。在直流和高频情况下，人体可以耐受较大的电流值。

（3）电压高低对伤害程度的影响：一般来说，当人体电阻一定时，人体接触的电压越高，通过人体的电流越大。实际上，随着作用于人体电压的升高，皮肤会破裂，人体电阻急剧下降，电流会迅速增加。

（4）电流途径对伤害程度的影响：电流通过人体的途径不同，对人体的伤害程度也不同。电流通过心脏会引起心室颤动，较大的电流还会使心脏停止跳动，这两者都会使血液循环中断而导致死亡。

11.1.3　人与带电设备的安全距离

电工大多时候都是在电气设备带电的情况下进行巡视和检查，为了保证工作人员的安全，电气工作人员在设备维修和巡检时与带电部分之间需要保持一定的安全距离。如表11-1和表11-2所示。

表11-1　作业人员与带电设备的安全距离

序　号	电压等级（kV）	安全距离（米）	序　号	电压等级（kV）	安全距离（米）
1	10kV及以下	0.35	5	154kV	2.00
2	20～35kV	0.60	6	220kV	3.00
3	44kV	0.90	7	330kV	4.00
4	60～110kV	1.50	8	500kV	5.00

表11-2　人身与带电体的安全距离

序　号	电压等级（kV）	安全距离（米）	序　号	电压等级（kV）	安全距离（米）
1	10kV及以下	0.7	5	154kV	2.00
2	20~35kV	1.0	6	220kV	3.00
3	44kV	1.2	7	330kV	4.00
4	60~110kV	1.5	8	500kV	5.00

11.1.4　这些电气事故的原因要重视

电气事故是现在很常见的事故之一，造成电气事故的原因多种多样，如图11-2所示。

违章操作：违反"停电检修安全工作制度"，因误合闸造成维修人员触电。违反"带电检修安全操作规程"，使操作人员触及电气的带电部分。带电移动电气设备。用水冲洗或用湿巾擦拭电气设备。违章救护他人触电，造成救护者一起触电。对有高压电容的线路检修时未进行放电处理导致触电。

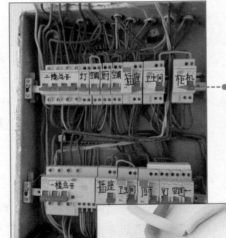

施工不规范：误将电源保护接地与零线相接，且插座火线、零线位置接反使机壳带电。插头接线不合理，造成电源线外露，导致触电。照明线路的中线接触不良或安装保险，造成中线断开，导致家电损坏。照明线路敷设不合规范造成搭接物带电。随意加大保险丝的规格，失去短路保护作用，导致电器损坏。施工中未对电气设备进行接地保护处理。

产品质量不合格：电气设备缺少保护设施造成电器在正常情况下损坏或触电。带电作业时，使用不合理的工具或绝缘设施造成维修人员触电。产品使用劣质材料，使绝缘等级、抗老化能力很低，容易造成触电。生产工艺粗制滥造。电热器具使用塑料电源线。

图11-2　造成电气事故的原因

11.2　电气设备如何保护接地和保护接零

为了人身安全和电力系统工作的需要，要求电气设备采取接地措施。按接地目的的不同，主要分为：工作接地、保护接地和保护接零。如图11-3所示。

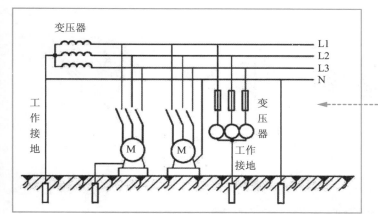

工作接地就是将变压器的中性点接地，或经消弧线圈、电阻等与大地金属连接。其主要作用是系统电位的稳定性，即减轻低压系统由于一相接地，高低压短接等原因所产生过电压的危险性，并能防止绝缘击穿。

保护接地是指将电气装置在正常情况下将不带电的金属部分与接地装置连接起来，以防止该部分在故障情况下突然带电从而造成对人体的伤害。

保护接零是指在电气设备正常的情况下将不带电的金属部分用导体与系统中的零线连接起来，当设备绝缘损坏时，就形成单相金属性短路，短路电流流经相线——零线回路，而不经过电源中性点接地装置，因而产生足够大的短路电流，使过流保护装置迅速动作，切断漏电设备的电源，以保障人身安全。

图11-3　电气设备如何保护接地和保护接零

11.3 电气安全标示牌有哪些

电气安全标示牌的主要作用是提醒和警告，悬挂标志牌可以提醒有关人员及时纠正将要进行的错误操作和做法，警告人员不要误入带电间隔或接近带电部分。安全标示牌主要分为禁止标示、警告标示、指令标示、提示标示、补充标示等，如图11-4所示。

禁止标示。禁止标示的含义是不准或制止人们的某些行动。禁止标示的几何图形是带斜杠的圆环，其中圆环与斜杠相连，用红色；图形符号用黑色，背景用白色。如：禁止吸烟、禁止靠近、禁止合闸有人工作、禁止进入等。

警告标示。警告标示的含义是警告人们可能发生的危险。警告标示的几何图形是黑色的正三角形、黑色符号和黄色背景。如：注意安全、当心触电、当心爆炸、当心火灾等。

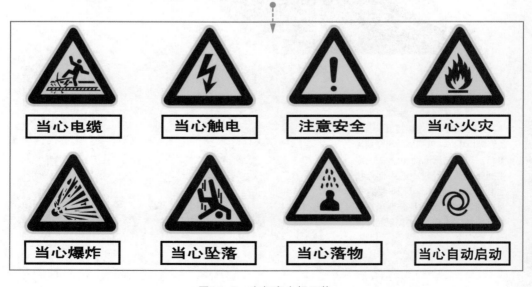

图11-4　电气安全标示牌

指令标示。指令标示的含义是必须遵守。指令标示的几何图形是圆形，蓝色背景，白色图形符号。如：必须戴安全帽、必须系安全带、必须戴防护手套、必须戴防护帽等。

提示标示。提示标示的含义是示意目标的方向。提示标示的几何图形是方形，绿、红色背景，白色图形符号及文字。如：安全通道、从此下去等。

图11-4　电气安全标示牌（续）

11.4 触电后如何急救

触电是由于人体直接接触电源受到一定量的电流通过人体，致使组织损伤和功能障碍甚至死亡。当有人发生触电时，首先要使触电者脱离电源，然后及时进行救助。下面详细讲解触电的急救方法。

11.4.1 触电的种类

人体触电的种类主要包括：单相触电、两相触电、跨步电压触电。它们的特点如图11-5所示。

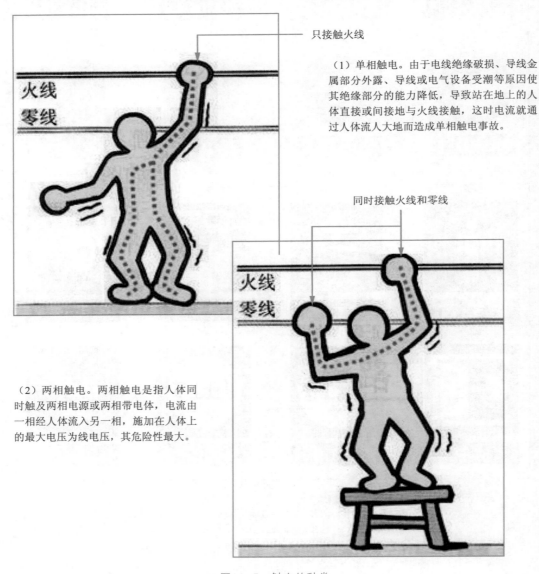

只接触火线

（1）单相触电。由于电线绝缘破损、导线金属部分外露、导线或电气设备受潮等原因使其绝缘部分的能力降低，导致站在地上的人体直接或间接接地与火线接触，这时电流就通过人体流入大地而造成单相触电事故。

同时接触火线和零线

（2）两相触电。两相触电是指人体同时触及两相电源或两相带电体，电流由一相经人体流入另一相，施加在人体上的最大电压为线电压，其危险性最大。

图11-5 触电的种类

（3）跨步电压触电。对于外壳接地的电气设备，当绝缘损坏而使外壳带电，或导线断落发生单相接地故障时，电流由设备外壳经接地线、接地体（或由断落导线经接地点）流入大地，向四周扩散。如果此时人站立在设备附近的地面上，两脚之间也会承受一定的电压，称为跨步电压。跨步电压的大小与接地电流、土壤电阻率、设备接地电阻及人体位置有关。当接地电流较大时，跨步电压会超过允许值，发生人身触电事故。特别是在发生高压接地故障或雷击时，会产生很高的跨步电压。

图11-5　触电的种类（续）

11.4.2　使触电者脱离电源的方法

在生活、工作中，偶尔会遇到触电的情况，如果触电人接触的是低压电源，按图11-6所示的方法使触电者脱离电源。

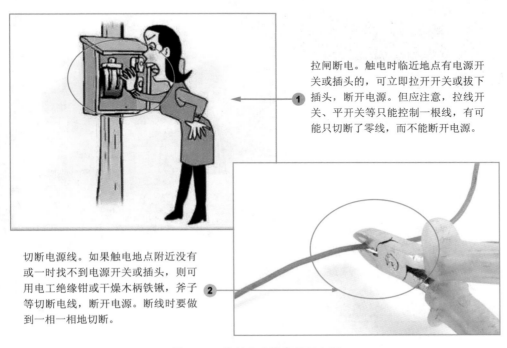

❶ 拉闸断电。触电时临近地点有电源开关或插头的，可立即拉开开关或拔下插头，断开电源。但应注意，拉线开关、平开关等只能控制一根线，有可能只切断了零线，而不能断开电源。

❷ 切断电源线。如果触电地点附近没有或一时找不到电源开关或插头，则可用电工绝缘钳或干燥木柄铁锹，斧子等切断电线，断开电源。断线时要做到一相一相地切断。

图11-6　使触电者脱离低压电源

用绝缘物品脱离电源。当电线或带电体搭落在触电者身上或被压在身下时，可用干燥的衣服、手套、绳索、木板、木棍等绝缘物品作为救助工具，挑开电线或拉开触电者，使之脱离电源。

图11-6　使触电者脱离低压电源（续）

如果触电人发生高压电触电，按图11-7所示的方法使触电者脱离电源。

拉闸停电。发生高压触电时，应立即拉闸停电救人。若在高压配电室内触电，应马上拉开断路器断电；若在高压配电室外触电，则应立即通知配电室值班人员紧急停电，值班人员停电后，立即向上级报告。

短路法。当无法通知拉闸断电时，可以采用抛掷金属导体的方法，使线路短路迫使保护装置动作从而断开电源。高空抛掷要注意防火，抛掷点尽量远离触电者。

图11-7　使触电者脱离高压电源

11.4.3　触电后的紧急处理方法

当触电者脱离电源后，应根据其不同的生理反应进行现场急救，如图11-8所示。

（1）若触电者神志清醒，但有心慌、呼吸急迫、面色苍白时，应将触电者躺平，就地安静休息，不要使其走动，以减轻心脏负担，同时，严密观察呼吸和脉搏的变化。

（2）若触电者神志不清，有心跳、但呼吸停止或呼吸极微弱时，应及时用仰头举颏法使气道开放，并进行口对口人工呼吸。此时，如不及时进行人工呼吸，将会缺氧过久而引起心跳停止。

（3）若触电者神志丧失，心跳停止，呼吸极微弱时，应立即进行心肺复苏。不能认为有极微弱的呼吸就只做胸外按压，因为这种微弱的呼吸起不到气体交换的作用。

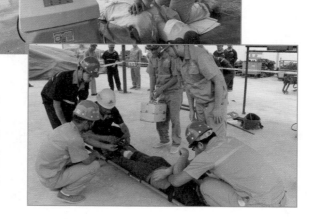

（4）若触电者心跳、呼吸均停止，伴有其他伤害时，应先迅速进行心肺复苏术，然后再处理外伤。伴有颈椎骨折的触电者，在开放气道时，应使头部后仰，以免引起高位截瘫，此时可应用托颏法。

图11-8　触电后的紧急处理方法

注意：已恢复心跳的伤员，千万不要随意搬动，应该等医生到达或等伤员完全清醒后再搬动，以防再次发生心室颤动而导致心脏停搏。

第 12 章

变频器与 PLC 控制器的应用

　　变频器是一种变频器调速的设备，其应用非常广泛。变频器不仅提高了工艺生产水平也为企业节约了成本。PLC 是以自动控制技术、计算机技术和通信技术为基础发展起来的新一代工业控制装置，目前 PLC 已经广泛应用于各行各业。接下来本章将重点讲解变频器和 PLC 的应用。

12.1　变频器的组成与调速原理

变频是现代电力电子技术领域发展而来的，是我们常用的直流电与交流电之间的变换装置。它还可以通过改变交流电的频率来控制交流电动机的电力控制设备。

12.1.1　变频器有何作用

变频器是应用变频技术与微电子技术，通过改变电机工作电源频率方式来控制交流电动机的电力控制设备。如图12-1所示。

（1）变频器具有调速控制的作用，它通过改变交流电机供电的频率和幅值，从而改变其运动磁场的周期，达到平滑控制电动机转速的目的。

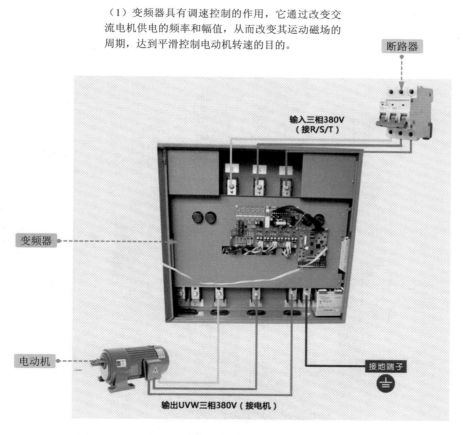

（2）变频器具有软启动的功能。它可实现被控负载电动机的启动电流从零开始，最大值达到额定电流的150%，减轻了对电网的冲击和对供电容量的要求。

（3）变频器的出现，使得复杂的调速控制简单化，用变频器+电动机组合替代了大部分原先只能用直流电机完成的工作，缩小了体积，降低了维修率。

图12-1　变频器的作用

12.1.2 变频器的组成原理

变频器集成了高压大功率晶体管技术和电子控制技术，主要由整流单元、储能单元、逆变单元、制动单元、控制单元等组成。如图12-2所示。

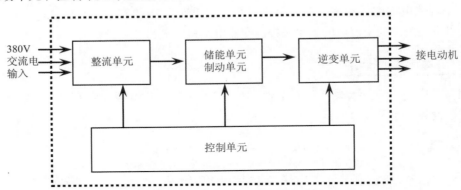

储能单元主要由大容量电容器组成，主要用来存储转换后的电能。

当电动机在外力的作用下减速时，电机以发电状态运行，产生再生能量使变频器内直流母线电压持续升高。这些能量通过制动单元的制动电阻将再生能量吸收，降低直流母线电压，电机转速下降。

整流单元主要由全波整流桥组成，其作用是把380V交流电源变换成直流电源。整流单元的输入端接有压敏电阻网络，保护变频器免受浪涌过电压及大气过电压冲击而损坏。

逆变单元是将直流电源变换成频率和电压都任意可调的三相交流电源。逆变器的常见结构由6个功率开关管组成的三相桥式逆变电路，它们的工作状态受控于控制电路。

电源输入和输出端口

控制单元在电路板的背面

控制单元由运算放大电路，检测电路、控制信号的输入、输出电路，驱动电路等构成，主要用来控制输出方波的幅度和脉宽，使叠加为近似正弦波的交流电驱动交流电动机。

图12-2 变频器的组成结构

12.1.3　变频器的种类

变压器的种类有很多，按变换方式可以分为：交–直–交变频器和交–交变频器；按电压的调制方式可以分为：PAM变频器和PWM变频器；按照滤波方式可以分为：电压型变频器和电流型变频器，如图12-3所示。

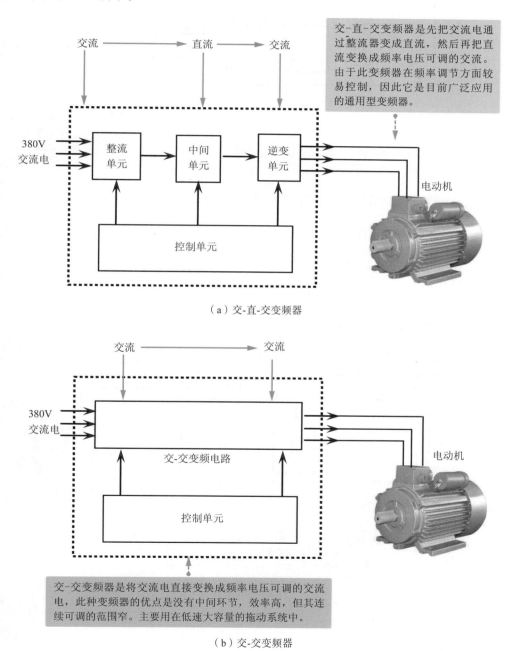

交–直–交变频器是先把交流电通过整流器变成直流，然后再把直流变换成频率电压可调的交流。由于此变频器在频率调节方面较易控制，因此它是目前广泛应用的通用型变频器。

（a）交-直-交变频器

交-交变频器是将交流电直接变换成频率电压可调的交流电，此种变频器的优点是没有中间环节，效率高，但其连续可调的范围窄。主要用在低速大容量的拖动系统中。

（b）交-交变频器

图12-3　变频器的种类

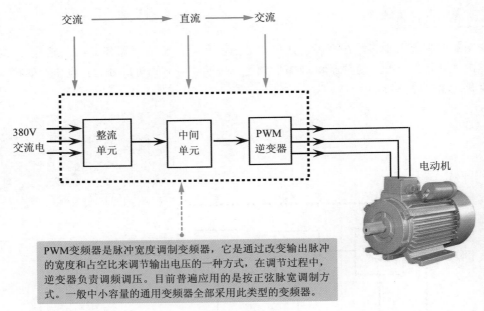

PWM变频器是脉冲宽度调制变频器，它是通过改变输出脉冲的宽度和占空比来调节输出电压的一种方式，在调节过程中，逆变器负责调频调压。目前普遍应用的是按正弦脉宽调制方式。一般中小容量的通用变频器全部采用此类型的变频器。

（c）PWM变频器

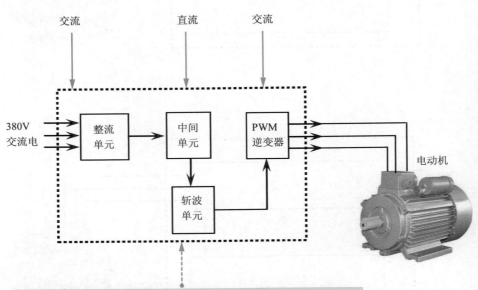

PAM变频器是脉冲幅度调制变频器，它是通过改变输出脉冲的幅值来调节输出电压的一种方式，在调节过程中，逆变器负责调频，相控制整流器或直流斩波器负责调压。目前在中小容量变频器中很少采用这种方式。

（d）PAM变频器

图12-3 变频器的种类（续）

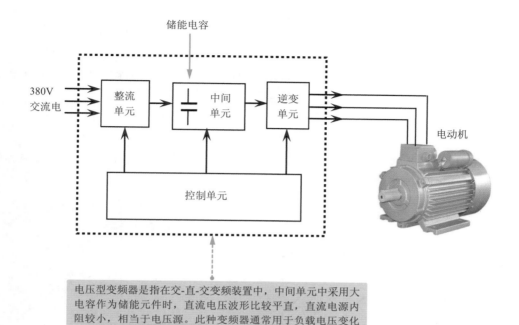

储能电容

380V
交流电

整流
单元

中间
单元

逆变
单元

控制单元

电动机

电压型变频器是指在交-直-交变频装置中，中间单元中采用大
电容作为储能元件时，直流电压波形比较平直，直流电源内
阻较小，相当于电压源。此种变频器通常用于负载电压变化
较大的场合。

（e）电压型变频器

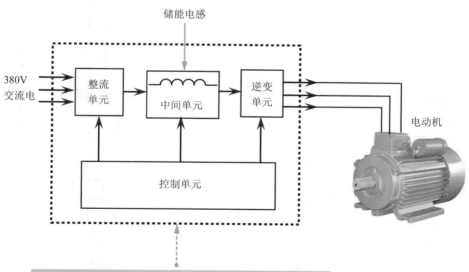

储能电感

380V
交流电

整流
单元

中间单元

逆变
单元

控制单元

电动机

电流型变频器是指在交-直-交变频装置中，中间单元中采用
大电感作为储能元件时，直流电流波形比较平直，直流电源
内阻较大，相当于电流源。此种变频器通常用于负载电流变
化较大的场合。适用于需要经常正反转的电动机。

（f）电流型变频器

图12-3　变频器的种类（续）

12.2 变频器的接线及应用

变频器的应用比较广泛，日常生活中常用在中央空调、水泵、油泵、破碎机、压缩机、轧机、卷扬机等，下面介绍一些常用的变频器应用。

12.2.1 变频器接线形式

变频器在使用时应接在接触器的后面，变频器的输入端连接接触器的出线端，变频器的出线端接热继电器。如图12-4所示（以西门子变频器440为例）。

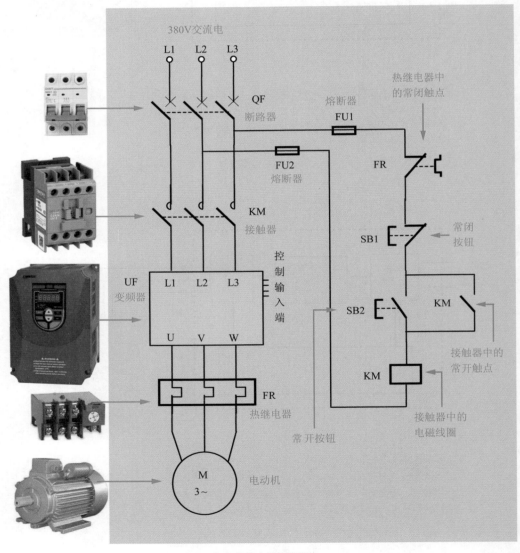

（a）总体电路接线形式

图12-4 变频器接线形式

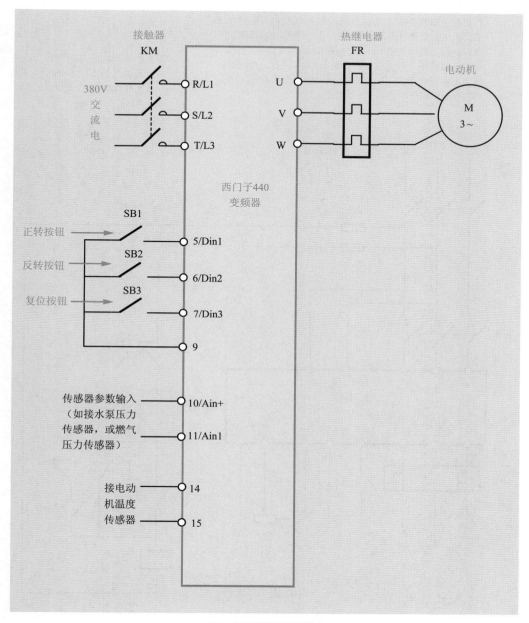

（b）变频器端子接线形式

图12-4　变频器接线形式（续）

12.2.2　变频器的应用

变频器应用比较广泛，比如用变频器来控制设备电动机的实现启动、调频、正反转、点动、连续运行等，用变频器来控制水泵，实现恒压出水等，如图12-5和图12-6所示。

首先合上断路器QF，交流电通过T0和R0端口为变频器提供供电，变频器进入准备状态。当需要电动机连续工作时，按下启动按钮SB2，接触器KM线圈KM-a得电吸合，主触点闭合，接触器常开触点KM-c闭合，变频器内主电路开始工作，U、V、W端口输出变频后的交流电为电动机供电，电动机开始转动。

①

当松开启动按钮SB2后，由于接触器常开触点KM-a闭合，接触器实现自锁，电动机继续工作。

②

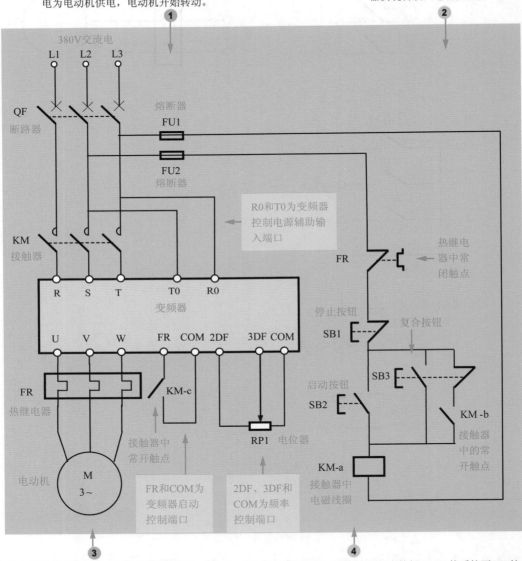

当按下停止按钮SB1时，控制线路被断开，接触器KM线圈KM-a断电释放，KM-c触点复位，变频器停止输出电源，电动机断电停止转动。

③

当需要点动运行时，先按下复合按钮SB3，然后按下SB2按钮，接触器KM线圈KM-a得电铁芯吸合，主触点闭合，常开触点KM-c闭合。变频器内主电路开始工作，变频器开始输出变频后的交流电为电动机供电，电动机开始转动。松开SB2按钮后，接触器线圈KM-a断电分离，KM-c触点复位，变频器停止输出电源，电动机停转。

④

图12-5 变频器控制设备电动机点动或连续运行

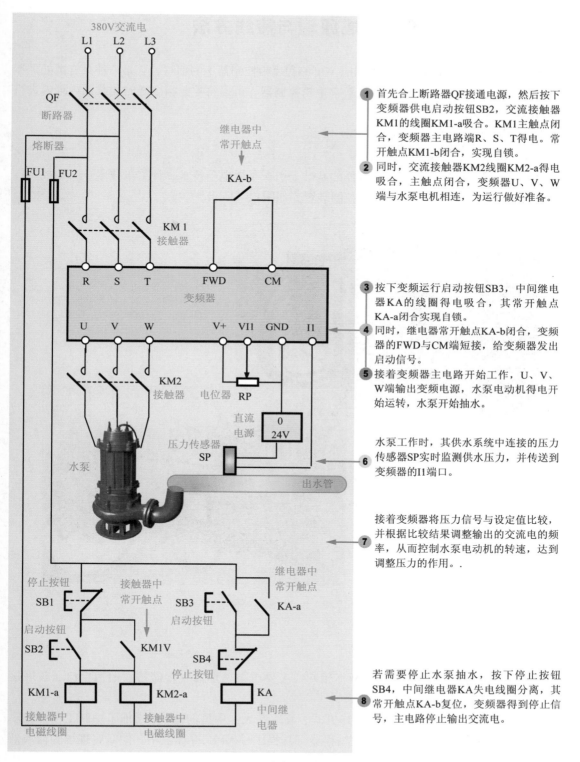

① 首先合上断路器QF接通电源，然后按下变频器供电启动按钮SB2，交流接触器KM1的线圈KM1-a吸合。KM1主触点闭合，变频器主电路端R、S、T得电。常开触点KM1-b闭合，实现自锁。

② 同时，交流接触器KM2线圈KM2-a得电吸合，主触点闭合，变频器U、V、W端与水泵电机相连，为运行做好准备。

③ 按下变频运行启动按钮SB3，中间继电器KA的线圈得电吸合，其常开触点KA-a闭合实现自锁。

④ 同时，继电器常开触点KA-b闭合，变频器的FWD与CM端短接，给变频器发出启动信号。

⑤ 接着变频器主电路开始工作，U、V、W端输出变频电源，水泵电动机得电开始运转，水泵开始抽水。

⑥ 水泵工作时，其供水系统中连接的压力传感器SP实时监测供水压力，并传送到变频器的I1端口。

⑦ 接着变频器将压力信号与设定值比较，并根据比较结果调整输出的交流电的频率，从而控制水泵电动机的转速，达到调整压力的作用。

⑧ 若需要停止水泵抽水，按下停止按钮SB4，中间继电器KA失电线圈分离，其常开触点KA-b复位，变频器得到停止信号，主电路停止输出交流电。

图12-6 变频器来控制水泵

12.3 PLC控制器的组成原理与接线方法

PLC是Programmable Logic Controller（可编程逻辑控制器）的缩写，它是一种具有微处理器的数字电子设备，用于自动化控制的数字逻辑控制器，可以将控制指令随时加载到内存内进行存储与执行。

12.3.1 PLC控制器有何作用

PLC控制器是在传统的顺序控制器的基础上引入了微电子技术、计算机技术、自动控制技术和通信技术而形成的一代新型工业控制装置。如图12-7所示。

PLC的作用是用来取代继电器、执行逻辑、计时、计数等顺序控制功能，建立柔性的程控系统。

PLC具有通用性强、使用方便、适应面广、可靠性高、抗干扰能力强、编程简单等特点。

图12-7　PLC控制器的作用

12.3.2 PCL控制器组成结构

大多数PLC控制器的基本结构基本相同，主要由微处理器、存储器、通信接口、扩展接口、电源电路等组成。如图12-8所示。

PLC控制器一般采用循环扫描工作方式，在一些大、中型的PLC中增加了中断工作方式。当用户将用户程序调试完成后，通过编程器将其程序写入PLC存储器中，同时将现场的输入信号和被控制的执行元件相应地连接在输入模块的输入端和输出模块的输出端，接着将PLC工作方式选择为运行工作方式，后面的工作就由PLC根据用户程序去完成。

微处理器是PLC控制器的核心。微处理器通过地址总线、数据总线、控制总线与存储器、输入接口、输出接口、通信接口、扩展接口相连。它不断采集输入信号，执行用户程序，刷新系统输出。

电源电路主要为PLC的微处理器、存储器等电路提供5V、12V、24V直流电源，使PLC能正常工作。

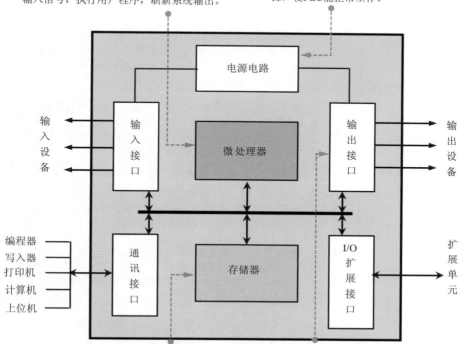

PLC的存储器内包括系统存储单元和用户存储单元两种。系统存储单元用于存放PLC的系统程序，用户存储器用于存放PLC的用户程序。

输出接口电路通常有3种类型：继电器输出型、晶体管输出型和晶闸管输出型。继电器输出接口可驱动交流或直流负载，但其响应时间长，动作频率低；而晶体管输出和双向晶闸管输出接口的响应速度快，动作频率高，但前者只能用于驱动直流负载，后者只能用于交流负载。

图12-8 PCL控制器组成原理

12.3.3 可编程序控制器的工作原理

可编程序控制器的工作原理如图12-9所示。

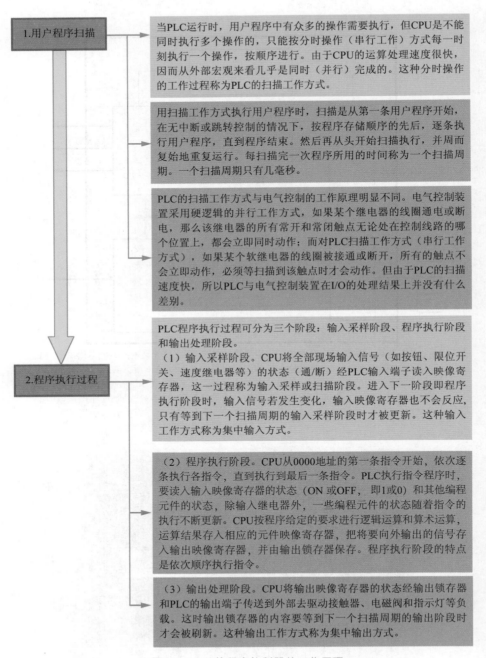

1.用户程序扫描

当PLC运行时，用户程序中有众多的操作需要执行，但CPU是不能同时执行多个操作的，只能按分时操作（串行工作）方式每一时刻执行一个操作，按顺序进行。由于CPU的运算处理速度很快，因而从外部宏观来看几乎是同时（并行）完成的。这种分时操作的工作过程称为PLC的扫描工作方式。

用扫描工作方式执行用户程序时，扫描是从第一条用户程序开始，在无中断或跳转控制的情况下，按程序存储顺序的先后，逐条执行用户程序，直到程序结束。然后再从头开始扫描执行，并周而复始地重复运行。每扫描完一次程序所用的时间称为一个扫描周期。一个扫描周期只有几毫秒。

PLC的扫描工作方式与电气控制的工作原理明显不同。电气控制装置采用硬逻辑的并行工作方式，如果某个继电器的线圈通电或断电，那么该继电器的所有常开和常闭触点无论处在控制线路的哪个位置上，都会立即同时动作；而对PLC扫描工作方式（串行工作方式），如果某个软继电器的线圈被接通或断开，所有的触点不会立即动作，必须等扫描到该触点时才会动作。但由于PLC的扫描速度快，所以PLC与电气控制装置在I/O的处理结果上并没有什么差别。

2.程序执行过程

PLC程序执行过程可分为三个阶段：输入采样阶段、程序执行阶段和输出处理阶段。

（1）输入采样阶段。CPU将全部现场输入信号（如按钮、限位开关、速度继电器等）的状态（通/断）经PLC输入端子读入映像寄存器，这一过程称为输入采样或扫描阶段。进入下一阶段即程序执行阶段时，输入信号若发生变化，输入映像寄存器也不会反应，只有等到下一个扫描周期的输入采样阶段时才被更新。这种输入工作方式称为集中输入方式。

（2）程序执行阶段。CPU从0000地址的第一条指令开始，依次逐条执行各指令，直到执行到最后一条指令。PLC执行指令程序时，要读入输入映像寄存器的状态（ON 或OFF，即1或0）和其他编程元件的状态，除输入继电器外，一些编程元件的状态随着指令的执行不断更新。CPU按程序给定的要求进行逻辑运算和算术运算，运算结果存入相应的元件映像寄存器，把将要向外输出的信号存入输出映像寄存器，并由输出锁存器保存。程序执行阶段的特点是依次顺序执行指令。

（3）输出处理阶段。CPU将输出映像寄存器的状态经输出锁存器和PLC的输出端子传送到外部去驱动接触器、电磁阀和指示灯等负载。这时输出锁存器的内容要等到下一个扫描周期的输出阶段时才会被刷新。这种输出工作方式称为集中输出方式。

图12-9 可编程序控制器的工作原理

12.3.4 PLC控制器的接线形式

PLC控制器接线形式如图12-10所示。

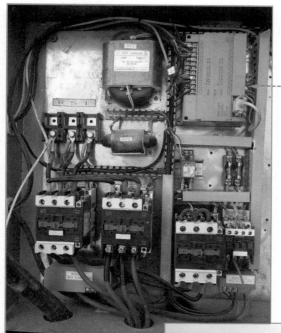

PLC控制器接线时，不能把电源接到其他端子上，否则后果很严重。如果现场有大功率的电焊机等易产生大量干扰波的电器时，一定要加上隔离变压器。走线时，不要把电源线、动力电、控制线捆绑在一起。特别是动力电，一定要和控制信号线保持0.5m以上的距离。

输入端子的接线。每个输入端子和公众端COM 接起来输入才有效，特别要注意的是，输入的公众端不能和输出的公众端COM 接到一起。输入的线不能太长，一般不可超过0.5m，输入和输出要分开，一定要远离高压线。

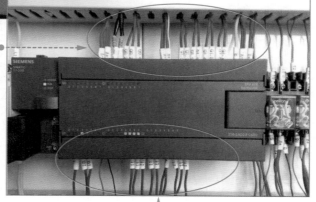

输出端子的接线。输出端子会输出电压，一般应用于驱动接触器线圈等，负载的另一端接在公众端COM 上。特别是PLC采用晶体管输出的方式，一定要接上吸收二极管，防止负载接触器的线圈在断开时产生的高压击穿PLC的晶体管。同样也要远离高压线，防强干扰措施等。

图12-10 PLC控制器接线形式

12.3.5 传统控制与PLC控制方式对比

下面通过一个简单实例介绍使用PLC的控制方法。

某生产装置有两台电动机，要求M1、M2启动顺序控制：按下启动按钮SB1，电动机M1开始运转；经过10s延时以后，电动机M2开始运转；按下停止按钮SB2，电动机M1、M2同时停止运转。

1. 采用继电器的控制方案

采用继电器控制电动机线路如图12-11所示。

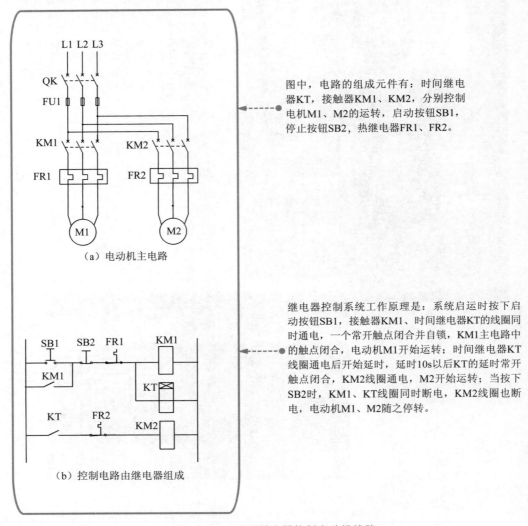

图中，电路的组成元件有：时间继电器KT，接触器KM1、KM2，分别控制电机M1、M2的运转，启动按钮SB1，停止按钮SB2，热继电器FR1、FR2。

继电器控制系统工作原理是：系统启运时按下启动按钮SB1，接触器KM1、时间继电器KT的线圈同时通电，一个常开触点闭合并自锁，KM1主电路中的触点闭合，电动机M1开始运转；时间继电器KT线圈通电后开始延时，延时10s以后KT的延时常开触点闭合，KM2线圈通电，M2开始运转；当按下SB2时，KM1、KT线圈同时断电，KM2线圈也断电，电动机M1、M2随之停转。

图12-11 采用继电器控制电动机线路

2. 采用可编程序控制器的控制方案

采用可编程序控制器控制方案如图12-12所示。

各输入、输出端子的地址确定下来，PLC控制系统的接线工作完成后。使用OMRON公司提供的CX Programmer编程软件，可以编制梯形图控制程序，如图12-13所示。

考虑硬件配置、接线和编程等问题。PLC选用OMRON的小型机CPM1A。输入端子的通道号为0，输入端子的编号分别为00，01，…（输入1编号为0.00）。输出端子的通道号为10，输出端子的编号也分别为00，01。在面板上，有一排输入端子和一排输出端子。输入端子和输出端子均有各自的公共接线端子COM。

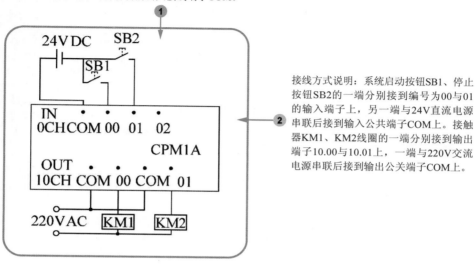

接线方式说明：系统启动按钮SB1、停止按钮SB2的一端分别接到编号为00与01的输入端子上，另一端与24V直流电源串联后接到输入公共端子COM上。接触器KM1、KM2线圈的一端分别接到输出端子10.00与10.01上，一端与220V交流电源串联后接到输出公关端子COM上。

图12-12　采用可编程序器控制方案

当按下上图中的SB2时，常闭触点0.01断开，输出继电器10.00、定时器TIM000的线圈均断电，输出继电器10.01的线圈也断电，两个输出触点10.00、10.01随之断开，KM1、KM2断电，电动机M1、M2停转。

PLC控制系统工作原理：按下上图中的启动按钮SB1时，常开触点0.00闭合，使输出继电器10.00的线圈得电，10.00的一个常开触点闭合并自锁，10.00对应的输出触点闭合，KM1得电，M1开始运转，同时定时器TIM000的线圈通电开始计时，经过10s延时后 TIM000的常开触点闭合，输出继电器10.01的线圈得电，10.01对应的输出触点闭合，KM2得电，M2开始运转。

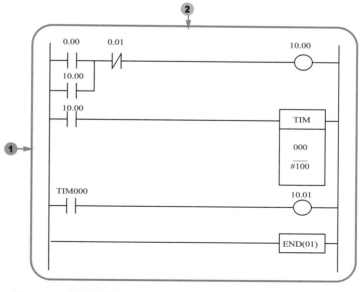

图12-13　梯形图控制程序

（1）PLC控制系统相对于继电器控制系统的优点有：组成控制系统简单、运行可靠性高；维护扩展方便、编程简单实用、条理清晰、工作量小。控制程序放在PLC的用户程序存储器中。系统运行时，PLC依次读取用户程序存储器中的程序语句，对它们的内容进行解释并加以执行，有需要输出的结果则送到PLC的输出端子，以控制外部负载的工作。

（2）梯形图控制程序是从继电器控制电路的原理图演变而来的。PLC内部的继电器并不是实际的硬继电器，每个继电器是PLC内部存储单元的一位，因此称为"软继电器"。梯形图是由这些"软继电器"组成的控制电路，但它们并不是真正的物理连接，而是逻辑关系上的连接，称为"软接线"。PC内部继电器的线圈用"─○─"表示，常开触点用"─┤├─"表示，常闭触点用"─┤/├─"表示。当存储单元的某位状态为"1"时，相当于某个虚拟继电器线圈得电；当该位状态为"0"时，相当于该虚拟继电器线圈断电。软继电器的常开触点、常闭触点可以在程序中重复使用。

图12-13　梯形图控制程序（续）

12.4　PLC的编程语言

PLC是专为工业控制而开发的通用控制设备，主要使用者是广大工厂电气技术人员及操作维护人员。为了适应他们的传统习惯和掌握能力，通常采用面向控制过程、面向问题的"自然语言"编程。这些编程语言有梯形图LAD（Ladder Diagram）、语句表STL（STatement List）、逻辑功能图LFD（Logical Function Diagram）等。此外，为了满足熟悉计算机知识、熟悉高级编程语言人们的需求，一些大型的PLC也采用高级语言（如BASIC语言、C语言等）编程。

12.4.1　梯形图LAD编程

梯形图语言是PLC最常用的一种编程语言，是从原电气控制系统中常用的继电器、接触器控制电路梯形图演变而来的，沿用了电气工程师比较熟悉的电气控制原理图的形式，如继电器的触点、线圈以及串、并联术语等，梯形图最大的优点是形象、直观且编程容易。图12-14所示为两种梯形图的比较。

由图中可以看出，PLC的梯形图在形式上类似于继电器控制电路的梯形图。只不过它是用图形符号 ⊣⊢ ⊸ ⊣⊢ 等连接而成。这些符号对应的编程元件依次为常开触点、常闭触点、继电器线圈。梯形图按自上而下、从左到右的顺序排列。一般每个继电器线圈对应一个逻辑行。

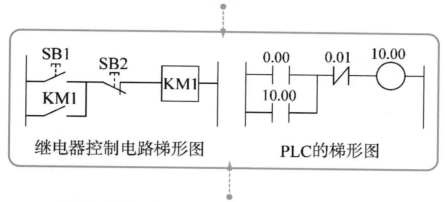

梯形图的最左边是起始母线，每一逻辑行必须从起始母线开始画起，然后是触点的各种连接，最后终止于继电器线圈。梯形图的最右边是结束母线，有时可以省去不画。梯形图中的每个编程元件应按一定规则加注字母和数字串，不同的编程元件常常用不同的字母符号和一定的数字串表示。

图12-14 继电器与PLC控制梯形图

12.4.2 语句表STL编程

语句表编程类似计算机中的助记符语言，是可编程控制器基础的编程语言。语句表STL编程如图12-15所示。

所谓语句表编程，是用一个或几个容易记忆的字符来代替可编程控制器的某种操作功能。每个可编程控制器生产厂家实用的助记符都不相同，因此同一个梯形图的语句形式也不相同。语句是用户程序的基础单元，每个控制功能有一个或者多个语句来执行，每一条语句是规定CPU如何动作的指令，并且PLC的语句也是有操作码和操作数组合而成的，所以作用和其表达式与计算机指令类似。

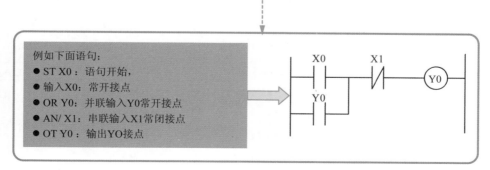

图12-15 语句表STL编程

12.4.3 逻辑功能图LFD编程

逻辑功能图采用功能块来表示模块所具有的功能，使用不同的功能模块代表不同的功能，逻辑功能图具有若干个输入端和输出端，分别连接到所需要的其他端子，完成所需的运算或控制功能。如图12-16所示。

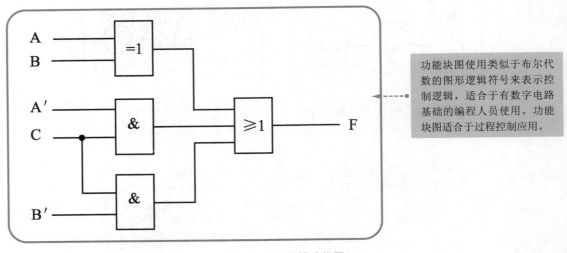

功能块图使用类似于布尔代数的图形逻辑符号来表示控制逻辑，适合于有数字电路基础的编程人员使用。功能块图适合于过程控制应用。

图12-16 逻辑功能图

12.5 PLC控制技术的应用

可编程控制器在现代生产中应用很多，下面列举一些生产中实用的可编程控制器控制系统来分析、理解可编程控制器控制电路的原理、使用的特点。

在下面的程序设计案例中使用了三菱公司的FX-2N型PLC，表12-1为FX-2N型PLC的基本指令名称。

表12-1 FX-2N型PLC的基本指令

指 令 名 称	助 记 符	目 标 元 件	说　　明
取指令	LD	X、Y、M、S、T、C	常开接点逻辑运算开始
取反指令	LDI	X、Y、M、S、T、C	常闭接点逻辑运算开始
线圈驱动指令	OUT	Y、M、S、T、C	驱动线圈输出
与指令	AND	X、Y、M、S、T、C	常开接点串联
与非指令	ANI	X、Y、M、S、T、C	常闭接点串联
或指令	OR	X、Y、M、S、T、C	常开接点并联
或非指令	ORI	X、Y、M、S、T、C	常闭接点并联
或块指令	ORB	Y、M、S、D、V、Z、T、C	串联电路的并联
与块指令	ANB	Y、M、S、D、V、Z、T、C	并联电路的串联

续表

指 令 名 称	助 记 符	目 标 元 件	说 明
主控指令	MC	Y、M	公共串联接点的连接
主控复位指令	MCR	Y、M	MC的复位
置位指令	SET	Y、M、S	动作保持
复位指令	RST	Y、M、S、D、V、Z、T、C	操作复位
上升沿脉冲指令	PLS	Y、M	输入信号上升沿脉冲
下降沿脉冲指令	PLF	Y、M	输入信号下降沿脉冲
空操作指令	NOP		空操作
程序结束指令	END		程序结束

12.5.1　电动机Y/△启动控制系统

下面对照继电器组成的电动机Y/△启动控制电路和PLC组成控制电路的原理，分析了解这两种控制系统的特点。

1. 继电器组成的电动机Y/△启动控制电路

继电器组成的电动机Y/△启动控制电路，如图12-17所示。

合上电源总开关QK后电路为备用状态。按下启动按钮SB2，KM1线圈带电，KM1辅助接点闭合后KM2线圈、时间继电器KT线圈带电，KM1、KM2的主接点闭合，电动机开始星形接法启动。

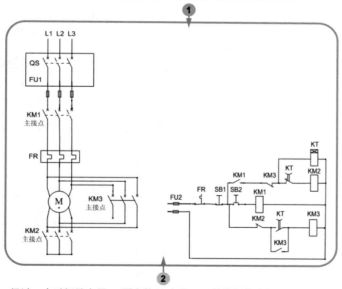

经过一个时间继电器KT预定的延时后，KT的常闭接点打开，KM2线圈失电，KM2的接点断开，电动机短时间停电；KT常开接点闭合，KM3线圈带电，KM3的主接点闭合，KM3常开辅助接点闭合自保持，电动机开始转换为三角形接线运行。KM3常闭辅助接点打开互锁将KM2线圈电路断开，起到防止KM2误动作的作用。

图12-17　继电器组成的电动机Y/△启动控制电气原理图

2. PLC控制电动机Y/△启动

使用PLC控制电动机Y/△启动的PLC接线和控制梯形图，如图12-18所示。表12-2为PLC控制电动机Y/△启动程序清单。通过读图可了解PLC程序清单并分析PLC控制电路的工作原理。

1 按下启动按钮SB1后，PLC的X000闭合，M100线圈带电。M100的接点1闭合自保持；Y001线圈带电，PLC输出Y001使接触器KM1线圈带电吸合；

2 M100接点2闭合使T0 K60线圈带电开始延时6秒；

3 M100接点3闭合使T10 K10线圈带电开始延时1秒；

4 T10延时1秒后T10接点闭合Y002线圈带电，PLC输出Y002使接触器KM2线圈带电吸合，电动机开始星形接法启动；

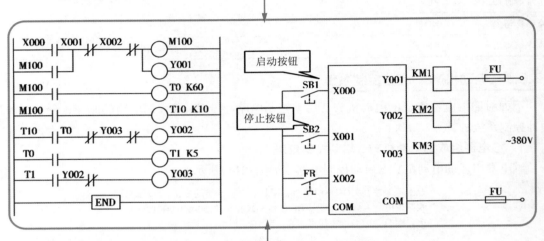

5 T0经过6秒延时后，T0常闭接点打开，使Y002线圈失电，接触器KM2失电；

6 T0常开接点闭合，使T1、K5线圈带电，经过0.5秒延时后，T1接点闭合，Y003线圈带电，接触器KM3带电，电动机开始转换为三角形接线运行。

7 Y003常闭接点打开，和T0接点使Y002和KM2线圈不会带电，防止电动机主电路中短路。

图12-18　PLC控制电动机Y/△启动控制梯形图和外部接线图

表12-2　PLC控制电动机Y/△启动程序清单

步　　序	指 令 语 句	器 件 号	功 能 说 明
0	LD	X000	启动按钮输入
1	OR	M100	相当于中间继电器
2	ANI	X001	停止按钮输入
3	ANI	X002	热继电器过载保护接点输入
4	OUT	M100	常开接点
5	OUT	Y001	输出是接触器KM1带电
6	LD	M100	常开接点
7	OUT	T0 K60	延时6秒
8	LD	M100	常开接点
9	OUT	T10 K10	延时1秒

续表

步　　序	指令语句	器　件　号	功　能　说　明
10	LD	T10	延时1秒接点闭合
11	ANI	T0	T0常闭接点
12	ANI	Y003	与Y002互锁
13	OUT	Y002	输出是接触器KM2带电
14	LD	T0	T0常开接点
15	OUT	T1 K5	延时0.5秒
16	LD	Y002	与Y003互锁
17	ANI	Y003	输出是接触器KM3带电
18	OUT	END	语句结束

12.5.2　运料小车控制系统

自动化生产线上经常使用小车来实现自动往复式运料。运料小车M从A地点装好物料，运到B地点卸掉物料后，返回A地点装料。

1. 小车工作流程分析

如图12-19所示。假设工作开始前，运料小车停在A点左侧限位开关SQ2处，下面为小车工作流程：

❶ 按下启动按钮X0后，储料斗Y2状态变为工作，打开闸门小车开始装料；
❷ 小车装料同时用定时器T0开始计时，延时10s后关闭储料斗Y2的闸门；
❸ 小车运动方向Y0 变为工作，小车开始右行，碰到限位开关SQ1后停下来；
❹ 卸料Y3状态变为工作，小车开始卸料，同时用定时器T1定时；
❺ 经过8秒延时后小车运动方向Y1状态变为工作，小车开始左行；
❻ 碰到限位开关X2后返回初始状态，完成一次工作过程。

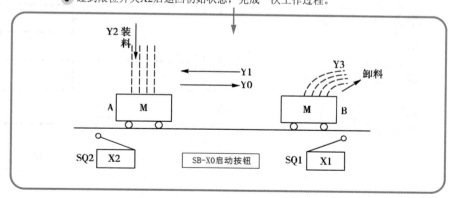

图12-19　自动运料小车工作示意图

2. PLC控制系统设计

采用PLC来控制自动运料小车的工作，PLC编程采用顺序功能图。使用PLC组成控制电路需要3个输入点，4个输出点，具体输入、输出分配见表12-3。

表12-3 输入、输出分配表

输　入	功　能	输　出	功　能
X0	启动按钮	Y0	小车右行
X1	右限位开关	Y1	小车左行
X2	左限位开关	Y2	装料
		Y3	卸料

根据运料小车工作控制要求，画出运料运料小车控制时序如图12-20所示。根据输出Y0～Y3的工作／停止状态的变化，运料小车的一个工作周期分为装料、右行、卸料和左行4个步骤，再加上等待装料的初始步骤，一共有5个步骤。画出顺序功能图，如图12-21所示。设计出梯形图如图12-22所示。各限位开关、按钮和定时器提供的信号是各步之间的转换条件。

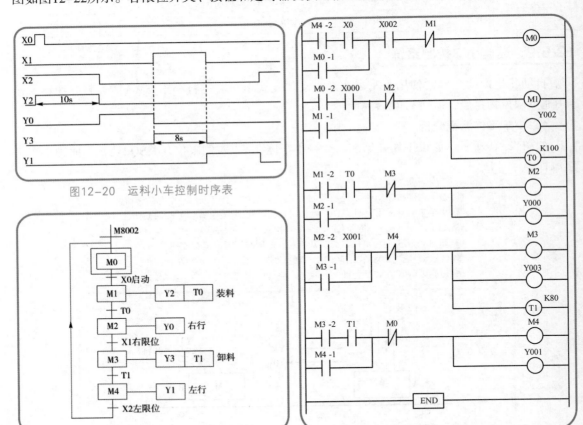

图12-20 运料小车控制时序表

图12-21 运料小车功能图

图12-22 运料小车梯形图

3. PLC控制原理和梯形图分析

电路元件组成：左限位开关X002、右限位开关X001、启动按钮X0、Y002输出（小车装料）、Y000输出（小车向右移动）、Y003输出（小车卸料）、Y001输出（小车向左移动）、时间继电器T1（8秒延时）。如图12-23所示。

小车开始工作：运料小车在左限位开关处，左限
位开关接点X002接通，按下启动按钮X0，M0线
圈带电，M0-1接通自保持，M0-2接通，使M1线
圈带电，M1接点闭合自保持。Y002 线圈带电，小
车开始装料。时间继电器T0线圈带电开始工作。

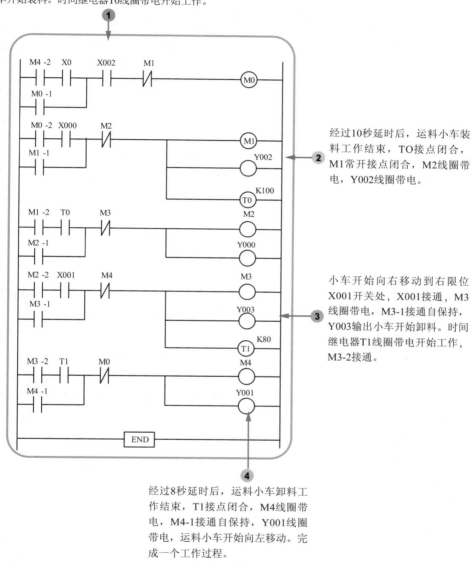

经过10秒延时后，运料小车装
料工作结束，TO接点闭合，
M1常开接点闭合，M2线圈带
电，Y002线圈带电。

小车开始向右移动到右限位
X001开关处，X001接通，M3
线圈带电，M3-1接通自保持，
Y003输出小车开始卸料。时间
继电器T1线圈带电开始工作，
M3-2接通。

经过8秒延时后，运料小车卸料工
作结束，T1接点闭合，M4线圈带
电，M4-1接通自保持，Y001线圈
带电，运料小车开始向左移动。完
成一个工作过程。

图12-23　PLC控制原理和梯形图分析

12.5.3　交通信号灯控制系统

十字路口的交通依靠信号灯的控制。信号灯控制系统实现红、绿、黄三种颜色信号灯按照
一定的程序动作。实现车辆和行人有秩序地通过十字路口。如图12-24所示为十字路口交通信
号灯示意图，表12-4所示为信号灯控制的具体要求。

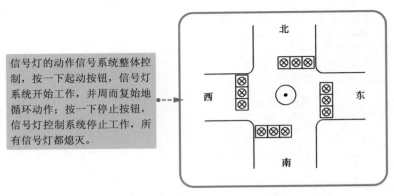

信号灯的动作信号系统整体控制，按一下起动按钮，信号灯系统开始工作，并周而复始地循环动作；按一下停止按钮，信号灯控制系统停止工作，所有信号灯都熄灭。

图12-24 十字路口交通信号灯示意图

表12-4 交通控制要求

东西方向	信号	绿灯亮	绿灯闪	黄灯亮	红灯亮
	时间	25s	3s	2s	30s
南北方向	信号	红灯亮	绿灯亮	绿灯闪	黄灯亮
	时间	30s	25s	3s	2s

1. PLC定时器介绍

在PLC控制电路的实际应用中，许多过程的控制都与时间顺序有关。所以PLC控制电路经常要用到定时器功能。PLC中的定时器的作用相当于继电器控制系统中的时间继电器。

PLC使用的定时器都有时间基数，在编程时，需要给出初始设定值（一个时间常数）。实际的时间值为时间基数乘以时间常数的积。PLC内部的定时器结构实际上是一个时间寄存器，将时间寄存器预置一个设定值（时间常数）后，在时钟的脉冲作用下，时间寄存器进行加1操作，当时间寄存器的内容等于设定值时，表示定时时间到，定时器则按程序输出。常数K可以作为定时器的设定值，也可以用数据存储器（D）的内容来设置定时器。例如外部数字开关输入的数据可以存入数据寄存器，作为定时器的设定值。通常使用有电池后备的数据寄存器，这样在断电时不会丢失数据。需要特别注意的是，外部设定的时间常数必须是一个0~32767之间的BCD码值，否则将导致错误。

FX2N系列 PLC的定时器分为通用定时器和积算定时器。FX2N系列 PLC各系列的定时器个数和元件编号如表12-5所示。

通用定时器中T192~T199、T246~T249为子程序和中断服务程序专用的定时器。100ms定时器的定时范围为0.1~3276.7s。通用定时器没有保持功能，在控制条件为断开或停电时将会复位。FX2N定时器只能提供其线圈"通电"后延迟动作的触点。

积算定时器：100ms积算定时器有T250~T255。具有保持功能。即其控制条件为逻辑1时开始定时，在定时过程中如果控制条件变为逻辑0或PLC断电，积算定时器停止定时且保持当前值，当控制条件再次为逻辑1或PLC上电，则继续定时，时间累积，一直到预定时间。100ms积算定时器的定时范围为0.1~3276.7 s 。

表12-5 FX2N系列PLC定时器个数和元件编号表

定 时 器	时 间 基 数	元 件 编 号	元 件 个 数
100ms通用计时器	100ms	T0~T199	200
10ms通用计时器	10ms	T200~T245	46
1ms积算计时器	1ms	T246~T249	4
100ms积算计时器	10ms 100ms	T250~T255	6

2．PLC控制系统设计

根据信号灯的控制要求，交通信号灯PLC控制系统组成的器件有：起动按钮SB1，停止按钮SB2，红黄绿色信号灯各4只。如图12-25所示为输入/输出端口接线和根据交通灯的控制要求，信号灯的控制时序图。

起动按钮SB1接于输入继电器X0端，停止按钮SB2接于输入继电器X1端，东西方向的绿灯接于输出继电器V0端，东西方向黄灯接于输入继电器Y1端，东西方向的红灯接于输出继电器Y2端，南北方向绿灯接于输出继电器Y4端，南北方向的黄灯接于输出继电器Y5，南北方向红灯接于输出继电器Y6。

将输出端的COM1及COM2用导线相连，输出端的电源为交流220V。如果信号灯的功率较大，一个输出继电器不能带动两只信号灯，可以采用一个输出点驱动一只信号灯，也可以采用输出继电器先带动中间继电器，再由中间继电器驱动信号灯。

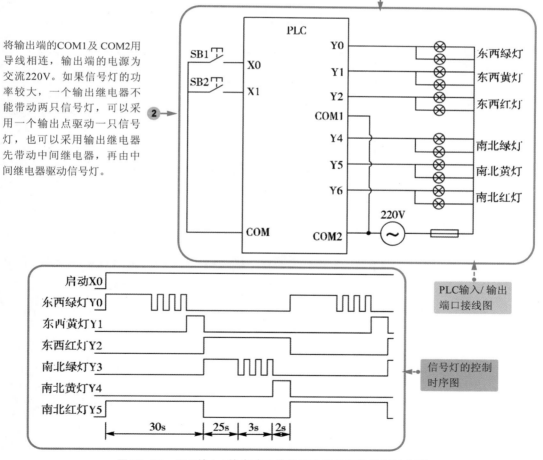

图12-25 PLC输入/输出端口接线图和信号灯的控制时序图

交通信号灯PLC控制梯形图如图12-26所示。

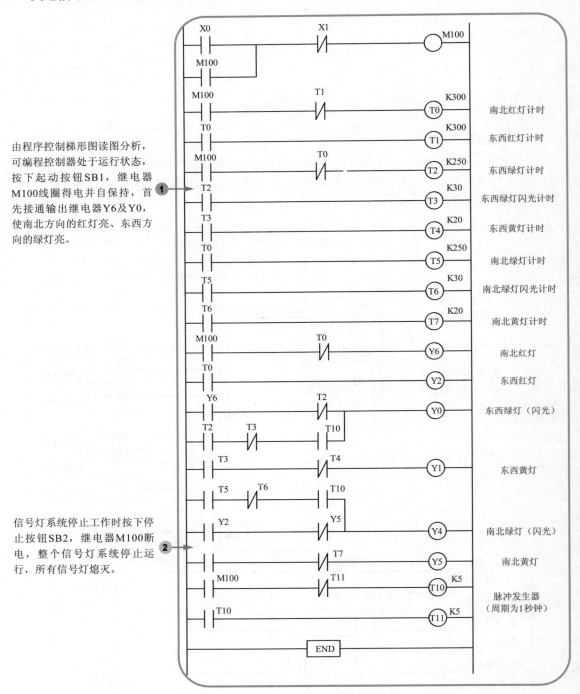

由程序控制梯形图读图分析，可编程控制器处于运行状态，按下起动按钮SB1，继电器M100线圈得电并自保持，首先接通输出继电器Y6及Y0，使南北方向的红灯亮、东西方向的绿灯亮。

信号灯系统停止工作时按下停止按钮SB2，继电器M100断电，整个信号灯系统停止运行，所有信号灯熄灭。

图12-26　交通信号灯PLC控制系统梯形图

12.5.4　传输带控制系统

输送机是工业化生产运输场所物料搬运机械化和自动化不可缺少的组成部分。传送带一般包括牵引件、承载构件、驱动装置、张紧装置、改向装置和支承件等。采用电动机拖动驱动装置为输送机提供动力。

1. 传输带工作流程和控制要求

图12-27所示的运料传输带分为三段，每段传输带由一台电动机驱动。

当检测到传输带没有物品时停止运行，可节约能源。SB1为启动按钮，采用传感器来检测被运送物品是否接近两段传送带的结合部，并用该检测信号启动下段传输带的电动机。下段电动机传输带启动正常2秒（该时间可视具体情况调整）后停止上段电动机。第三段传输带的驱动电动机3可设计为常转（自保持），第二段传输带的驱动电动机由3#、2#传感器控制启动和延时停止，1#传感器检测到物品到位后，延时停止第一段驱动电动机1。传输带整个工作过程不断进行，停止需要按下停止按钮SB2。

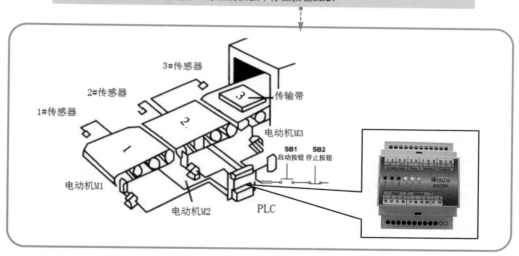

图12-27　传输带结构示意图

2. 输送机的特殊的工作特点和工作环境要求

控制系统中具有自锁和联锁电路部分，以保证输送机的正常、可靠的运行。如图12-28和图12-29所示。

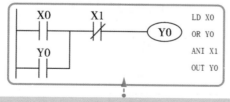

自锁程序：输入继电器X0为带电时，其触点X0闭合，输出继电器Y0接通，它的触点Y0闭合，这时即使将X0断开，输出继电器Y0仍保持接通状态。输入继电器X1为带电时，其触点X1断开，输出继电器Y0为失电时，其触点释放。如果还需要启动输出继电器Y0，只能重新使输入继电器X0为带电状态。

图12-28　自锁控制梯形图

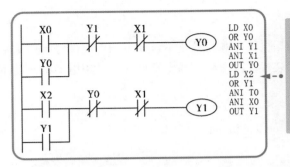

连锁程序：输出继电器不能同时动作，连锁控制。在控制电路中，无论哪个输出继电器先接通后，另外的任何一个继电器都将不能接通。两个输出继电器中任何一个启动后都会用自己的辅助接点把另一个启动控制回路断开，从而确保两个输出继电器不会同时启动。

图12-29　连锁控制梯形图

3. PLC控制系统设计

根据传输带控制要求，设计需要I/O点数，输入、输出点分配如表12-6所示。

表12-6　传输带PLC控制 I/O点分配表

启动按钮	X0	电动机M1	Y1
停止按钮	X4	电动机M2	Y2
1#传感器	X1	电动机M3	Y3
2#传感器	X2	电动机1定时器	T1
3#传感器	X3	电动机2定时器	T0

4. PLC控制过程

传输带PLC控制系统梯形图如图12-30所示。

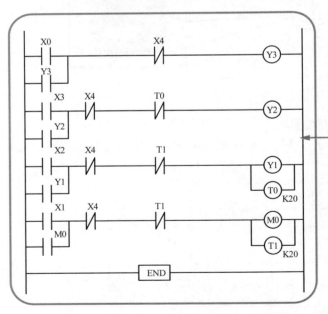

1 系统启动：按下按钮SB1，X0接通，Y3线圈带电，Y3接电接通自保持，电动机M3带动传输带3开始工作。

2 当传输带3将物品运送到与传输带2结合处，传感器X3接通，电动机M2带动传输带2开始工作。电动机M3带动传输带3继续保持工作。

3 当传输带2运送物品到与传输带2结合处，传感器X2接通，电动机M1带动传输带1开始工作。传输带1工作2秒后，传输带2暂时停止工作

4 传输带1上没有物品传送时传感器X1接通。T1延时两秒动作使Y1失电，传输带1暂时停止工作

5 系统停止运行按下按钮SB2，常闭接点X4打开，系统停运。

图12-30　传输带PLC控制系统梯形图

12.5.5　液体混合装置控制系统

液体混合装置，在饮料的生产、酒厂的配液、农药厂的生产配比等生产场所广泛应用。

1．系统工作过程分析

如图12-31所示为液体混合装置工作流程。

❷ 初始状态：装置投入运行前，液体A、B的入口阀门关闭（Y1＝Y2＝OFF），放液阀门（Y3＝ON）打开20s将混合罐液体放空后关闭。

❸ 系统启动：按下起动按钮SB1，液体混合装置开始按设置的程序工作：电磁阀Y1（Y1＝ON），液体A流入混合罐中，液面开始上升。

L1、L2、L3为液面传感器，液面达到传感器处传感器接点接通，液体的入口阀门和混合液体放液阀门分别由电磁阀Y1、Y2、Y3控制，M为搅匀电动机。

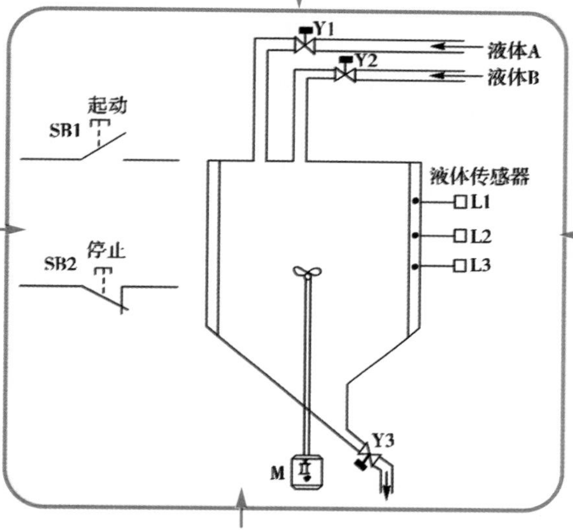

系统停止。在液体混合装置工作的过程中按下停车按钮SB2后，要将当前容器内的混合工作处理完毕后（当前周期循环到底），装置才停在初始工作位置上。

❹ 当混合罐液面达到液体传感器L2处时，（L2＝ON，使Y1＝OFF，Y2＝ON）关闭液体A阀门，停止液体A流入。打开液体B阀门，液体B开始流入。

❺ 当液面上升到传感器L1处时，（L1＝ON，使Y2＝OFF，M＝ON）即关闭液体B阀门，液体停止流入，电动机开始搅拌；搅拌电动机工作1min后，停止工作（M＝OFF），放液阀门Y3打开（Y3＝ON），开始放出混合液体。

❻ 当液面下降到传感器L3处时，L3状态变到为OFF，延时20s后，容器放空，使放液阀门Y3关闭，开始下一个循环周期。

图12-31　液体混合装置工作示意图

2．PLC控制系统设计

根据控制要求，可以得出所需要的I/O点数，选择FX系列PLC机可满足控制系统要求。输入、输出点分配如表12-7所示。

表12-7　输入、输出分配表

输入继电器	功　能	输出继电器	功　能
X0	启动按钮	Y1	液面A电磁阀
X1	停止按钮	Y2	液面B电磁阀
L1	液面传感器	Y3	放液电磁阀

续表

输入继电器	功　　能	输出继电器	功　　能
L2	液面传感器	M	搅拌电动机
L3	液面传感器		

3. 根据液体混合装置控制过程程序设计

液体混合程序梯形图如图12-32所示。

PLC控制过程：系统初始状态：装置投入运行前，液体A、B的入口阀门关闭（Y1＝Y2＝OFF），放液阀门（Y3＝ON）打开20s将混合罐液体放空后关闭。

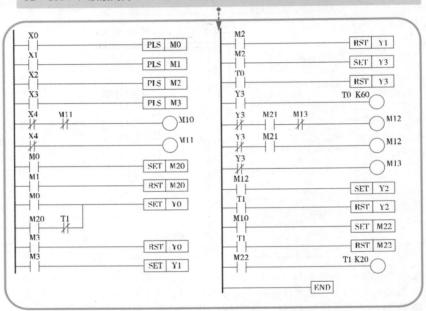

图12-32　液体混合程序梯形图

12.6　利用PLC改造传统继电器控制电路

由继电器、接触器组成的控制系统具有成熟、完善性等优点，为PLC控制系统的应用术奠定了坚实技术基础。继电器、接触器组成控制系统的电气原理图，对设计实现PLC控制的梯形图有着重要的指导意义。直接参照继电器、接触器组成控制系统的电气原理图设计PLC梯形图，在PLC应用到现在都是经常使用的方法。多年从事继电接触器线路设计的电气技术人员，了解掌握着大量典型的继电器、接触器控制线路，因此他们可以非常方便地将电气控制原理图转换为PLC控制梯形图。

但继电器、接触器控制原理图并不能很好地表示出PLC梯形图具有的所有功能。因为PLC控制系统的控制功能和能力，已经超过继电接触器控制功能和能力。PLC 不仅可以实现对开关量的控制，还可以实现对模拟量实施控制。特别是PLC的高级指令，以及特殊功能指令，使

PLC处理复杂控制系统的能力远远超过继电器、接触器组成的控制系统。

继电接触器线路与PLC梯形图相似，但具体的执行方式不同。继电器所组成的控制回路使用实际存在的连线，PLC组成的控制回路使用虚拟的"软连线"。继电器、接触器具有线圈和接点，而PLC没有实际存在的线圈和接点，采用的是数字电路虚拟的线圈和接点，

掌握继电器控制系统电路转换为功能相同的PLC外部接线图和梯形图程序的步骤。

了解根据继电接触器控制系统电路图设计梯形图应注意的问题。

继电接触器控制系统在工业顺序控制过程中的应用已有较长的历史，目前有不少继电接触器控制系统的技术改造的项目。对一些设备的PLC技术改造项目，可利用原有的继电接触器控制系统电路图，将其直接改写成PLC控制梯形图。

12.6.1 电动机双向（正、反转）继电器-接触器系统控制改造为PLC控制

下面以电动机双向（正、反转）控制图为例，介绍如何将继电器控制电路转换为PLC电路。了解PLC的接线及控制过程。

1. 将控制电路转换为PLC外部接线图和梯形图程序

将继电器、接触器组成的控制电路转换为PLC外部接线图和梯形图程序的步骤，如图12-33所示。

❶ 了解设备的工艺过程和机电设备的动作情况，根据继电接触器控制系统电路图分析和掌握控制系统的工作原理，设计和调试控制系统。

❷ 确定PLC的输入信号和输出负载，画出PLC的外部接线图。按钮、控制开关、限位开关、接近开关、各种传感器信号等用来给PLC提供控制命令和反馈信号，它们的触点接在PLC的输入端；继电接触器控制系统电路图中的交流接触器和电磁阀等执行机构用PLC的输出继电器控制，它们的线圈接在PLC的输出端；继电接触器控制系统电路图中的中间继电器和时间继电器的功能用PLC内部的辅助继电器、定时器和计数器来完成；画出PLC的外部接线图后，同时也确定了PLC的各输入信号和输出负载对应的输入继电器和输出继电器的元件号。

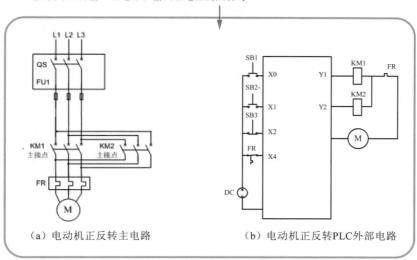

（a）电动机正反转主电路　　　（b）电动机正反转PLC外部电路

图12-33　电动机正反转继电器控制原理图与PLC控制原理图

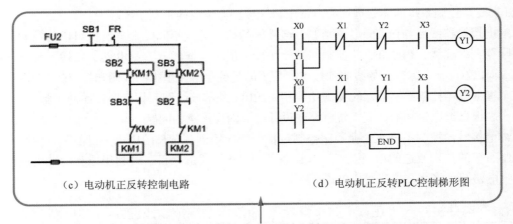

（c）电动机正反转控制电路　　　　　　　（d）电动机正反转PLC控制梯形图

❸ 确定与继电接触器控制系统电路图的中间继电器、时间继电器对应的梯形图的辅助
继电器（M）、定时器（T）、计数器（C）的元件号。

❹ 第2步和第3步建立了继电器电路图中的元件和梯形图中的元件号之间的对应关系。
为梯形图的设计打下基础。

图12-33　电动机正反转继电器控制原理图与PLC控制原理图（续）

2. 依照继电器、接触器组成控制系统电路图设计梯形图要注意的问题

要注意的问题如下：

- 应遵守梯形图语言中的语法规定。如在继电接触器控制系统中，触点可以放在线圈的左
边，也可以放在线圈的右边，但是在梯形图中，线圈和输出指令（如RST、SET和应用
指令等）要求必须放在电路的最右边。

- 设计梯形图要考虑尽量减少PLC的输入信号和输出信号。PLC的价格与I/O点数有关，减
少输入／输出信号的点数可以有效地降低PLC控制系统硬件的费用。

- 在梯形图中设置中间单元时，若多个线圈都受某一触点串并联电路的控制，为简化电
路，在梯形图中可设置用该电路控制的辅助继电器。

- 分开电路中一些接线交织的点；在继电器、接触器控制系统中，为减少使用的器件和少
用触点以节省硬件成本，各个线圈的控制电路经常会互相关联，交织在一起。设计PLC
梯形图是以线圈为单位，分别考虑继电接触器控制系统电路图中每一个线圈受到哪些触
点和电路的控制，然后画出相应的等效梯形图。即使多用了一些指令，也不会增加硬件
成本，对系统的运行也不会有什么影响。

- 常闭触点提供的输入信号的处理。设计输入电路时，应尽量采用常开触点。如果只能使
用常闭触点，梯形图中对应触点的常开／常闭类型应与继电接触器控制系统电路图中的
相反。

- 外部连锁电路的设计。为了防止控制正反转的两个接触器同时动作，造成三相电源短
路，需要在PLC外部设置硬件连锁电路。

- 时间继电器瞬动触点的处理。除了延时动作的触点外，时间继电器还有在线圈通电或断
电时马上动作的瞬动触点。对于有瞬动触点的时间继电器，可以在梯形图中对应的定时
器的线圈两端并联辅助继电器，后者的触点相当于时间继电器的瞬动触点。

- 断电延时的时间继电器的处理。FX2N系列PLC没有相同功能的定时器，但是可以用线圈通电后延时的定时器来实现断电延时功能。
- 梯形图程序的优化设计。为减少语句表指令的指令条数，在串联电路中，单个触点应放在电路块的右边，在并联电路中，单个触点应放在电路块的下面。
- 热继电器过载信号的处理。
- 自动复位型的热继电器，其触点提供的过载信号必须通过输入电路提供给PLC，用梯形图实现过载保护。手动复位型的热继电器，其常闭触点可以在PLC的输出电路中与控制电机的交流接触器的线圈串联。
- 外部负载的额定电压PLC的继电器输出模块和双向晶闸管输出模块一般只能驱动交流220V的负载，如果系统原来的交流继电器的线圈电压为交流380V，应将线圈换成220V的或在PLC外部设置中间继电器。

12.6.2　摇臂钻床的继电接触器控制系统的PLC技术改造

1. 控制要求

摇臂钻床的继电器控制电路原理图如图12-34所示。

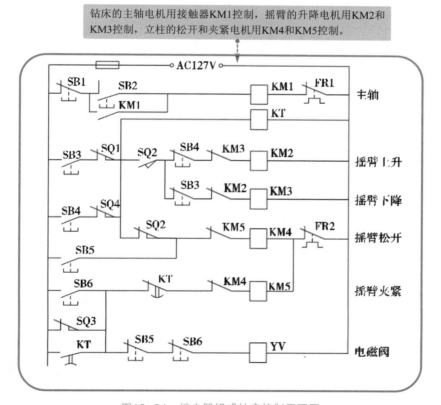

图12-34　继电器组成钻床控制原理图

2. PLC控制系统设计

设计之前,首先必须对要控制的对象进行调查,了解清楚控制对象的工艺过程,工作特点,明确控制的各个阶段和各阶段的特点以及各阶段之间的转换条件。

按照摇臂钻床的工作过程和控制要求,使用PLC改造继电器组成的控制电路。

(1)分配I/O:钻床输入给PLC的信号有9个,PLC输出给现场的信号有5个,选用FX2N-32MS型PLC,I/O分配情况如表12-8所示。

表12-8 输入/输出点分配表

输 入 继 电	功　　能	输出继电器	功　　能
X0	上升	Y0	摇臂上升
X1	下降	Y1	摇臂下降
X2	松开	Y2	摇臂松开
X3	夹紧	Y3	摇臂夹紧
X4	上限位	Y4	电磁阀
X5	下限位		
X6	已松开		
X7	已夹紧		
X10	电动机过载		

(2)电气控制任务:用PLC对电动机的控制过程与继电器控制过程相同,机床的电动机主电路仍采用原有的主电路,控制线路用PLC的程序取代。如图12-35所示为摇臂钻床的PLC控制系统的外部接线图。

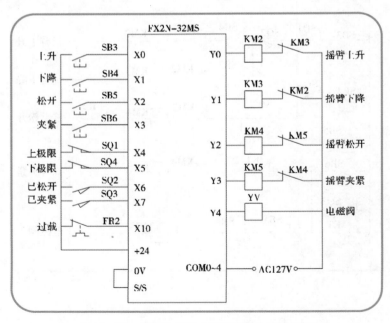

图12-35 摇臂钻床PLC控制系统外部接线图

（3）绘制（设计）梯形图：在对摇臂钻床工作控制流程做了充分地了解之后，便可开始进行具体编程了，按照控制对象和各个控制功能设计梯形图控制梯形图如图12-36所示。

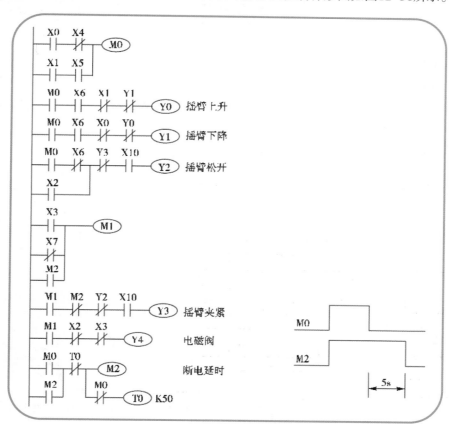

图12-36 摇臂钻床PLC控制梯形图

3. PLC控制过程

PLC控制过程如图12-37所示。

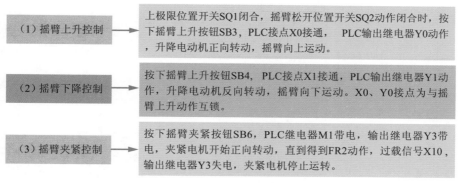

（1）摇臂上升控制	上极限位置开关SQ1闭合，摇臂松开位置开关SQ2动作闭合时，按下摇臂上升按钮SB3，PLC接点X0接通，PLC输出继电器Y0动作，升降电动机正向转动，摇臂向上运动。
（2）摇臂下降控制	按下摇臂上升按钮SB4，PLC接点X1接通，PLC输出继电器Y1动作，升降电动机反向转动，摇臂向下运动。X0、Y0接点为与摇臂上升动作互锁。
（3）摇臂夹紧控制	按下摇臂夹紧按钮SB6，PLC继电器M1带电，输出继电器Y3带电，夹紧电机开始正向转动，直到得到FR2动作，过载信号X10，输出继电器Y3失电，夹紧电机停止运转。

图12-37 PLC控制过程

（4）摇臂松开控制 → 按下摇臂夹紧按钮SB5，PLC继电器M1带电，输出继电器Y2带电，夹紧电机开始反向转动，直到得到FR2动作，过载信号X10，输出继电器Y2失电，夹紧电机停止运转。

图12-36　PLC控制过程（续）

4. 改造步骤总结

继电器控制系统改造为PLC控制系统的步骤如图12-38所示。总之，在整个程序设计过程当中，每一步工作实施之前都要进行详细了解，做好计划和安排，在实施过程中则要考虑周详，并做好每一步的工作记录。

程序模拟调试：在程序编制工作基本结束之后，即进入程序调试阶段。首先要进行模拟调试，可以将整个程序分成若干个块进行部分调试，然后再进行整体联调。要求程序务必做到运行可靠、准确，在此基础上也要尽可能地简洁，便于阅读和维护。

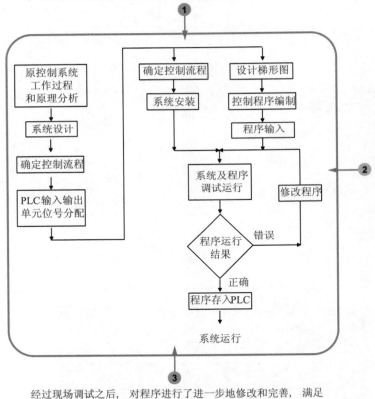

程序现场调试：模拟调试完成之后，就要开始现场调试了，由于模拟的运行环境和条件不可能跟现场完全一致，所以模拟运行正常的程序在现场可能也会出现一些问题。而现场运行是与设备直接相连，一旦控制系统运行不正常，则很可能会造成损失。因此在现场调试之前，一定要制订详细的调试计划，并协调好配合人员。将整个系统分成若干部分单试，然后再进行联调。

经过现场调试之后，对程序进行了进一步地修改和完善，满足了生产运行的实际需要，程序设计工作就基本上结束了。

图12-38　继电器控制系统改造为PLC控制系统的步骤图

读 者 意 见 反 馈 表

亲爱的读者：

感谢您对中国铁道出版社有限公司的支持，您的建议是我们不断改进工作的信息来源，您的需求是我们不断开拓创新的基础。为了更好地服务读者，出版更多的精品图书，希望您能在百忙之中抽出时间填写这份意见反馈表发给我们。随书纸制表格请在填好后剪下寄到：北京市西城区右安门西街8号中国铁道出版社有限公司大众出版中心 荆波收（邮编：100054）。或者采用传真（010-63549458）方式发送。此外，读者也可以直接通过电子邮件把意见反馈给我们，E-mail地址是：176303036@qq.com。我们将选出意见中肯的热心读者，赠送本社的其他图书作为奖励。同时，我们将充分考虑您的意见和建议，并尽可能地给您满意的答复。谢谢！

- -

所购书名：_____

个人资料：

姓名：_____ 性别：_____ 年龄：_____ 文化程度：_____

职业：_____电话：_____ E-mail：_____

通信地址：_____ 邮编：_____

- -

您是如何得知本书的：

□书店宣传 □网络宣传 □展会促销 □出版社图书目录 □老师指定 □杂志、报纸等的介绍 □别人推荐
□其他（请指明）_____

您从何处得到本书的：

□书店 □邮购 □商场、超市等卖场 □图书销售的网站 □培训学校 □其他

影响您购买本书的因素（可多选）：

□内容实用 □价格合理 □装帧设计精美 □带多媒体教学光盘 □优惠促销 □书评广告 □出版社知名度
□作者名气 □工作、生活和学习的需要 □其他

您对本书封面设计的满意程度：

□很满意 □比较满意 □一般 □不满意 □改进建议

您对本书的总体满意程度：

从文字的角度 □很满意 □比较满意 □一般 □不满意
从技术的角度 □很满意 □比较满意 □一般 □不满意

您希望书中图的比例是多少：

□少量的图片辅以大量的文字 □图文比例相当 □大量的图片辅以少量的文字

您希望本书的定价是多少：

本书最令您满意的是：

1.

2.

您在使用本书时遇到哪些困难：

1.

2.

您希望本书在哪些方面进行改进：

1.

2.

您需要购买哪些方面的图书？对我社现有图书有什么好的建议？

您更喜欢阅读哪些类型和层次的书籍（可多选）？

□入门类 □精通类 □综合类 □问答类 □图解类 □查询手册类 □实例教程类

您在学习计算机的过程中有什么困难？

您的其他要求：